단원평가의 특장점

01 기본 개념 문제로 구성된 쪽지시험 문제를 풀면
확실하게 개념정리가 됩니다.

02 기출문제 위주로 수록하여 학교 수행평가를
완벽 대비할 수 있습니다.

03 단원평가 문제를 여러 번 풀어 보면서
확실한 단원 마무리를 할 수 있습니다.

04 A, B, C 세 가지 난이도의 단원평가를 수록하여
실력에 맞게 점검할 수 있습니다.

05 서술형 평가 문제를 풀어 보면서 서술형 문제를
집중 학습할 수 있습니다.

Chunjae Makes Chunjae

▼

[수학 단원평가]

기획총괄	박금옥
편집개발	지유경, 정소현, 조선영, 최윤석, 김장미, 유혜지, 김혜진, 유가현
디자인총괄	김희정
표지디자인	윤순미, 여화경
내지디자인	이은정, 박주미
제작	조규영

발행일	2024년 10월 1일 개정초판 2025년 10월 1일 2쇄
발행인	(주)천재교육
주소	서울시 금천구 가산로9길 54
신고번호	제2001-000018호
고객센터	1577-0902

1 단원
큰 수

개념① 1000이 10개인 수 알아보기

- 1000이 10개인 수
  - 쓰기: 10000 또는 1만
  - 읽기: 만 또는 일만

개념② 다섯 자리 수 알아보기

- 10000이 2개, 1000이 4개, 100이 3개, 10이 8개, 1이 7개인 수
  - 쓰기: 24387
  - 읽기: 이만 사천삼백팔십칠
- 24387의 각 자리 숫자와 나타내는 값

	만의 자리	천의 자리	백의 자리	십의 자리	일의 자리
숫자	2	4	3	❶	7
값	20000	4000	300	80	❷

⇨ 숫자 2는 만의 자리 숫자이고 ❸ [   ] 을/를 나타냅니다.

개념③ 십만, 백만, 천만 알아보기

- 십만, 백만, 천만
  - 10000이 10개인 수
    - ⇨ 쓰기: 100000 또는 10만, 읽기: 십만
  - 10000이 100개인 수
    - ⇨ 쓰기: 1000000 또는 100만, 읽기: 백만
  - 10000이 1000개인 수
    - ⇨ 쓰기: 10000000 또는 1000만, 읽기: 천만
- 10000이 5216개인 수
  - 쓰기: 52160000 또는 5216만
  - 읽기: 오천이백십육만

5	2	1	6	0	0	0	0
천	백	십	일	천	백	십	일
			만				일

개념④ 억 알아보기

- 1000만이 10개인 수
  - 쓰기: 100000000 또는 1억
  - 읽기: 억 또는 일억
- 1억이 8624개인 수
  - 쓰기: 862400000000 또는 8624억
  - 읽기: 팔천육백이십사억

개념⑤ 조 알아보기

- 1000억이 10개인 수
  - 쓰기: 1000000000000 또는 1조
  - 읽기: 조 또는 일조
- 1조가 2513개인 수
  - 쓰기: 2513000000000000 또는 2513조
  - 읽기: 이천오백십삼조

개념⑥ 뛰어 세기

- 10000씩 뛰어 세기 — 만의 자리 수가 1씩 커집니다.

36400 — 46400 — 56400 — ❹

- 10억씩 뛰어 세기 — 십억의 자리 수가 1씩 커집니다.

2547억 — 2557억 — 2567억 — 2577억

개념⑦ 수의 크기 비교하기

- 자리 수가 다른 경우
  자리 수가 많을수록 큰 수입니다.

  7자리 수 → 5143729 ⟩ 923475 ← 6자리 수

- 자리 수가 같은 경우
  높은 자리부터 차례대로 비교하여 높은 자리 수가 클수록 큰 수입니다.

  65402873 ◯ 65920361
  4 < 9

| 정답 | ❶ 8 ❷ 7 ❸ 20000 ❹ 66400 ❺ <

쪽지시험 1회　큰 수

1 □ 안에 알맞은 수를 써넣으세요.

10000은 1000이 □ 개인 수입니다.

2 □ 안에 알맞은 수를 써넣으세요.

10000은
- 9990보다 □ 만큼 더 큰 수
- 9999보다 □ 만큼 더 큰 수

3 보기와 같이 다음을 수로 나타내 보세요.

보기
오만 천육십팔 ⇨ 51068

이만 삼천오십칠

(　　　　　　)

4 수를 읽어 보세요.

45079

(　　　　　　)

5 설명하는 수를 써 보세요.

10000이 7개, 1000이 8개, 100이 5개, 10이 4개, 1이 6개인 수

(　　　　　　)

6 39264의 각 자리의 숫자를 빈칸에 알맞게 써넣으세요.

만의 자리	천의 자리	백의 자리	십의 자리	일의 자리
		2		

[7~8] 보기와 같이 각 자리의 숫자가 나타내는 값의 합으로 나타내 보세요.

보기
$62741 = 60000 + 2000 + 700 + 40 + 1$

7 $32597 =$ _______________

8 $84376 =$ _______________

9 숫자 2가 20000을 나타내는 수를 찾아 써 보세요.

| 30287 | 72539 | 26381 |

(　　　　　　)

10 숫자 6이 나타내는 값이 가장 큰 수를 찾아 써 보세요.

| 26745 | 62589 | 92617 |

(　　　　　　)

쪽지시험 2회 큰 수

1 같은 수끼리 선으로 이어 보세요.

10000이 10개인 수 ·　· 1000만

10000이 100개인 수 ·　· 100만

10000이 1000개인 수 ·　· 10만

2 다음을 수로 써 보세요.

1만이 254개, 1이 5913개인 수

(　　　　　　　　　)

[3~4] 보기와 같이 나타내 보세요.

보기
오천삼백칠십이만 팔천칠십삼
⇨ 5372만 8073
⇨ 53728073

3 삼천이백구십팔만 이천사백오십육

⇨ _________________________

⇨ _________________________

4 육천십칠만 오천구백삼

⇨ _________________________

⇨ _________________________

5 □ 안에 알맞은 수를 써넣으세요.

59287169에서 십만의 자리 숫자는 □

이고 □ 을/를 나타냅니다.

[6~7] 숫자 3은 어느 자리 숫자인지 써 보세요.

6

25387194

(　　　　　　　　)의 자리 숫자

7

36912548

(　　　　　　　　)의 자리 숫자

8 숫자 2가 나타내는 값을 써 보세요.

52937186

(　　　　　　　　)

9 백만의 자리 숫자가 다른 하나를 찾아 기호를 써 보세요.

㉠ 2583971　　㉡ 82536793
㉢ 18254609　　㉣ 42083671

(　　　　　　　　)

10 밑줄 친 숫자 5가 나타내는 값이 5000000인 것을 찾아 기호를 써 보세요.

6<u>5</u>7<u>5</u>3<u>5</u>8<u>5</u>
㉠㉡㉢㉣

(　　　　　　　　)

쪽지시험 3회 큰 수

1단원

점수

[1~2] □ 안에 알맞은 수를 써넣으세요.

1 1억은
- 9900만보다 ☐ 만큼 더 큰 수입니다.
- 9000만보다 ☐ 만큼 더 큰 수입니다.

2 1조는
- 9999억보다 ☐ 만큼 더 큰 수입니다.
- 9990억보다 ☐ 만큼 더 큰 수입니다.

[3~4] 보기와 같이 나타내 보세요.

> **보기**
> 243조 5429억
> ⇨ 243542900000000

3 4072조 540억

⇨ _______________

4 1538억 9253만 4000

⇨ _______________

5 주어진 수에서 백억의 자리 숫자와 십조의 자리 숫자를 각각 써 보세요.

2541913400135200

백억의 자리 숫자 (   )
십조의 자리 숫자 (   )

[6~7] 숫자 6은 어느 자리 숫자인지 써 보세요.

6 562831940000

(   )의 자리 숫자

7 3064258900000000

(   )의 자리 숫자

[8~9] 밑줄 친 숫자가 나타내는 값을 써 보세요.

8 523726018394

(   )

9 405823194650000

(   )

10 숫자 7이 나타내는 값이 700억인 것을 찾아 기호를 써 보세요.

5727072874250000
㉠ ㉡ ㉢ ㉣

(   )

쪽지시험 4회   큰 수

점수

스피드 정답 1쪽 | 정답 및 풀이 16쪽

[1~2] 10000씩 뛰어 세어 보세요.

1

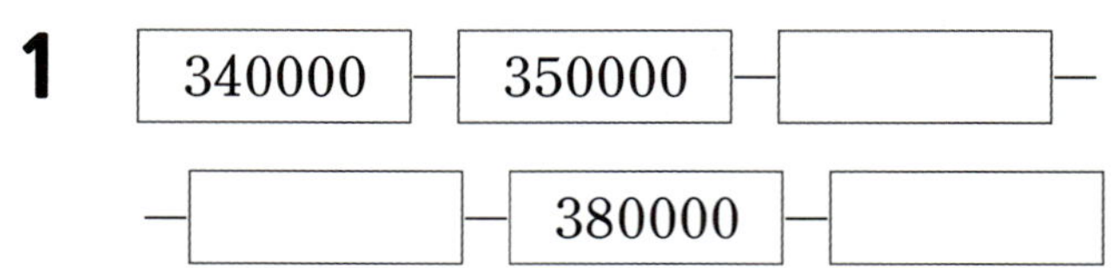

| 340000 | 350000 | |
| | 380000 | |

2

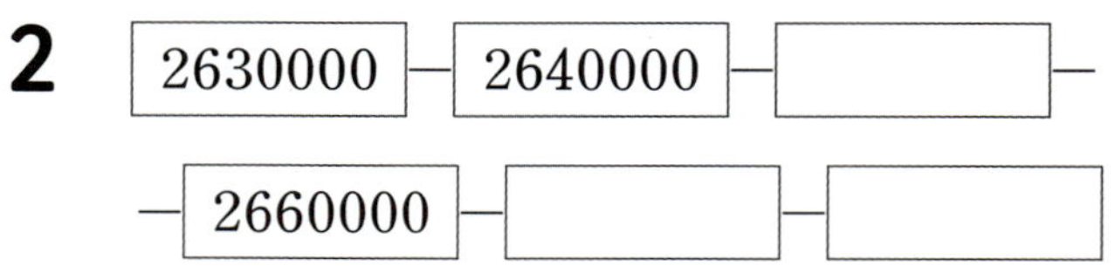

| 2630000 | 2640000 | |
| 2660000 | | |

3 10억씩 뛰어 세어 보세요.

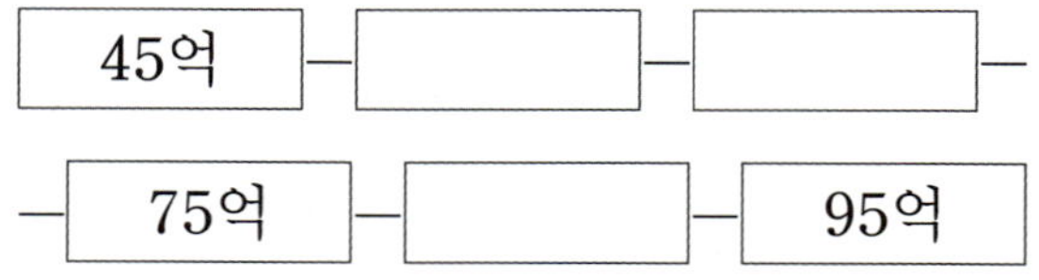

| 45억 | | |
| 75억 | | 95억 |

[4~5] 얼마씩 뛰어 세었는지 써 보세요.

4

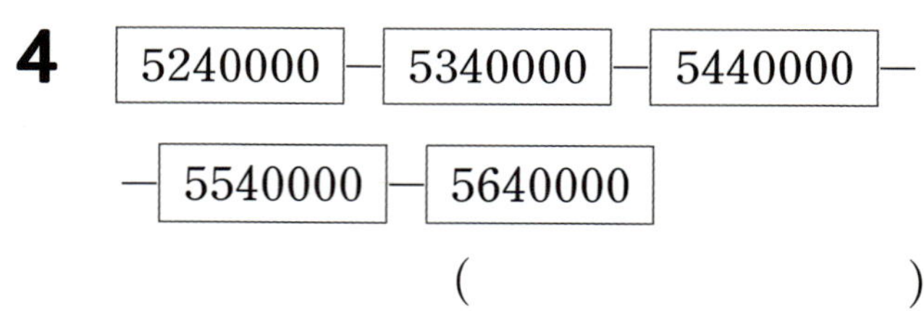

| 5240000 | 5340000 | 5440000 |
| 5540000 | 5640000 | |

(   )

5

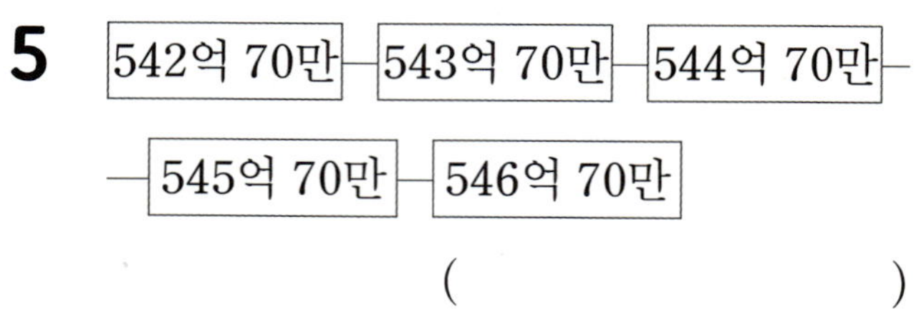

| 542억 70만 | 543억 70만 | 544억 70만 |
| 545억 70만 | 546억 70만 | |

(   )

[6~7] 두 수의 크기를 비교하여 ○ 안에 >, =, < 중 알맞은 것을 써넣으세요.

6   654972 ◯ 6243250

7   49273580 ◯ 49529237

8 뛰어 센 규칙에 따라 빈칸에 알맞은 수를 써넣으세요.

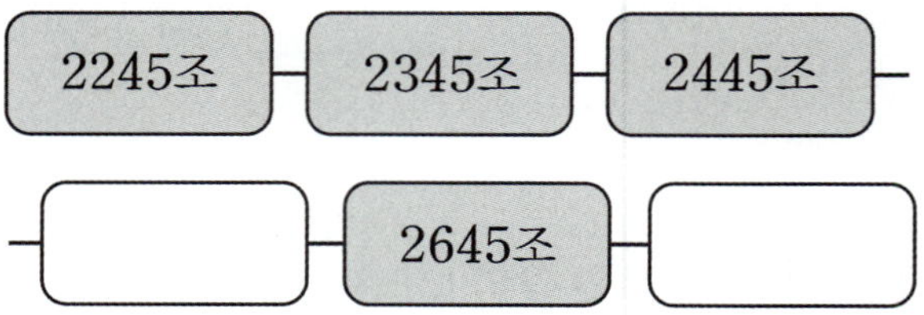

| 2245조 | 2345조 | 2445조 |
| | 2645조 | |

9 두 수의 크기를 바르게 비교한 것의 기호를 써 보세요.

> ㉠ 2458924 > 2452300
> ㉡ 142억 7530만 < 142억 6148만

(   )

10 가장 큰 수를 찾아 기호를 써 보세요.

> ㉠ 2억 4270만
> ㉡ 2459370000
> ㉢ 2442530000

(   )

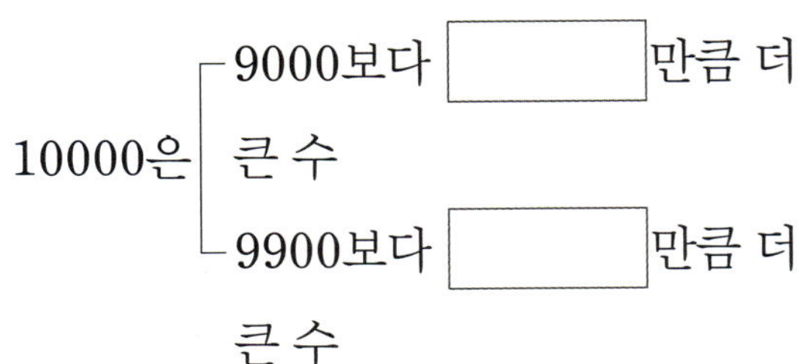

단원평가 1회 큰 수

1 □ 안에 알맞은 수를 써넣으세요.

10000은
- 9000보다 [ ]만큼 더 큰 수
- 9900보다 [ ]만큼 더 큰 수

2 □ 안에 알맞은 수를 써넣으세요.

10000이 2개
1000이 9개
100이 0개
10이 3개
1이 7개
이면 [ ]

3 수를 읽어 보세요.

52073

(   )

4 ▮보기▮와 같이 각 자리의 숫자가 나타내는 값의 합으로 나타내 보세요.

▮보기▮
$25493 = 20000 + 5000 + 400 + 90 + 3$

57614
$= 50000 + [\quad] + [\quad] + 10 + [\quad]$

5 설명하는 수를 쓰고 읽어 보세요.

10000이 10개인 수

쓰기 ___________________

읽기 ___________________

6 ▮보기▮와 같이 나타내 보세요.

▮보기▮
칠천이백억 오천삼십육만 오십삼
⇨ 7200억 5036만 53
⇨ 720050360053

사천칠십억 삼천오백만 사백이

⇨ ___________________

⇨ ___________________

7 숫자 9는 어느 자리 숫자일까요?

619237400000000

(   )의 자리 숫자

8 백만의 자리 숫자를 찾아 써 보세요.

576408243

(   )

9 십만의 자리 숫자가 6인 수에 ◯표 하세요.

65243000   72693740   6543100

10 숫자 6이 나타내는 값을 빈칸에 써넣으세요.

㉠ 52463247   ㉡ 264953318

	나타내는 값
㉠	
㉡	

〔11~12〕 두 수의 크기를 비교하여 ◯ 안에 >, =, < 중 알맞은 것을 써넣으세요.

11 93745693 ◯ 93746539

12 603조 7651억 ◯ 607조 7651억 250만

13 10000씩 뛰어 세어 보세요.

134257 — 144257 — ☐

164257 — ☐ — ☐

14 다음 수를 계산기로 입력하려면 0을 모두 몇 번 눌러야 하는지 구하세요.

사천오억 이십사만

(   )

15 가장 큰 수를 찾아 기호를 써 보세요.

> ㉠ 4700006300
> ㉡ 47억 578만
> ㉢ 4707652100

(   )

16 10만씩 뛰어 세려고 합니다. ★에 알맞은 수를 구하세요.

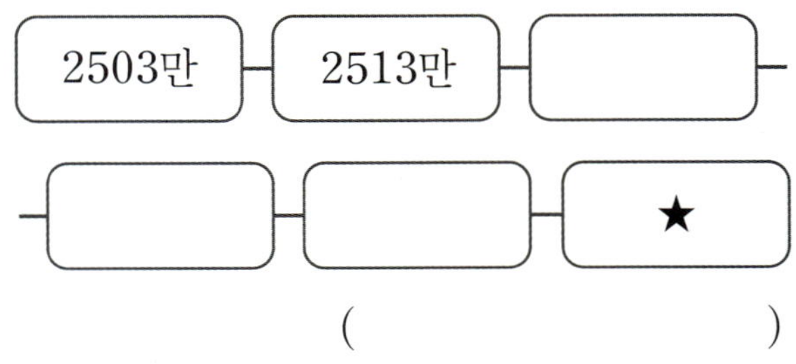

(   )

17 다음 중 밑줄 친 숫자 1이 나타내는 값이 가장 큰 것은 어느 것일까요?…(   )

① 254<u>3</u>162589
② 4568<u>1</u>00692
③ 6<u>1</u>548926
④ <u>1</u>5845629
⑤ 395651<u>1</u>268492

18 수 카드를 모두 한 번씩만 사용하여 가장 작은 여섯 자리 수를 만들어 보세요.

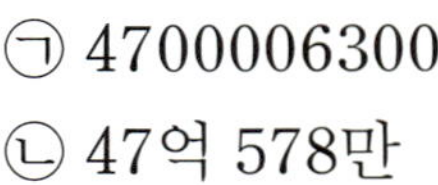

(   )

19 0부터 9까지의 수 중에서 □ 안에 들어갈 수 있는 수를 모두 구하세요.

$$45673 < 4\square670$$

(   )

20 민주의 저금통에 10000원짜리 지폐 5장, 1000원짜리 지폐 16장, 100원짜리 동전 7개가 들어 있습니다. 저금통에 들어 있는 돈은 모두 얼마인지 구하세요.

(   )

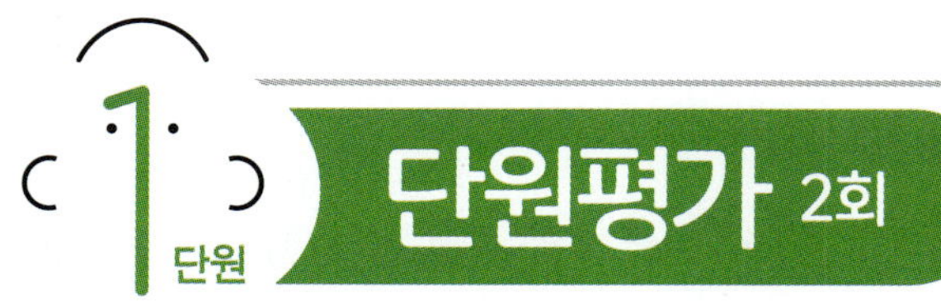

단원평가 2회 큰 수

1 □ 안에 알맞은 수를 써넣으세요.

10000은 1000이 □ 개인 수입니다.

2 수로 써 보세요.

십오만 이천삼백육십사

(   )

3 □ 안에 알맞은 수를 써넣으세요.

82015946은 ┌ 1만이 □ 개 ┐ 인 수
　　　　　└ 1이 □ 개 ┘

4 알맞은 수에 ○표 하세요.

1억은 ┌ 9000만보다 (100만 , 1000만)
　　　│ 만큼 더 큰 수
　　　└ 9900만보다 (100만 , 1000만)
　　　　 만큼 더 큰 수

5 □ 안에 알맞은 수를 써넣으세요.

25476200에서 천만의 자리 숫자는 □ 이고, 십만의 자리 숫자는 □ 입니다.

6 보기와 같이 각 자리 숫자가 나타내는 값의 합으로 나타내 보세요.

보기
49238 = 40000 + 9000 + 200 + 30 + 8

82197 = ________________________

____

7 만의 자리 숫자가 5인 수는 어느 것일까요?
·····································(　)

① 71863　　② 51042
③ 89702　　④ 91257
⑤ 30106

8 보기와 같이 설명하는 수를 써 보세요.

┤ 보기 ├
1만이 721개, 1이 5048개인 수
⇨ 7215048

1만이 9562개, 1이 3830개인 수

⇨ (   )

9 십억의 자리 숫자가 <u>다른</u> 하나는 어느 것일까요? ························ (   )

① 264105458364
② 657391780691
③ 104329173894
④ 754041522300
⑤ 914363005494

10 숫자 5가 나타내는 값을 각각 써 보세요.

| 2459613 | 15974000 |
| ㉠ | ㉡ |

㉠ (   )
㉡ (   )

〔**11~12**〕두 수의 크기를 비교하여 ◯ 안에 >, =, < 중 알맞은 것을 써넣으세요.

11 67085 ◯ 67102

12 831억 60만 ◯ 8130억 54만

13 돈을 세어 보고 모두 얼마인지 구하세요.

(   )

14 빈칸에 알맞은 수를 써넣으세요.

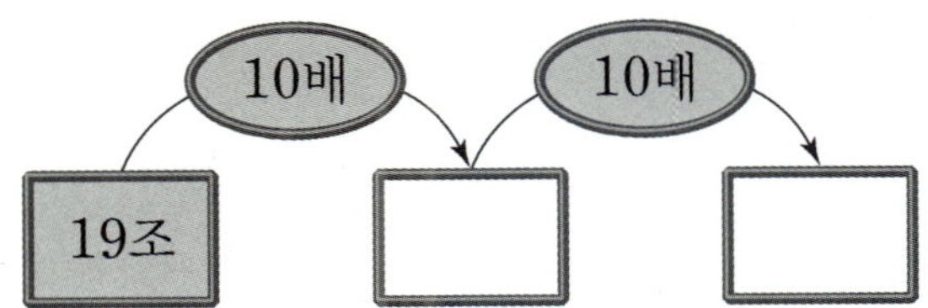

15 100000씩 뛰어 세어 보세요.

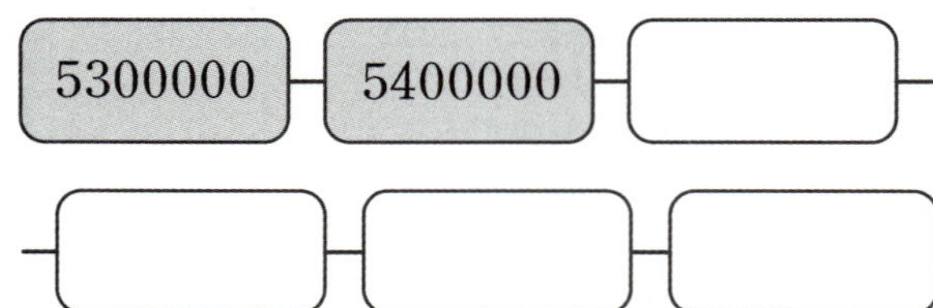

16 얼마씩 뛰어 세었는지 써 보세요.

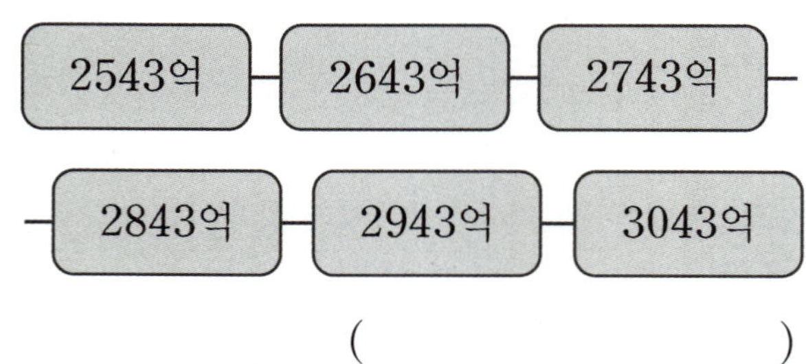

( )

17 ㉠이 나타내는 값은 ㉡이 나타내는 값의 몇 배일까요?

875246342796
   ㉠   ㉡

( )

18 설명하는 수를 써 보세요.

1억이 3개, 10만이 25개, 1이 605개인 수

( )

19 다음을 모두 만족하는 다섯 자리 수를 구하세요.

- 숫자 6이 2개 있습니다.
- 만의 자리 숫자는 3, 십의 자리 숫자는 7입니다.
- 수 모형으로 나타낼 때 일 모형은 5개 필요합니다.

( )

20 은서네 가족이 여행을 가기 위해 3월부터 한 달에 20만 원씩 저금을 했습니다. 그해 8월까지 저금한 돈은 모두 얼마인지 구하세요.

( )

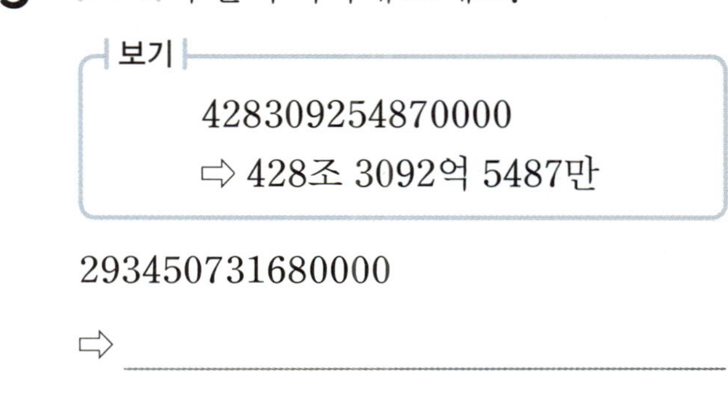

1 □ 안에 알맞은 수를 써넣으세요.

10000이 7개
1000이 5개
100이 8개   이면 □
10이 3개
1이 6개

2 수를 읽어 보세요.

45020

(   )

3 설명하는 수를 써 보세요.

1만이 194개, 1이 7356개인 수

(   )

4 10000에 대해 <u>잘못</u> 설명한 것을 찾아 기호를 써 보세요.

㉠ 만이라고 읽습니다.
㉡ 100이 10개인 수입니다.
㉢ 9900보다 100만큼 더 큰 수입니다.

(   )

5 보기와 같이 나타내 보세요.

보기
428309254870000
⇨ 428조 3092억 5487만

293450731680000

⇨ __________________________

6 백만의 자리 숫자가 가장 큰 수는 어느 것일까요? ……………………… (   )

① 2486254   ② 4073700
③ 58601374   ④ 10546278
⑤ 35426921

7 억의 자리 숫자가 <u>다른</u> 하나를 찾아 기호를 써 보세요.

㉠ 2580576432
㉡ 474320042
㉢ 803509476542

(   )

8 25470000의 각 자리의 숫자와 나타내는 값을 알아보려고 합니다. 빈칸에 알맞은 수를 써넣으세요.

자리	숫자	나타내는 값
천만의 자리	2	20000000
백만의 자리		
십만의 자리		
만의 자리		

9 숫자 6이 나타내는 값이 가장 큰 수를 찾아 기호를 써 보세요.

> ㉠ 2764250　　㉡ 3415692
> ㉢ 1936548　　㉣ 5627841

(　　　　　)

10 10억씩 뛰어 세어 보세요.

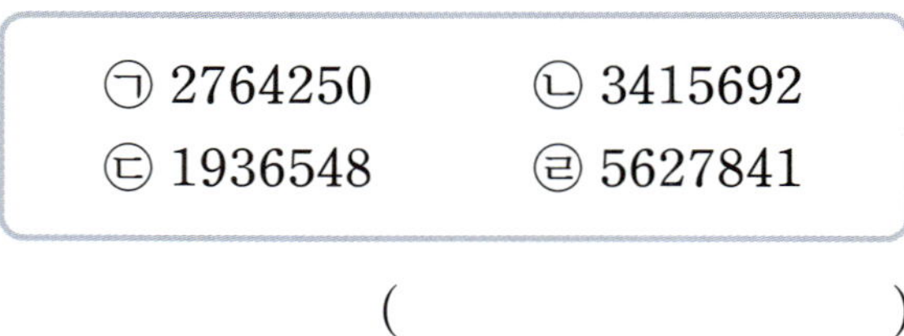

11 빈칸에 알맞은 수를 써넣으세요.

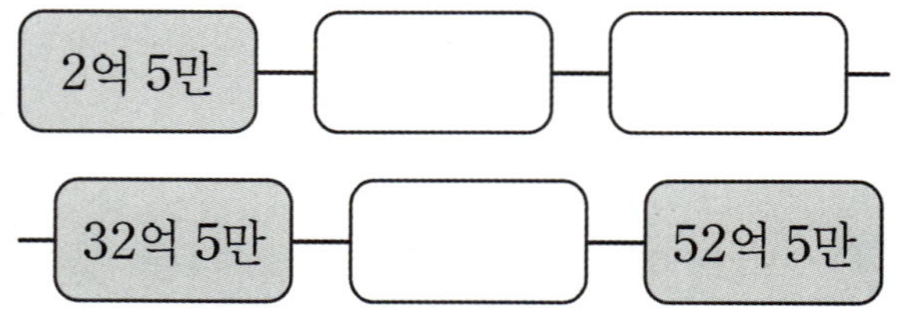

12 두 수의 크기를 비교하여 ○ 안에 >, =, < 중 알맞은 것을 써넣으세요.

632560000 ○ 6억 927만 2000

13 얼마씩 뛰어 세었는지 써 보세요.

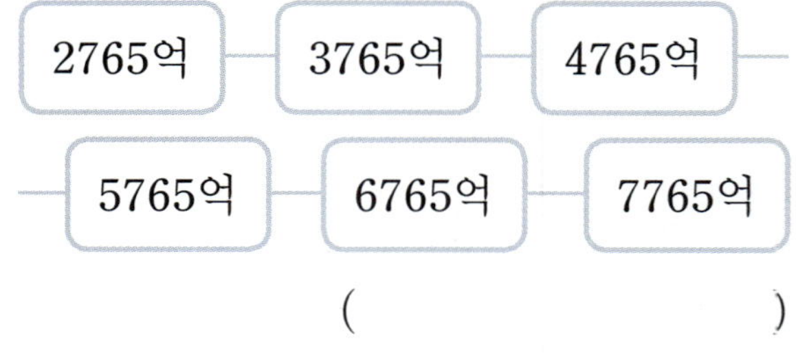

(　　　　　)

14 태양과 각각의 행성 사이의 거리가 다음과 같습니다. 더 가까운 행성은 어디일까요?

태양과 행성 사이의 거리

목성	778000000 km
화성	2억 2800만 km

(　　　　　)

15 다음 수를 계산기로 입력하려면 0을 모두 몇 번 눌러야 하는지 구하세요.

> 1억이 52개, 1만이 3800개,
> 1이 690개인 수

(   )

16 다음을 보고 100000씩 4번 뛰어 세기를 한 결과는 얼마인지 구하세요.

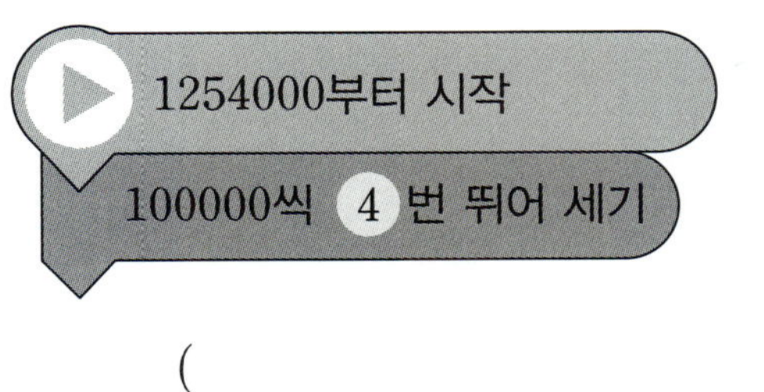

(   )

17 0부터 9까지의 수 중에서 □ 안에 들어갈 수 있는 수는 모두 몇 개인지 풀이 과정을 쓰고 답을 구하세요.

> 6465700486 < 6□52732593

풀이

답 _______________________

18 모두 얼마인지 써 보세요.

> 10000원짜리 지폐 5장,
> 1000원짜리 지폐 23장

(   )

19 다음을 모두 만족하는 수 중에서 가장 작은 수를 구하세요.

> • 7자리 수입니다.
> • 0이 2개입니다.
> • 만의 자리 숫자가 6입니다.

(   )

20 □ 안에는 0부터 9까지의 어느 수라도 들어갈 수 있습니다. 세 수의 크기를 비교하여 큰 수부터 차례대로 기호를 써 보세요.

> ㉠ 3□908569281
> ㉡ 32908□46□315
> ㉢ 329□998980□2

(   )

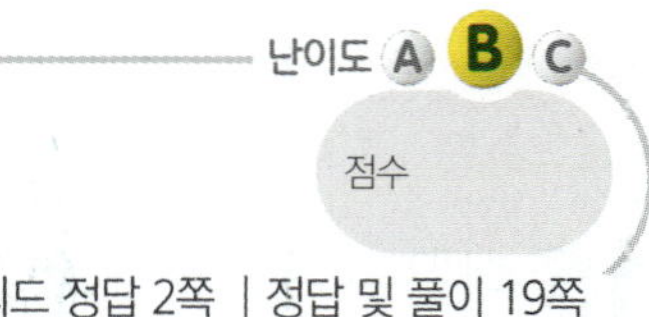

단원평가 4회 큰 수

1단원

1 □ 안에 알맞은 수를 써넣으세요.

> 10000은 9000보다 □ 만큼
> 더 큰 수입니다.

2 |보기|와 같이 수로 써 보세요.

> |보기|
> 오억 칠천이십만 오백팔
> ⇨ 570200508

> 이십억 육천오백만 팔십구

( )

3 표를 보고 각 자리의 숫자가 나타내는 값의 합으로 나타내 보세요.

만의 자리	천의 자리	백의 자리	십의 자리	일의 자리
9	5	4	1	2

95412
$=90000+$ □ $+$ □ $+10+2$

4 □ 안에 알맞은 수를 써넣으세요.

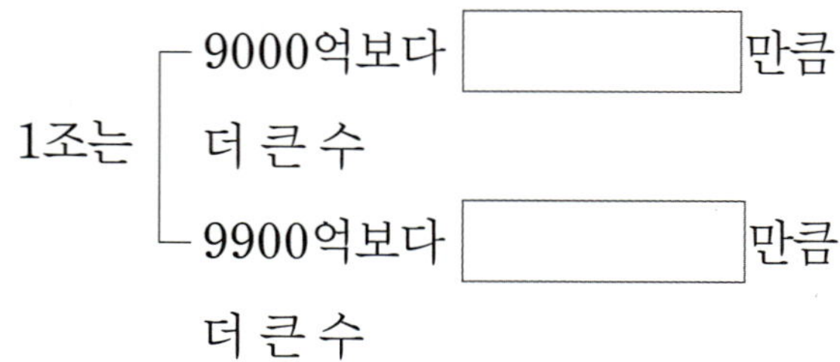

5 □ 안에 알맞은 수나 말을 써넣으세요.

1억이 2475개이면 □

또는 2475억이라 쓰고

□ (이)라고

읽습니다.

6 십억의 자리 숫자를 써 보세요.

> 248791356700

( )

7 수를 보고 □ 안에 알맞은 수나 말을 써넣으세요.

> 610872910000

숫자 8은 □ 의 자리 숫자이고

□ 을/를 나타냅니다.

8 백만의 자리 숫자가 5인 수는 어느 것일까요?······················· (   )

① 54379861 ② 29543176
③ 36154972 ④ 65184209
⑤ 26753480

9 다음 수를 계산기로 입력하려면 0을 모두 몇 번 눌러야 하는지 구하세요.

> 1만이 1500개인 수

(   )

10 백조의 자리 숫자가 가장 큰 수를 찾아 기호를 써 보세요.

> ㉠ 919372425000000
> ㉡ 6875294860000000
> ㉢ 5423037409000000

(   )

11 1조씩 뛰어 세어 보세요.

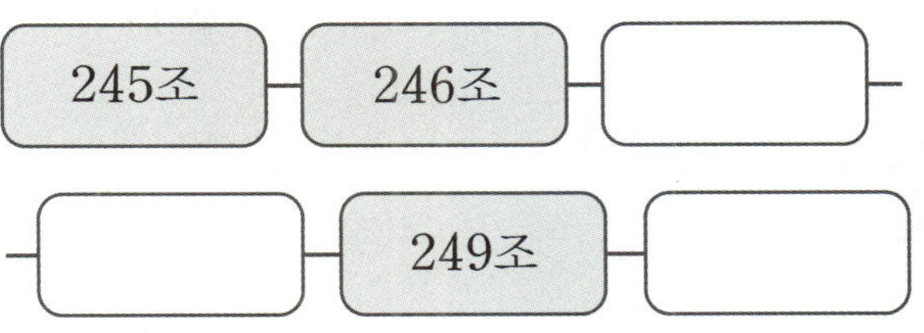

12 더 큰 수를 찾아 기호를 써 보세요.

> ㉠ 이백십사억 오천사만
> ㉡ 21431070000

(   )

13 뛰어 센 규칙에 따라 빈칸에 알맞은 수를 써 넣으세요.

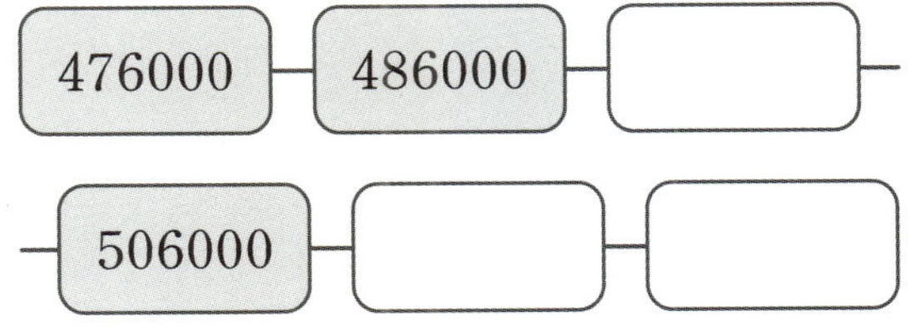

14 밑줄 친 숫자 7이 나타내는 값이 가장 큰 수는 어느 것일까요?·············· (   )

① 725464 ② 647203
③ 47293818 ④ 52871430
⑤ 245741

15 나라별 인구를 나타낸 것입니다. 인구가 가장 많은 나라는 어디일까요?

나라	인구(명)
파키스탄	2억 4520만 9815
미국	341814420
브라질	217637297

[출처: KOSIS, 2024년]

(   )

16 179조에서 10조씩 4번 뛰어 센 수는 얼마일까요?

(   )

17 0부터 9까지의 수 중에서 □ 안에 들어갈 수 있는 수를 모두 구하세요.

$$69027354371 < 6902\boxed{}534371$$

(   )

18 수 카드를 모두 한 번씩만 사용하여 5천만보다 작은 수 중에서 가장 큰 수를 만들어 보세요.

$$\boxed{1}\ \boxed{2}\ \boxed{3}\ \boxed{4}\ \boxed{5}\ \boxed{6}\ \boxed{7}\ \boxed{8}$$

(   )

19 호준이네 가족은 불우 이웃 돕기 성금으로 매월 2만 원씩 기부하여 이번 달까지 140000원을 기부하였습니다. 기부한 총 금액이 260000원이 되려면 앞으로 몇 개월이 더 걸리는지 구하세요.

(   )

20 ㉮에 알맞은 수는 얼마인지 풀이 과정을 쓰고 답을 구하세요.

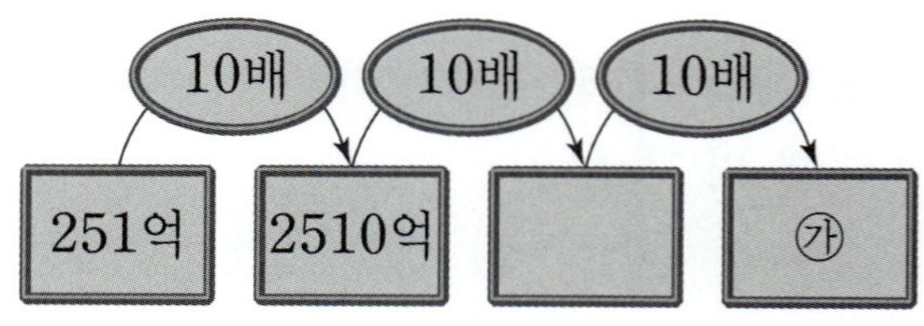

풀이

답 ________________________________

단원평가 5회   큰 수

1 □ 안에 알맞은 수를 써넣으세요.

1억은 1000만이 [　　] 개인 수입니다.

2 □ 안에 알맞은 수를 써넣으세요.

10000이 5개
1000이 2개
100이 8개 ┃ 이면 [　　]
10이 1개
1이 9개

3 수로 써 보세요.

이십구만 칠천삼백육

(　　　　　　　　)

4 □ 안에 알맞은 수를 써넣으세요.

154382467000은 1억이 [　　] 개,
1만이 8246개, 1이 [　　] 개인 수
입니다.

5 밑줄 친 숫자 3은 어느 자리 숫자일까요?

703846955246

(　　　　　　　　)의 자리 숫자

6 숫자 6이 십만의 자리 숫자인 것을 찾아
기호를 써 보세요.

㉠ 6524137
㉡ 1624359
㉢ 3564981

(　　　　　　　　)

7 밑줄 친 숫자가 나타내는 값을 써 보세요.

48386120

(　　　　　　　　)

8 백억의 자리 숫자와 그 숫자가 나타내는
값은 얼마인지 써 보세요.

542732019680

백억의 자리 숫자 (　　　　　　)
나타내는 값 (　　　　　　)

9 두 수의 크기를 비교하여 ○ 안에 >, =, < 중 알맞은 것을 써넣으세요.

8076085 ◯ 8078118

10 더 큰 수를 찾아 ○표 하세요.

46조 2300만	406조 54억
( )	( )

11 얼마씩 뛰어 세었는지 써 보세요.

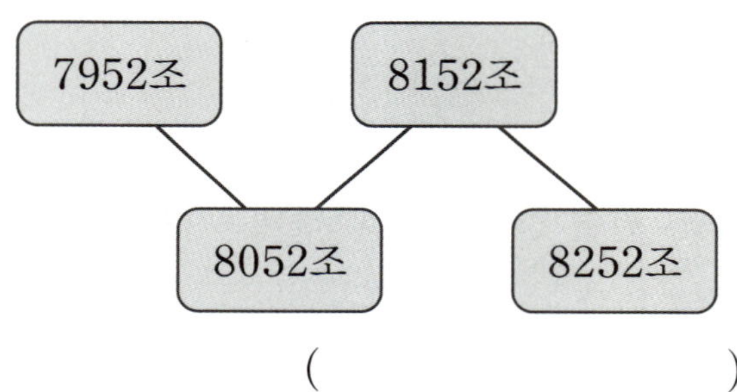

( )

12 설명하는 수를 써 보세요.

1조가 25개, 1억이 410개,
10만이 65개인 수

( )

13 다음을 수로 썼을 때 숫자 7은 어느 자리 숫자일까요?

1조가 361개, 1억이 2758개인 수

( )의 자리 숫자

14 큰 수부터 차례대로 기호를 써 보세요.

㉠ 8200억 32만 9008
㉡ 1억이 820개, 1만이 5892개,
 1이 457개인 수
㉢ 팔백이십사억 팔천삼백오십구만
 이백구십칠

( )

15 42000000000에 대해 잘못 설명한 것을 찾아 기호를 쓰고, 바르게 고쳐 보세요.

㉠ 십억의 자리 숫자는 2입니다.
㉡ 1억이 4200개인 수입니다.
㉢ 각 자리의 숫자가 나타내는 값의 합
 으로 나타내면
 40000000000+2000000000
 입니다.

기호 ______________

바르게 고치기 ______________

16 어떤 수에서 1000만씩 3번 뛰어 세었더니 2억 8000만이 되었습니다. 어떤 수를 구하세요.

(   )

17 1부터 6까지의 수를 모두 두 번씩 사용하여 백억의 자리 숫자가 5인 가장 큰 12자리 수를 만들어 보세요.

(   )

18 다음과 같은 규칙으로 2185억에서 2번 뛰어 센 수는 얼마인지 풀이 과정을 쓰고 답을 구하세요.

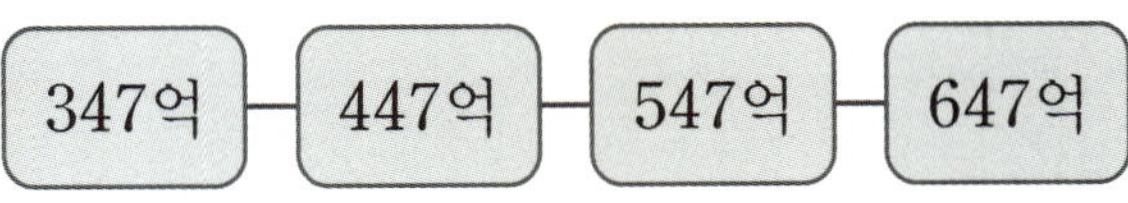

풀이

답 _______________

19 다음을 모두 만족하는 다섯 자리 수를 구하세요.

> • 각 자리의 숫자는 3부터 7까지의 숫자로 서로 다릅니다.
> • 53600보다 크고 54000보다 작습니다.
> • 십의 자리 숫자는 6입니다.

(   )

20 0부터 9까지의 수 중에서 □ 안에 공통으로 들어갈 수 있는 수를 모두 써 보세요.

> • 589436270686
> < 58943□581435
> • 14079793200000
> < 140□5831250000

(   )

서술형 평가 ❶   큰 수

스피드 정답 2쪽 | 정답 및 풀이 21쪽

점수

1 설명하는 수를 써 보세요.

> 100만이 17개, 10만이 6개, 1만이 4개인 수

❶ □ 안에 알맞은 수를 써넣으세요.

$$\begin{array}{l} \text{100만이 17개이면 } 17000000 \\ \text{10만이 \ 6개이면 } \boxed{} \\ \text{1만이 \ 4개이면 } \boxed{} \end{array}$$

❷ 설명하는 수를 써 보세요.

(   )

2 ㉠과 ㉡ 중 더 큰 수를 찾아 기호를 써 보세요.

> ㉠ 1억이 150개, 1만이 6500개인 수
> ㉡ 4572508500

❶ ㉠을 수로 써 보세요.

(   )

❷ ㉠과 ㉡의 자리 수를 각각 구하세요.

㉠: □ 자리 수, ㉡: □ 자리 수

❸ ㉠과 ㉡ 중 더 큰 수를 찾아 기호를 써 보세요.

(   )

3 ㉠이 나타내는 값은 ㉡이 나타내는 값의 몇 배인지 구하세요.

$$2407\underline{3}48\underline{9}00000$$
$$\qquad\;\;㉠\qquad㉡$$

❶ ㉠이 나타내는 값은 얼마일까요?

(   )

❷ ㉡이 나타내는 값은 얼마일까요?

(   )

❸ ㉠이 나타내는 값은 ㉡이 나타내는 값의 몇 배일까요?

(   )

4 뛰어 세기를 하였습니다. ㉠에 알맞은 수를 구하세요.

| 4조 2500억 | 4조 2600억 | | 4조 2800억 | ㉠ |

❶ 4조 2500억에서 4조 2600억으로 얼마 커졌을까요?

(   )

❷ 얼마씩 뛰어 세었을까요?

(   )

❸ ㉠에 알맞은 수를 구하세요.

(   )

1 설명하는 수가 얼마인지 풀이 과정을 쓰고 답을 구하세요.

> 100억이 10개, 10억이 7개, 1억이 12개인 수

풀이

답 ____________________

어떻게 풀까요?

100억이 ▲개, 10억이 ●개, 1억이 ■개인 수를 각각 알아봅니다.

---

2 ㉠과 ㉡ 중 더 큰 수를 찾아 기호를 쓰려고 합니다. 풀이 과정을 쓰고 답을 구하세요.

> ㉠ 1억이 508개, 1만이 25개인 수
> ㉡ 50800189274

풀이

답 ____________________

어떻게 풀까요?

㉠과 ㉡의 크기를 비교할 때 먼저 자리 수를 비교하고 자리 수가 같으면 높은 자리 수부터 차례대로 비교해 봅니다.

---

3 ㉠이 나타내는 값은 ㉡이 나타내는 값의 몇 배인지 풀이 과정을 쓰고 답을 구하세요.

$$32547235000$$

풀이

답 ____________________

4 어떤 수에서 10억씩 4번 뛰어 세었더니 275억 300만이 되었습니다. 어떤 수는 얼마인지 풀이 과정을 쓰고 답을 구하세요.

풀이

답 ____________________

5 수 카드를 모두 두 번씩 사용하여 만든 10자리 수 중에서 백만의 자리 숫자가 7인 가장 작은 수는 얼마인지 풀이 과정을 쓰고 답을 구하세요.

풀이

답 ____________________

1 수로 써 보세요.

> 삼만 육천칠십

(   )

2 ㉠과 ㉡에 알맞은 수를 각각 구하세요.

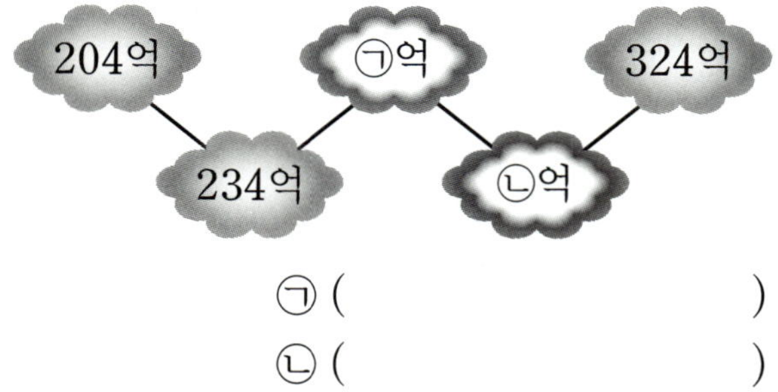

㉠ (   )
㉡ (   )

3 더 작은 수를 찾아 기호를 써 보세요.

> ㉠ 1조가 730개, 1억이 26개인 수
> ㉡ 칠백삼조 이천육백억

(   )

4 알맞은 것끼리 선으로 이어 보세요.

8000억의 100배 ·	· 800조
8조의 100배 ·	· 80조
80억의 1000배 ·	· 8조

5 0부터 9까지의 수 중에서 □ 안에 들어갈 수 있는 수는 모두 몇 개인지 구하세요.

> $94723 < 9\boxed{}785$

(   )

2단원

각도

개념 ① 각의 크기 비교하기

(1) 두 각의 크기 비교

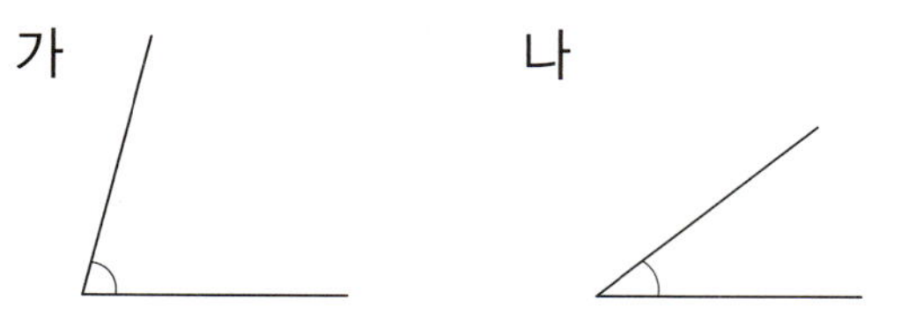

가와 나 중에서 각의 크기가 더 큰 각은 ❶ [ ] 입니다.

(2) 세 각의 크기 비교

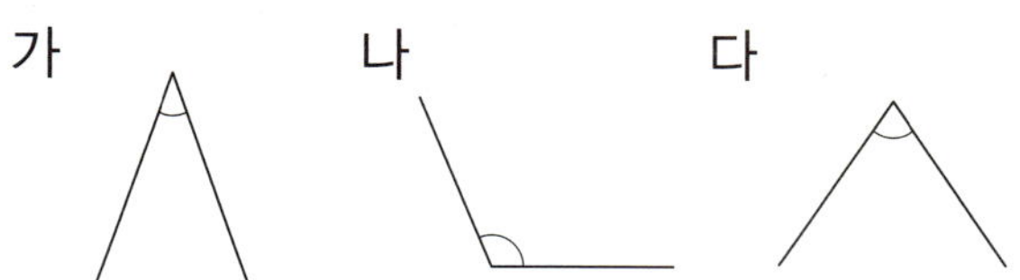

두 변이 벌어진 정도를 비교하면 각의 크기가 가장 큰 각은 나입니다.

> 각의 크기는 두 변이 벌어진 정도가 클수록 큽니다.

개념 ② 각의 크기 알아보기

(1) 각의 크기 알아보기
- 각도: 각의 크기
- 1도(1°): 직각의 크기를 똑같이 90으로 나눈 것 중 하나
- 90°: 직각의 크기

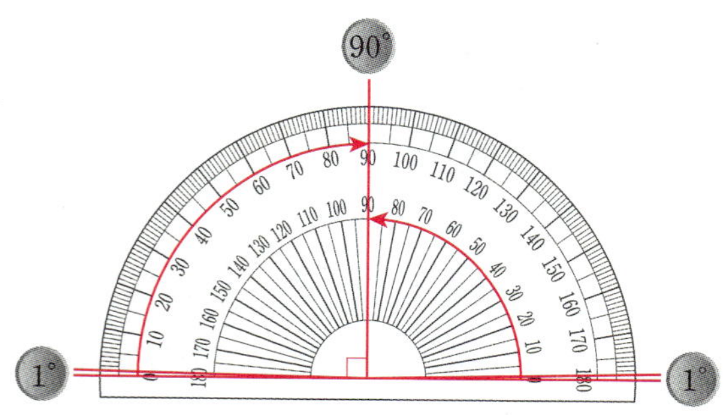

(2) 각도기로 각도를 재는 방법

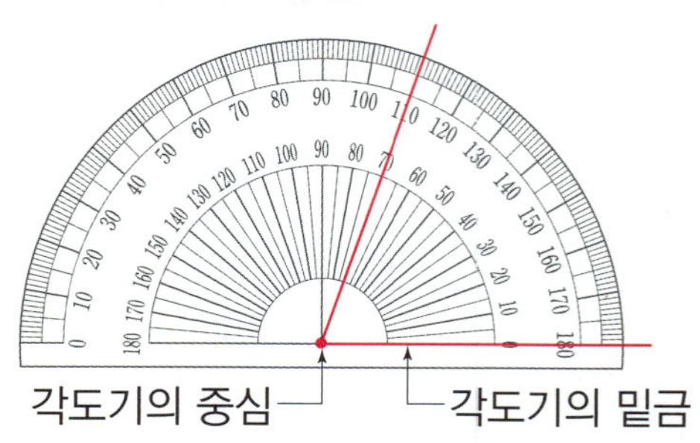

① 각도기의 중심을 각의 꼭짓점에 맞춥니다.
② 각도기의 밑금을 각의 한 변에 맞춥니다.
③ 각의 나머지 한 변과 만나는 각도기의 눈금을 읽습니다.
⇨ 각의 한 변이 안쪽 눈금 0에 맞춰져 있으므로 안쪽 눈금을 읽으면 ❷ [ ]° 입니다.

(3) 각도 읽기
① 안쪽 눈금의 각도 읽기

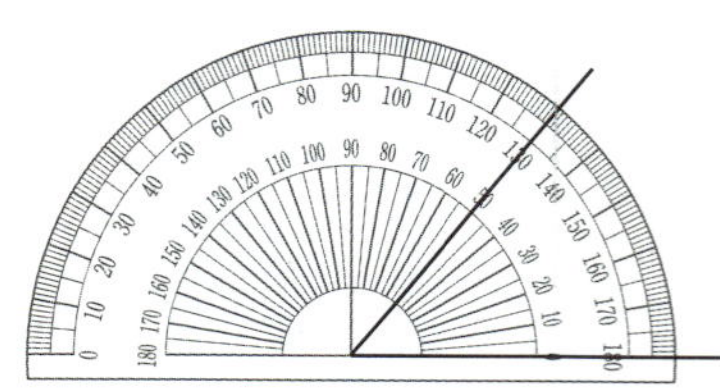

각의 한 변이 안쪽 눈금 0에 맞춰져 있으므로 나머지 변과 만나는 안쪽 눈금을 읽으면 ❸ [ ]° 입니다.

② 바깥쪽 눈금의 각도 읽기

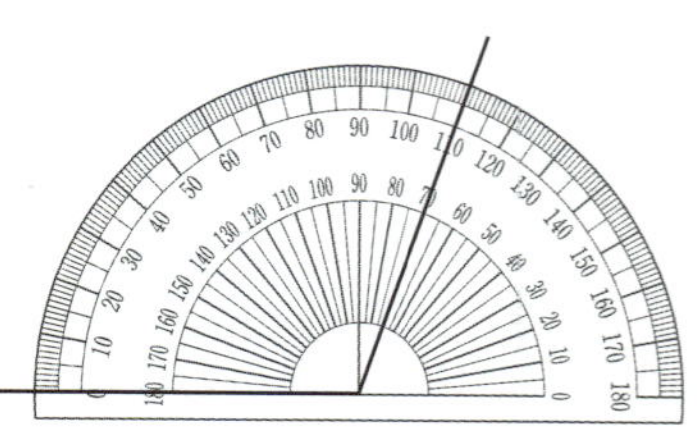

각의 한 변이 바깥쪽 눈금 0에 맞춰져 있으므로 나머지 변과 만나는 바깥쪽 눈금을 읽으면 ❹ [ ]° 입니다.

| 정답 | ❶ 가 ❷ 70 ❸ 50 ❹ 110

개념 ③ 직각보다 작은 각과 큰 각 알아보기

• 예각과 둔각

(1) **예각**: 각도가 0°보다 크고 직각보다 작은 각

(2) **둔각**: 각도가 직각보다 크고 180°보다 작은 각

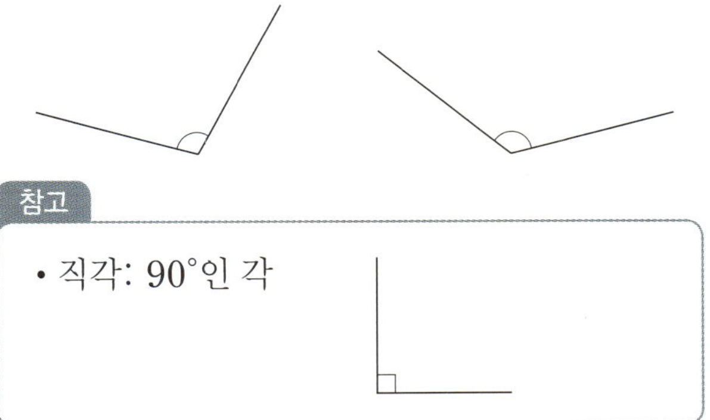

참고

• 직각: 90°인 각

개념 ④ 각도 어림하기

• 각도를 어림하고 각도기로 재어 확인하기

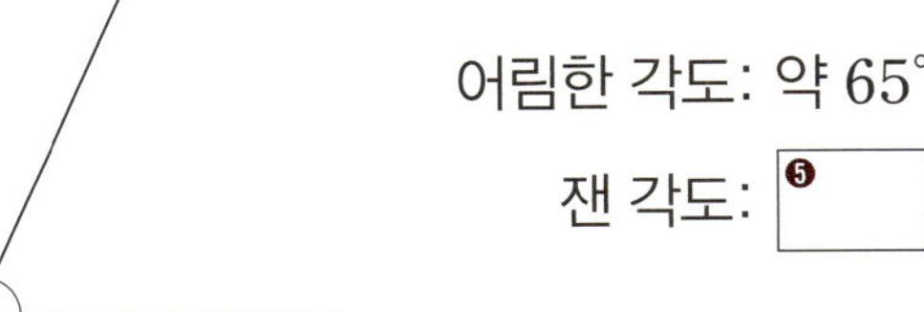

어림한 각도: 약 65°

잰 각도: ❺　°

참고

어림한 각도와 각도기로 잰 각도의 차가 작을
수록 실제와 더 가깝게 어림한 것입니다.

개념 ⑤ 각도의 합과 차

(1) 각도의 합

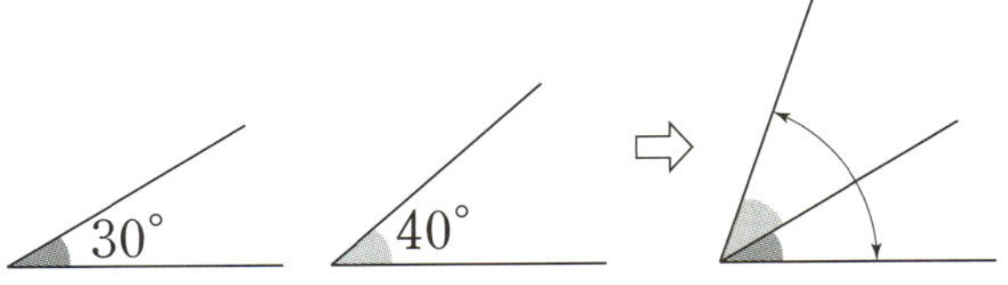

⇨ 각도의 합은 자연수의 덧셈과 같이 계산한 다
음 단위(°)를 붙입니다.

$$30° + 40° = \boxed{❻}°$$

(2) 각도의 차

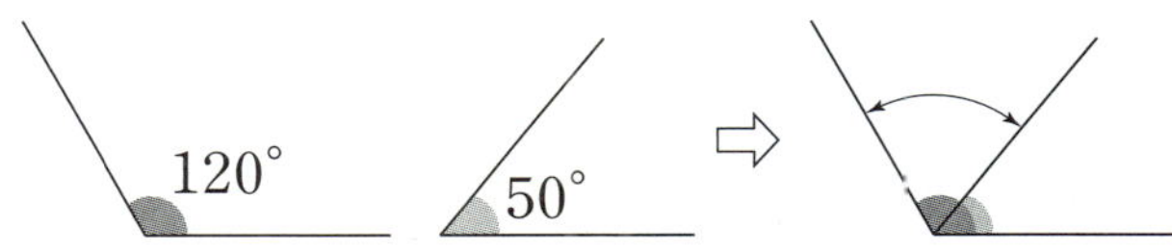

⇨ 각도의 차는 자연수의 뺄셈과 같이 계산한 다
음 단위(°)를 붙입니다.

$$120° - 50° = \boxed{❼}°$$

개념 ⑥ 삼각형의 세 각의 크기의 합

• 삼각형을 잘라서 알아보기

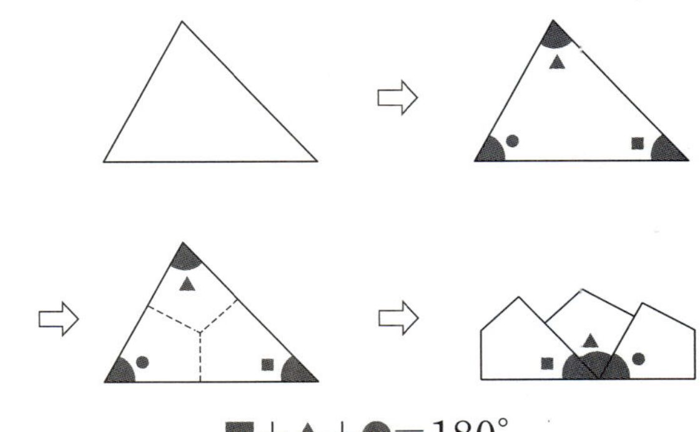

$$■ + ▲ + ● = 180°$$

삼각형의 세 각의 크기의 합은 180°입니다.

개념 ⑦ 사각형의 네 각의 크기의 합

• 사각형을 잘라서 알아보기

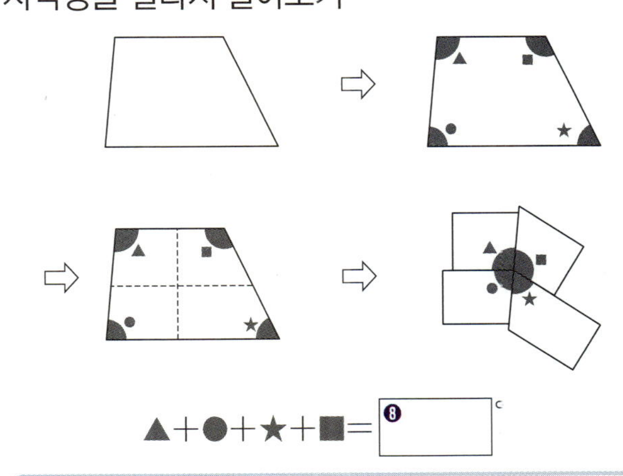

$$▲ + ● + ★ + ■ = \boxed{❽}°$$

사각형의 네 각의 크기의 합은 360°입니다.

| 정답 | ❺ 65 ❻ 70 ❼ 70 ❽ 360

쪽지시험 1회   각도

2단원

점수

1 더 많이 벌어진 부챗살에 ◯표 하세요.

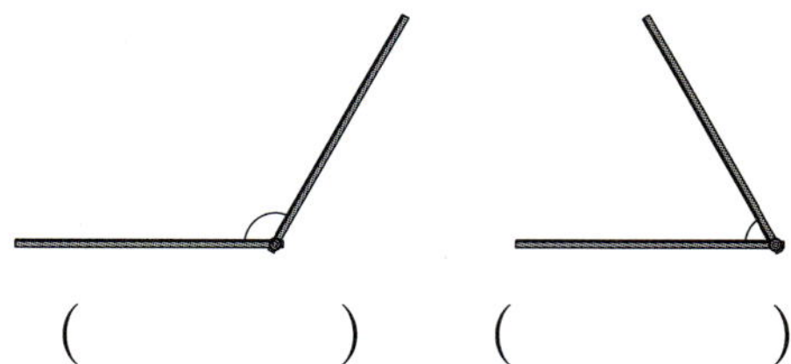

(   ) (   )

2 가장 많이 벌어진 가위에 ◯표, 가장 적게 벌어진 가위에 △표 하세요.

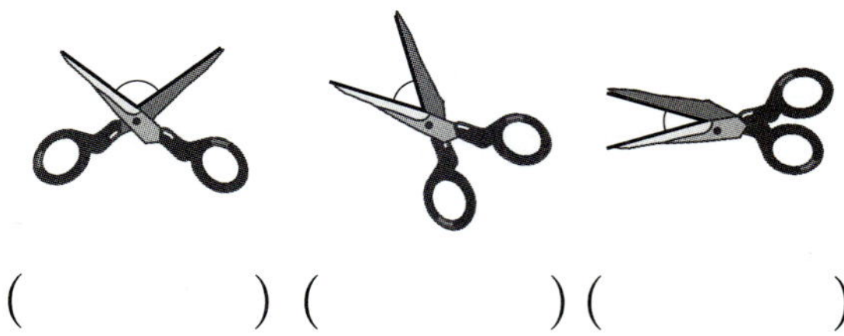

(   ) (   ) (   )

〔3~4〕 두 각 중 더 큰 각에 ◯표 하세요.

3

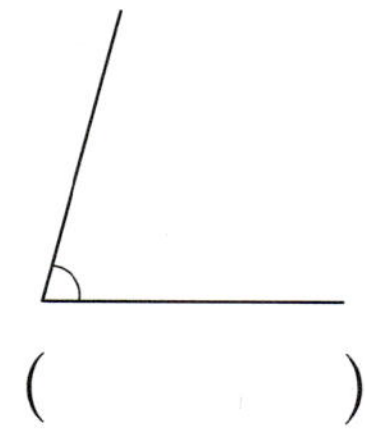

(   )   (   )

4

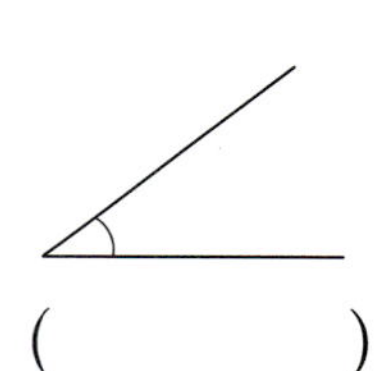

(   )   (   )

5 각의 크기가 큰 순서대로 ☐ 안에 1, 2, 3 을 써넣으세요.

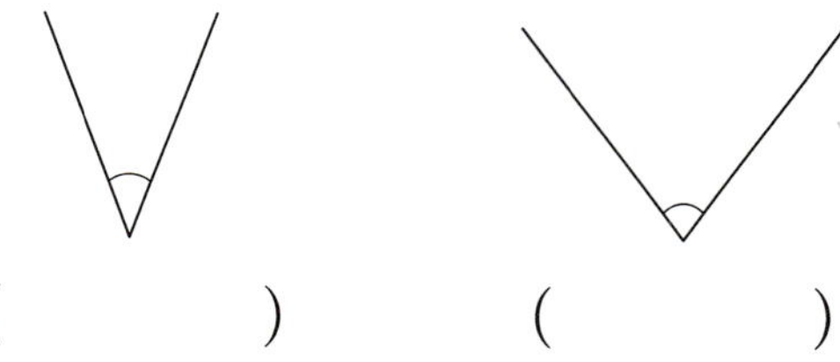

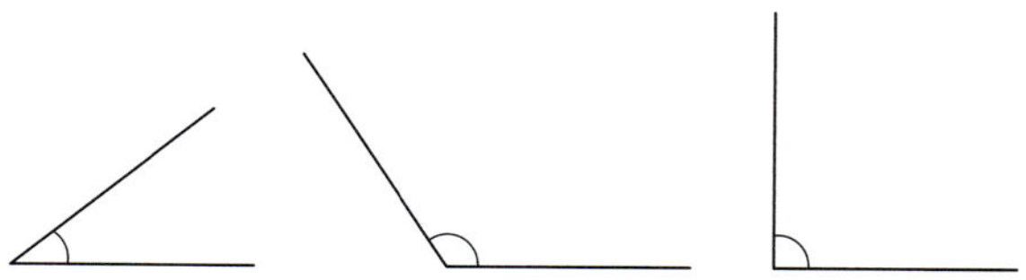

〔6~7〕 각도를 읽어 보세요.

6

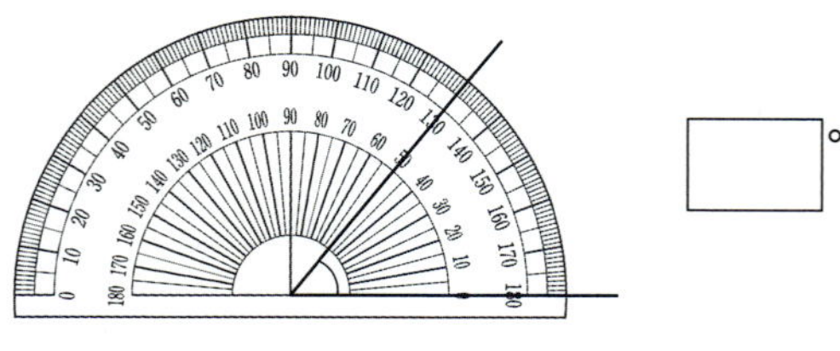

7

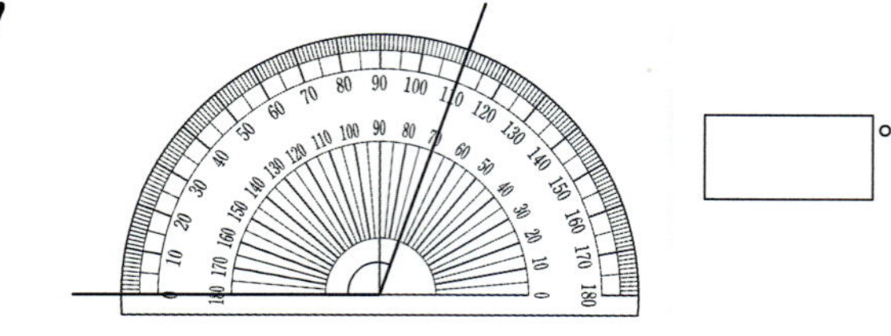

〔8~10〕 각도기를 이용하여 각도를 재어 보세요.

8

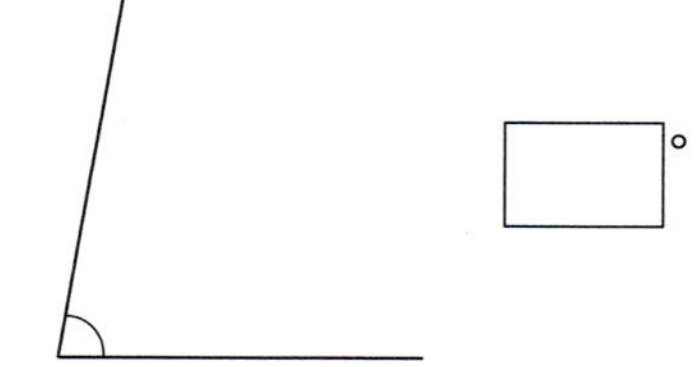

9

10

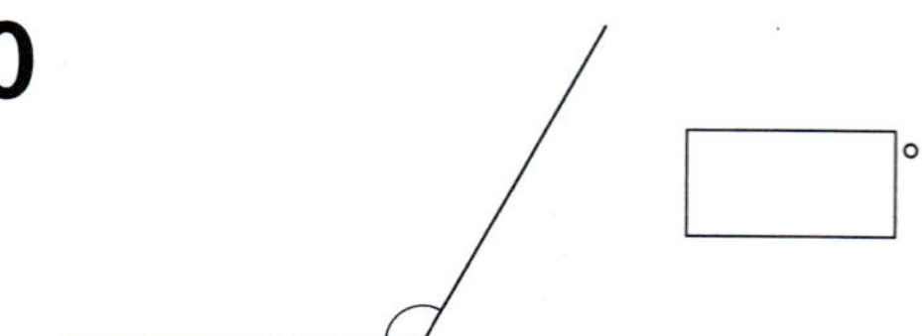

쪽지시험 2회　각도

점수

2 단원

[1~2] 예각과 둔각 중 어느 것인지 써 보세요.

1

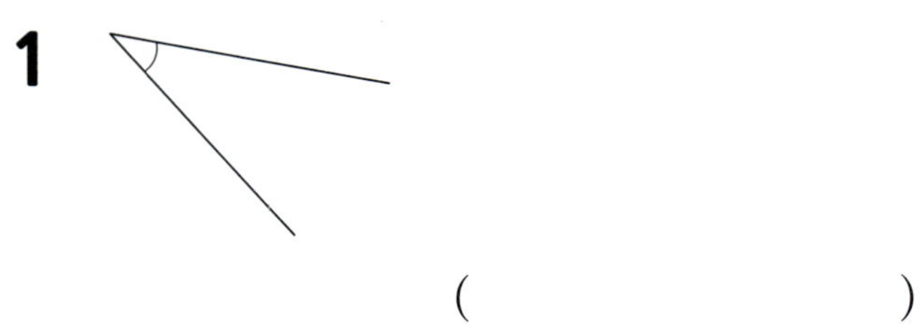

(　　　　　　　)

2

(　　　　　　　)

[3~4] 각도를 어림하고 각도기로 재어 확인해 보세요.

3

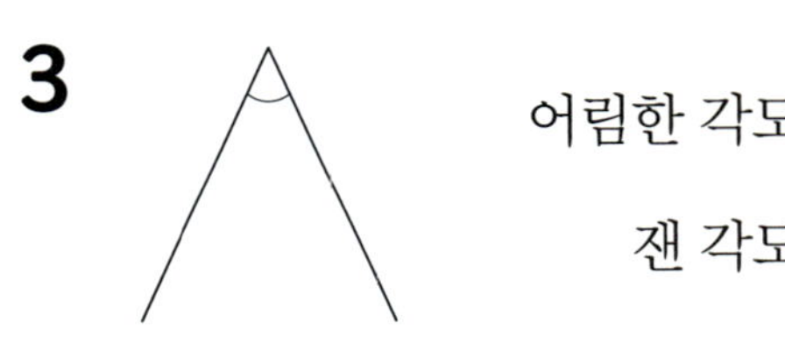

어림한 각도: 약 ◻°

잰 각도: ◻°

4

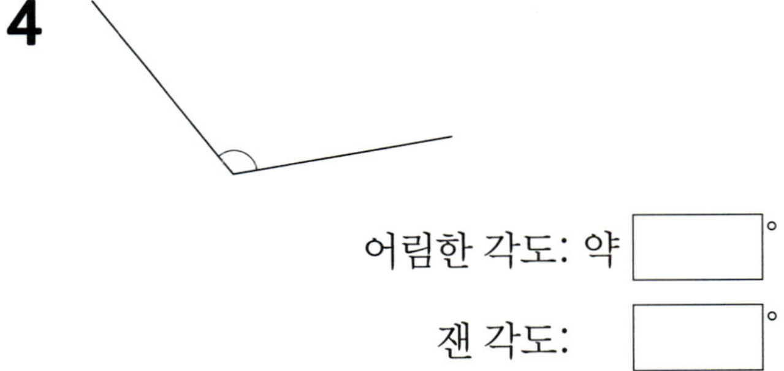

어림한 각도: 약 ◻°

잰 각도: ◻°

5 그림을 보고 ◻ 안에 알맞은 수를 써넣으세요.

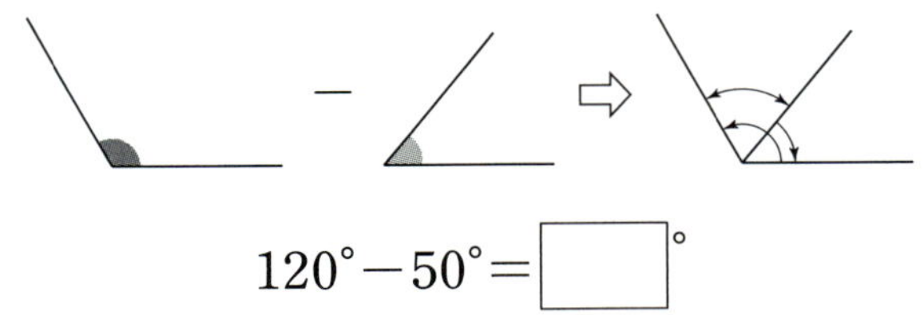

$120° - 50° = $ ◻°

6 두 각도의 합을 구하세요.

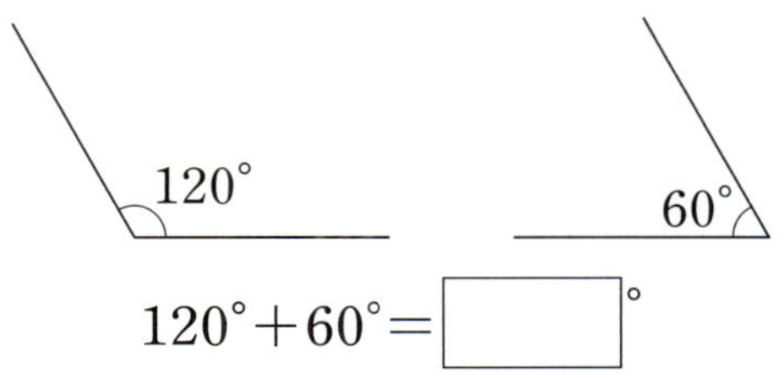

$120° + 60° = $ ◻°

7 두 각도의 차를 구하세요.

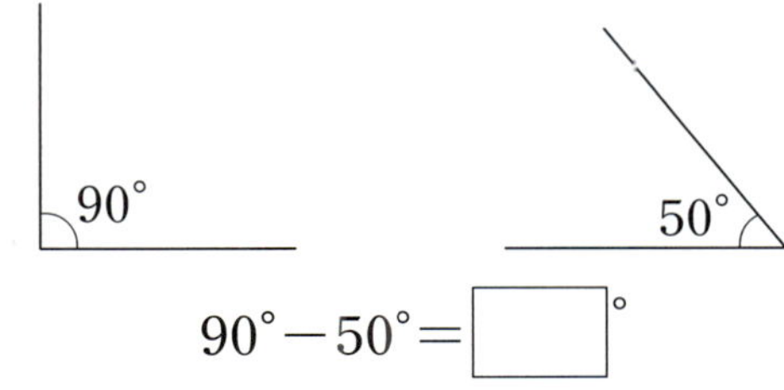

$90° - 50° = $ ◻°

8 주어진 각을 예각, 둔각으로 분류하여 기호를 써 보세요.

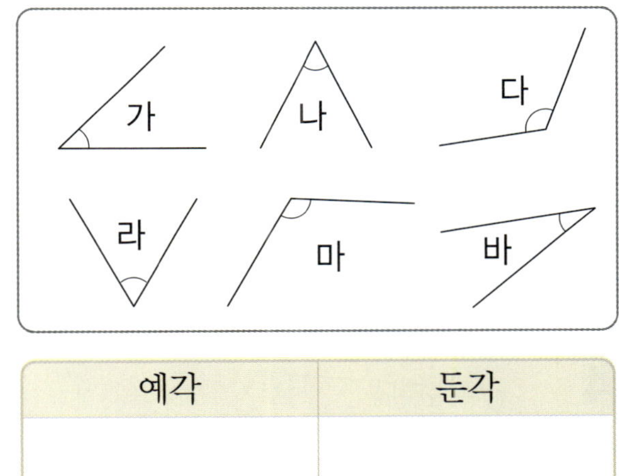

예각	둔각

[9~10] 각도의 합과 차를 구하세요.

9 $85° + 70° = $ ◻°

10 $150° - 65° = $ ◻°

쪽지시험 3회 각도

2단원

〔1~2〕 □ 안에 알맞은 수를 써넣으세요.

1

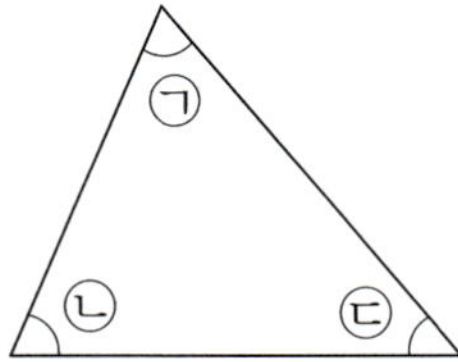

㉠+㉡+㉢

= □ °

2

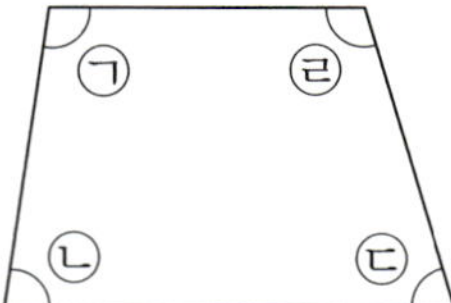

㉠+㉡+㉢+㉣

= □ °

〔3~5〕 □ 안에 알맞은 수를 써넣으세요.

3

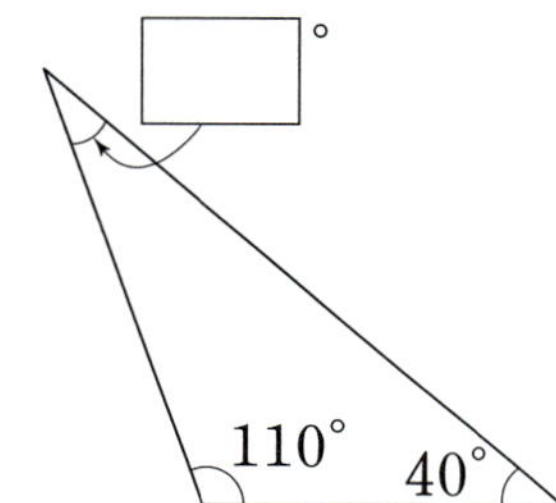

4

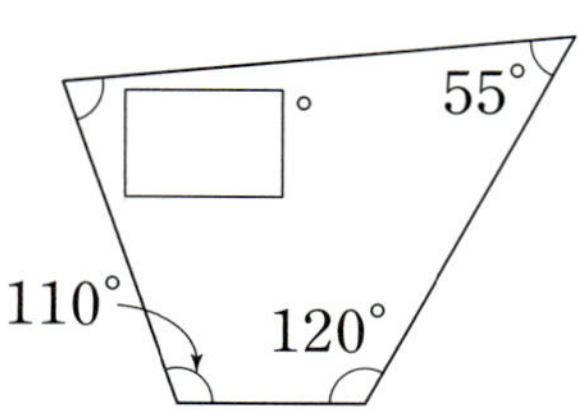

5

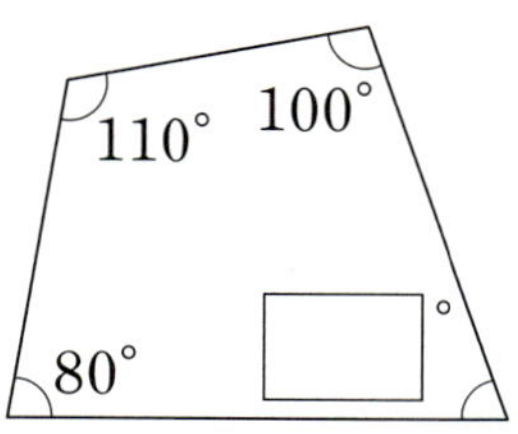

〔6~8〕 ㉠의 각도를 구하세요.

6

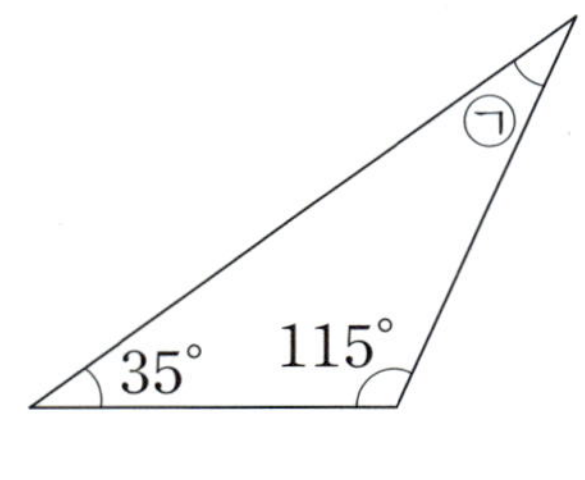

( )

7

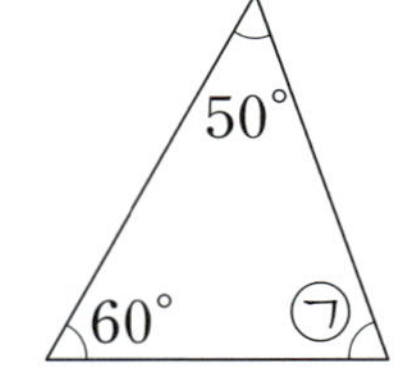

( )

8

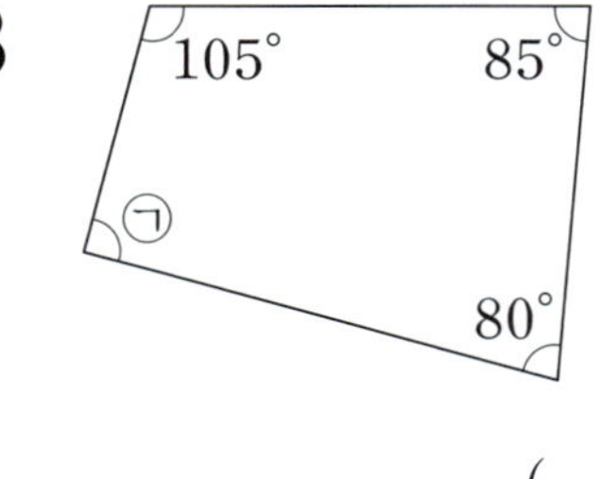

( )

〔9~10〕 ㉠과 ㉡의 각도의 합을 구하세요.

9

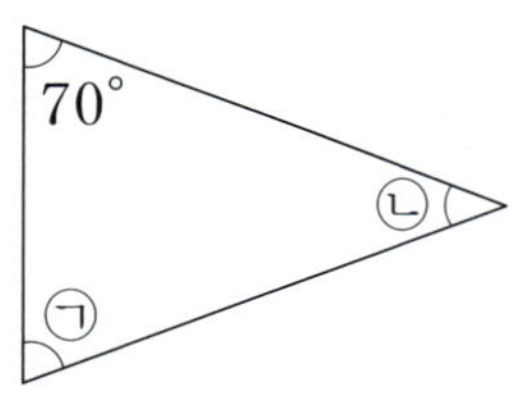

( )

10

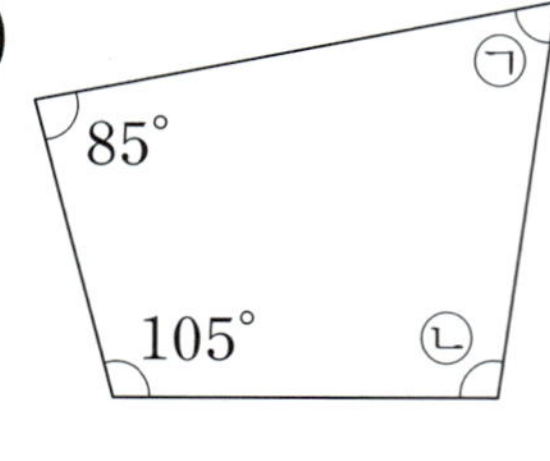

( )

2단원

단원평가 1회   각도

1 가장 많이 벌어진 가위에 ◯표 하세요.

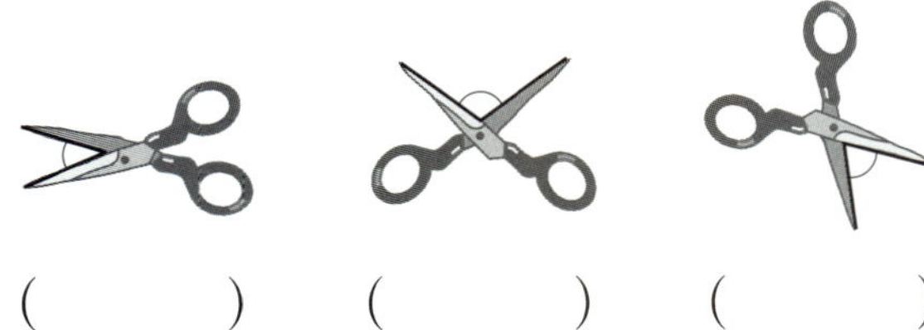

(   )   (   )   (   )

2 각의 크기가 가장 작은 각을 찾아 기호를 써 보세요.

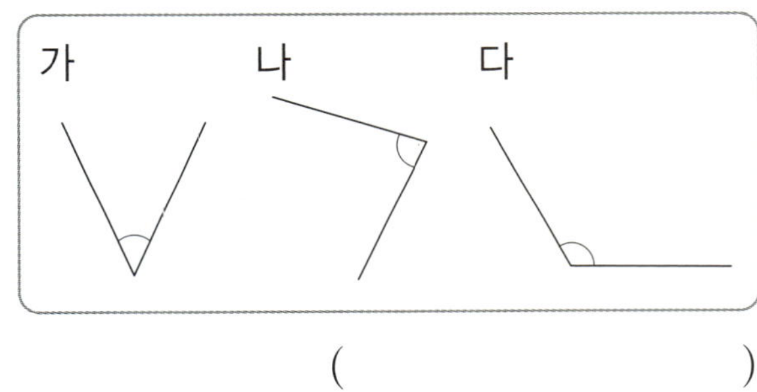

(   )

3 각도를 읽어 보세요.

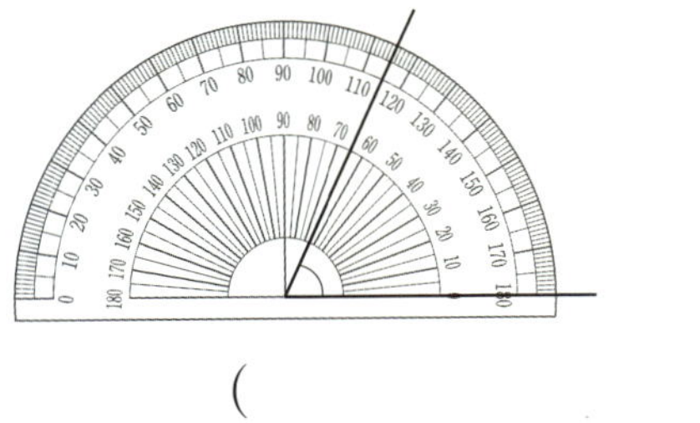

(   )

4 예각과 둔각 중 어느 것인지 써 보세요.

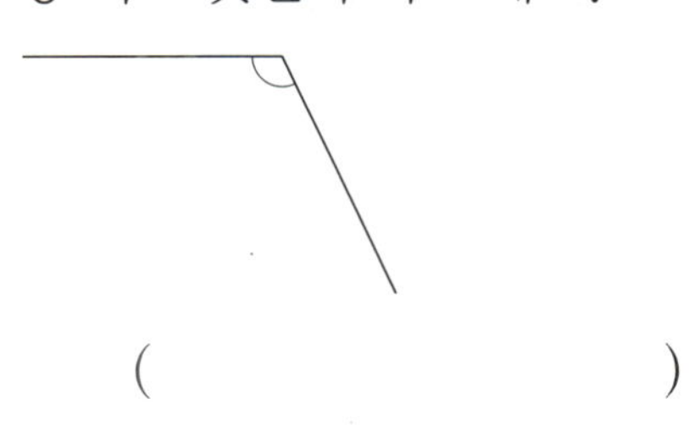

(   )

5 삼각형의 세 꼭짓점이 한 점에 모이도록 겹치지 않게 접었습니다. 삼각형의 세 각의 크기의 합은 몇 도일까요?

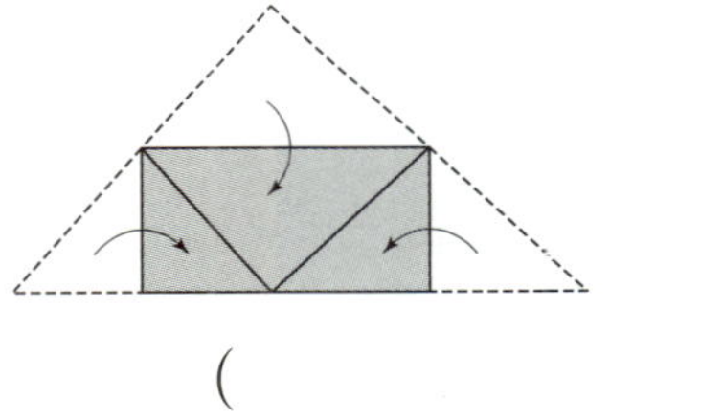

(   )

6 각도기를 이용하여 각도를 재어 보세요.

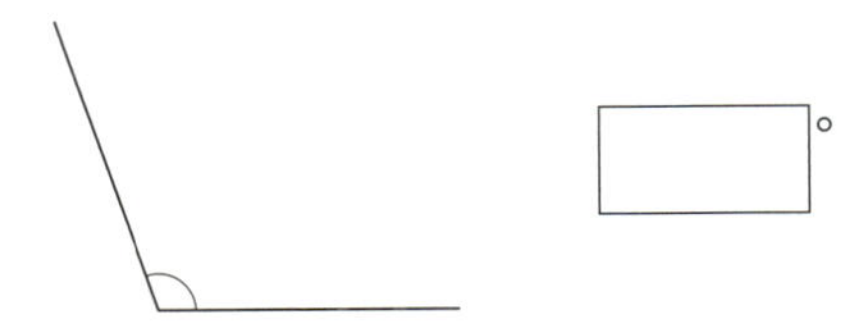

°

7 둔각을 모두 찾아 써 보세요.

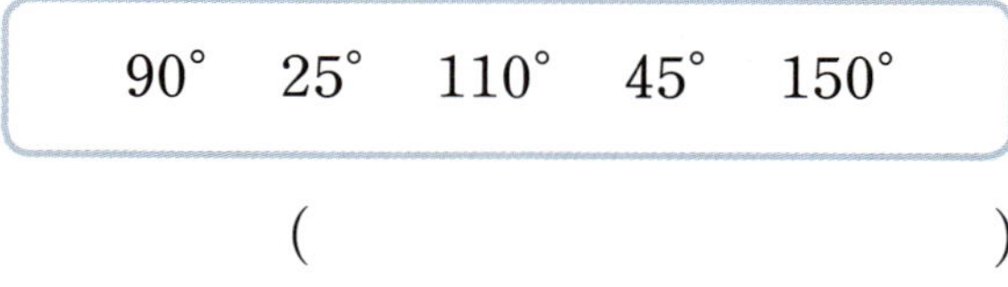

| 90° 25° 110° 45° 150° |

(   )

8 두 각도의 합을 구하세요.

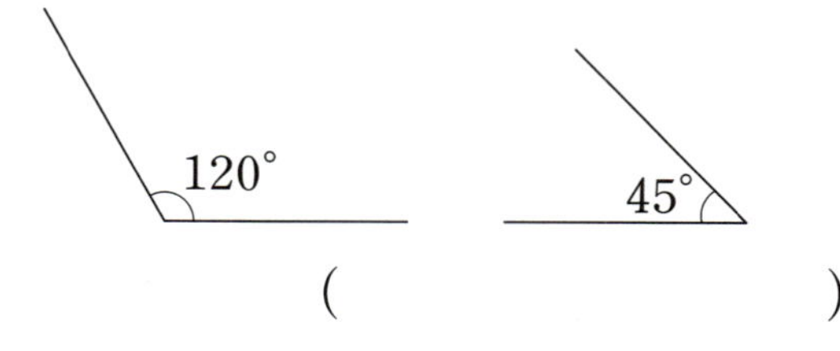

(   )

9 각도의 차를 구하세요.

$$136° - 97° = \boxed{}°$$

10 각도를 어림하고 각도기로 재어 확인해 보세요.

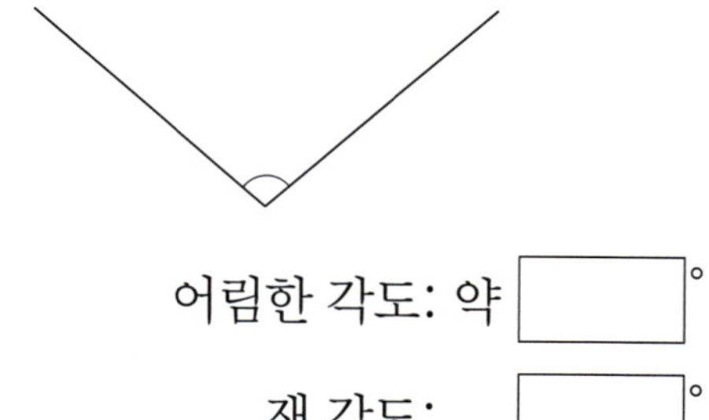

어림한 각도: 약 $\boxed{}$°

잰 각도: $\boxed{}$°

11 두 각도의 합과 차를 구하세요.

| 45° | | 125° |

합 (   )

차 (   )

12 그림에서 가장 작은 각의 크기를 재어 보세요.

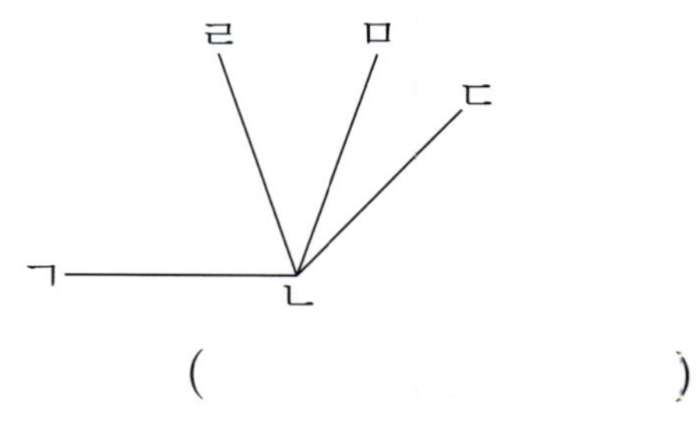

(   )

13 가장 큰 각과 가장 작은 각을 찾아 두 각도의 차를 구하세요.

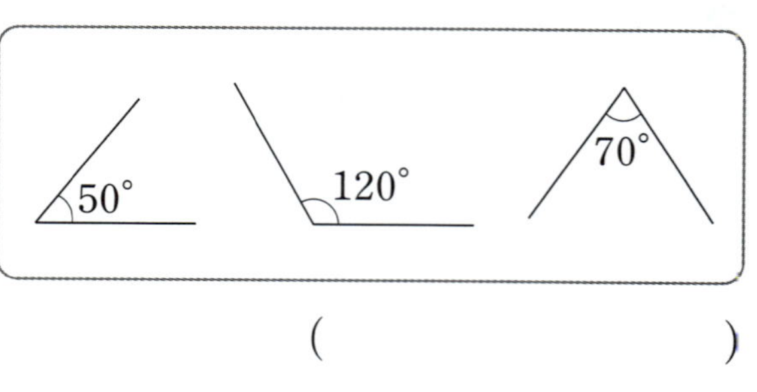

(   )

14 □ 안에 알맞은 수를 써넣으세요.

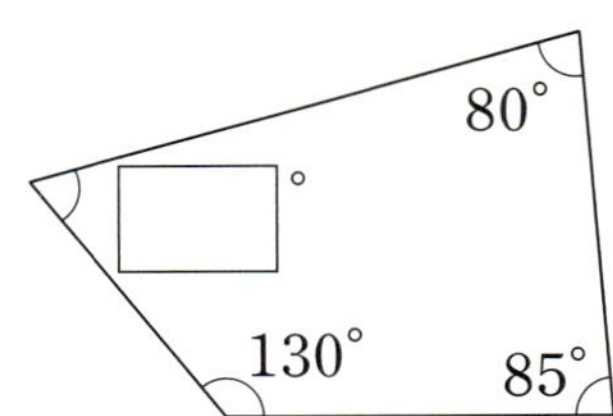

15 ㉠의 각도를 구하세요.

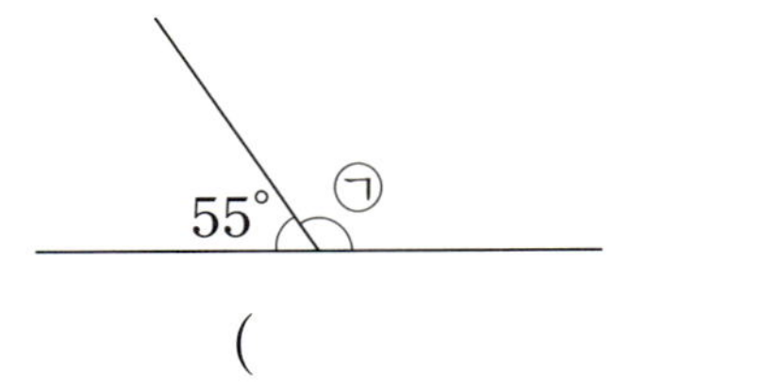

( )

16 ㉠과 ㉡의 각도의 합을 구하세요.

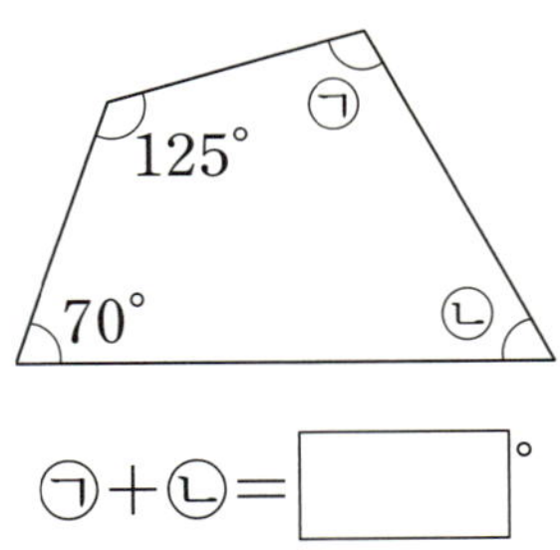

㉠+㉡= □°

17 시계의 시각이 3시 30분을 나타낼 때, 시계의 긴바늘과 짧은바늘이 이루는 작은 쪽의 각은 예각, 둔각 중 어느 것인지 써 보세요.

( )

18 삼각형의 세 각의 크기를 <u>잘못</u> 잰 사람은 누구일까요?

성진: 65°, 45°, 70°
연우: 95°, 45°, 50°

( )

19 □ 안에 알맞은 수를 써넣으세요.

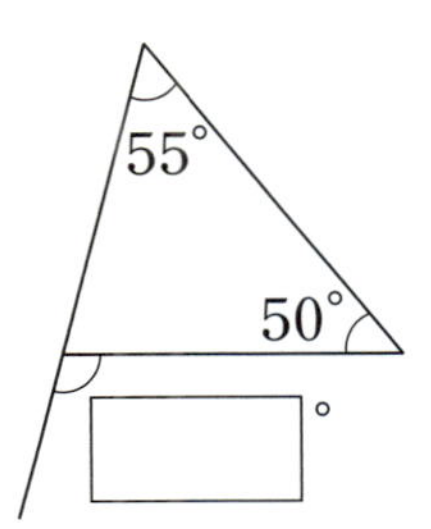

20 그림에서 찾을 수 있는 크고 작은 둔각은 모두 몇 개일까요?

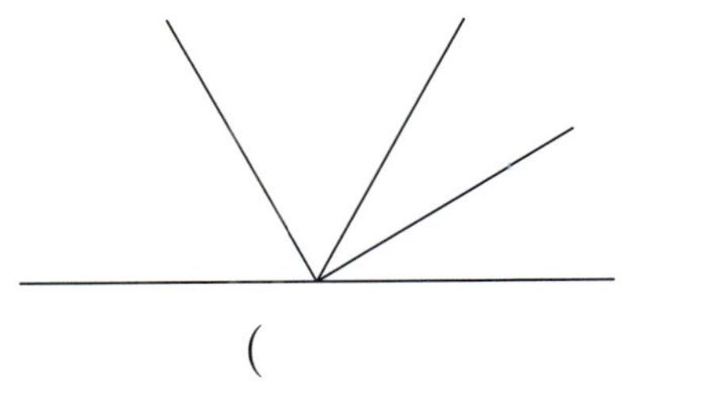

( )

2단원 단원평가 2회 각도

1 두 각 중에서 더 큰 각에 ○표 하세요.

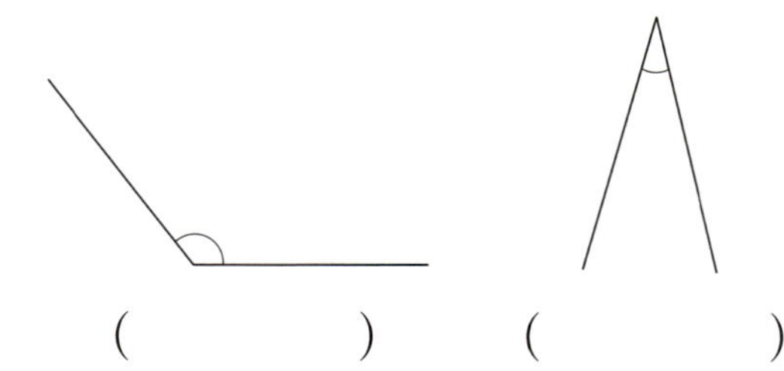

(   )   (   )

2 각의 크기가 큰 순서대로 □ 안에 1, 2, 3 을 써넣으세요.

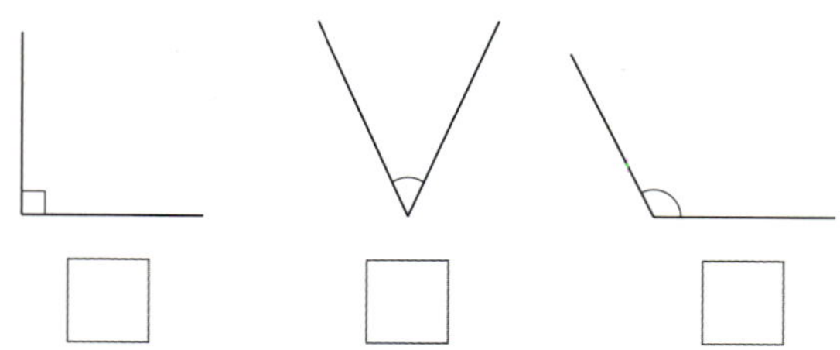

3 각도를 바르게 잰 것을 찾아 기호를 써 보세요.

가   나

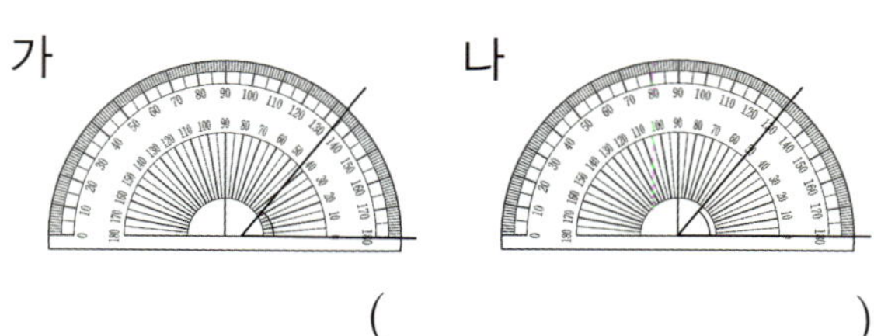

(   )

4 각도를 읽어 보세요.

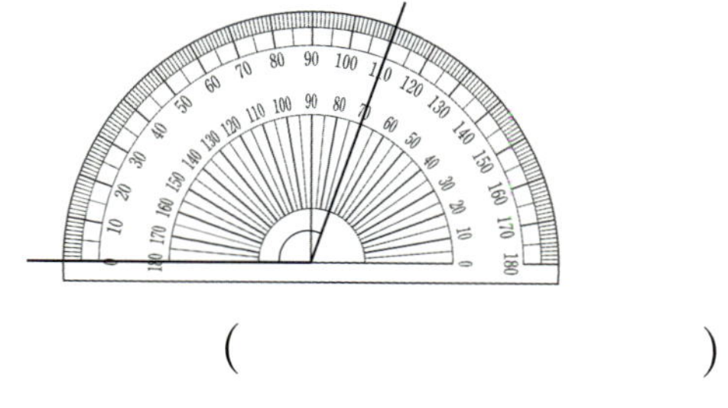

(   )

5 예각을 모두 찾아 ○표 하세요.

25°   110°   95°   70°

6 각도기를 이용하여 각도를 재어 보세요.

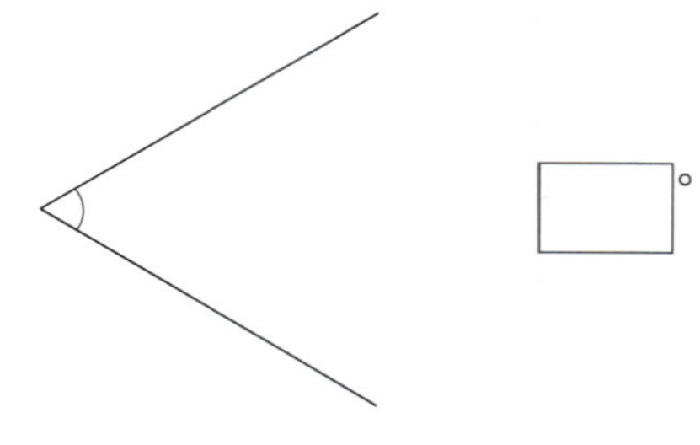

□°

〔**7~8**〕 그림을 보고 □ 안에 알맞은 수를 써넣으세요.

7

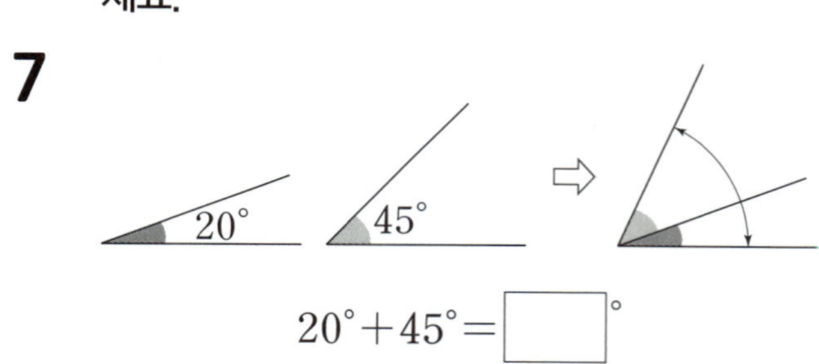

$20° + 45° = $ □°

8

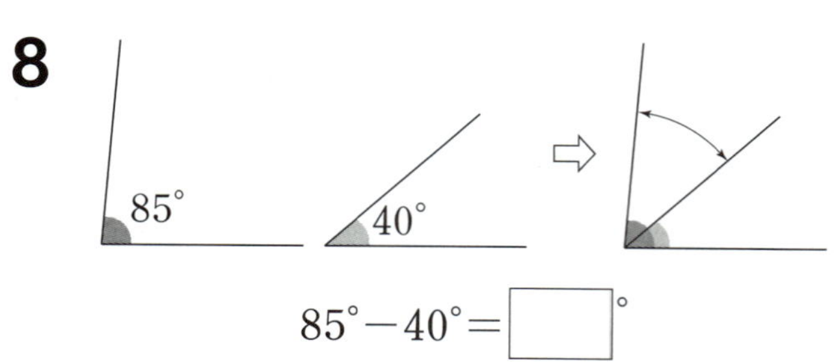

$85° - 40° = $ □°

9 각도를 어림하고 각도기로 재어 확인해 보세요.

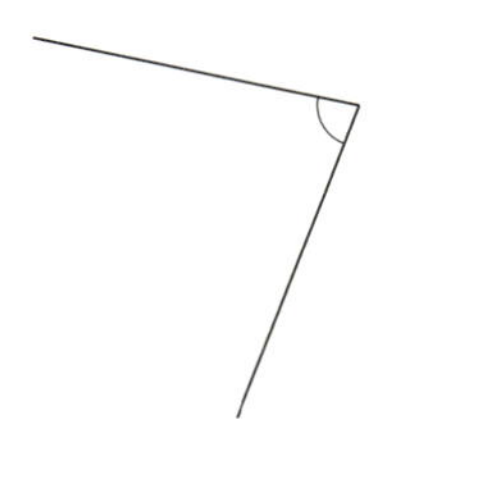

어림한 각도: 약 ☐°

잰 각도: ☐°

10 각도의 합을 구하세요.

$$40° + 115° = ☐°$$

11 주어진 선분에서 점 ㄱ을 각의 꼭짓점으로 하는 예각을 그리려고 합니다. 점 ㄱ과 이어야 하는 점을 찾아 기호를 써 보세요.

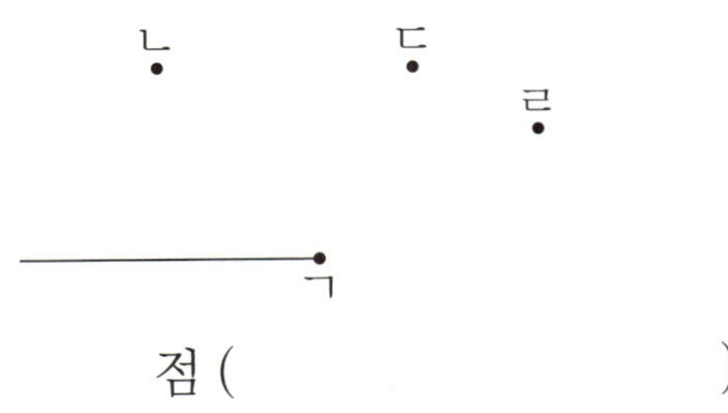

점 ( )

12 두 각도의 차를 구하세요.

25°   105°

( )

13 주어진 선분을 이용하여 예각을 그려 보세요.

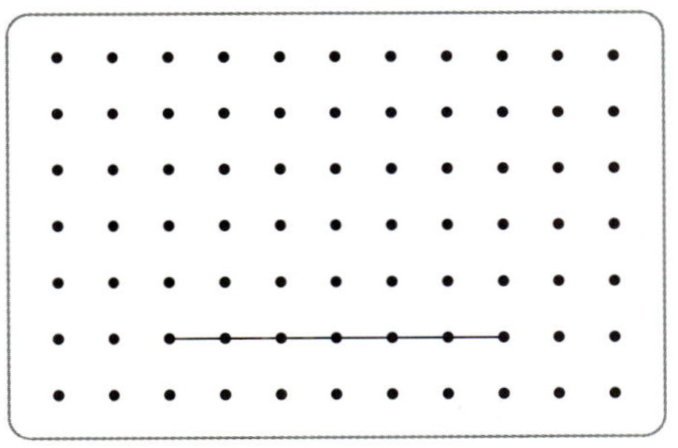

14 도형에서 찾을 수 있는 예각과 둔각은 각각 몇 개인지 구하세요.

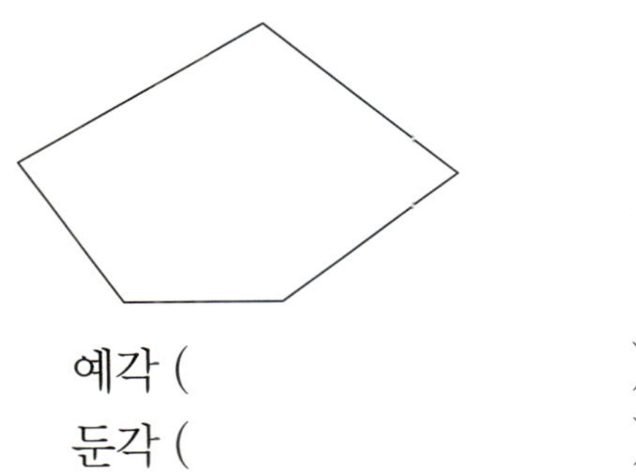

예각 ( )

둔각 ( )

[15~16] □ 안에 알맞은 수를 써넣으세요.

15

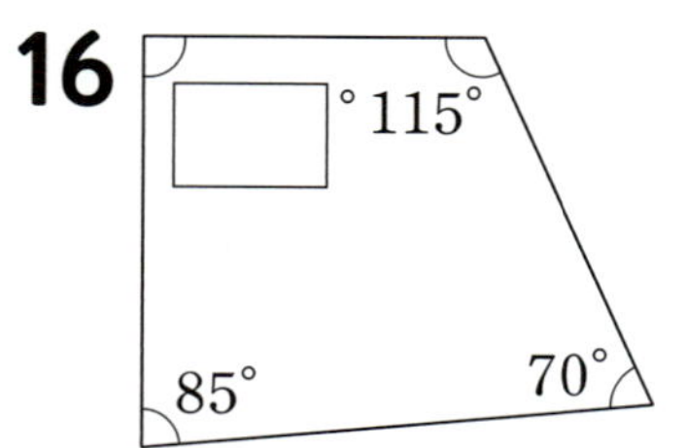

16

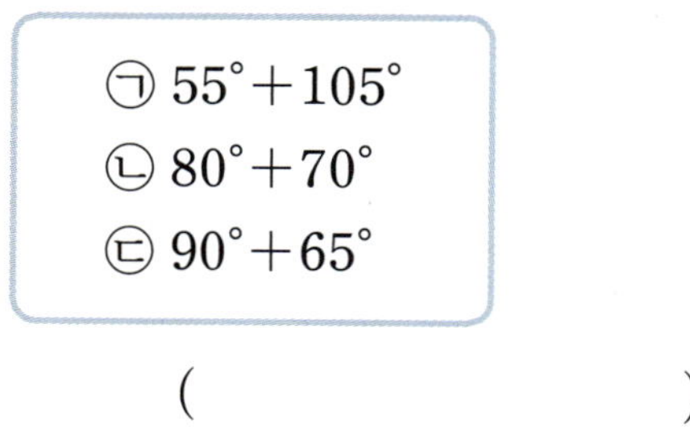

17 각도의 합이 가장 큰 것을 찾아 기호를 써 보세요.

㉠ 55°＋105°
㉡ 80°＋70°
㉢ 90°＋65°

(   )

18 두 삼각자를 그림과 같이 겹쳐서 ㉠을 만들었습니다. ㉠의 각도를 구하세요.

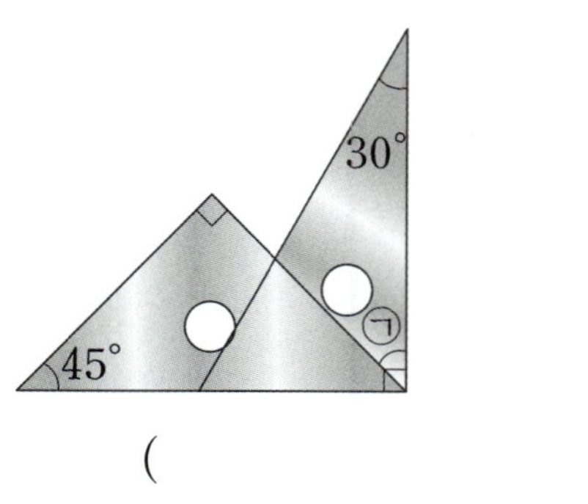

(   )

19 ㉠과 ㉡의 각도의 합을 구하세요.

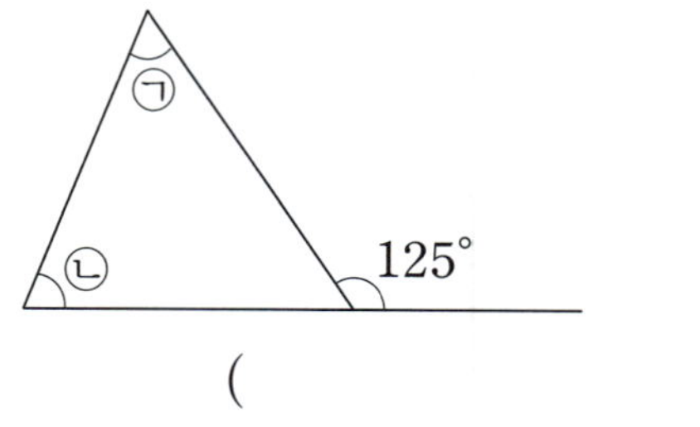

(   )

20 직각을 똑같이 6개의 각으로 나눈 것입니다. 각 ㅁㅇㅅ의 크기를 구하세요.

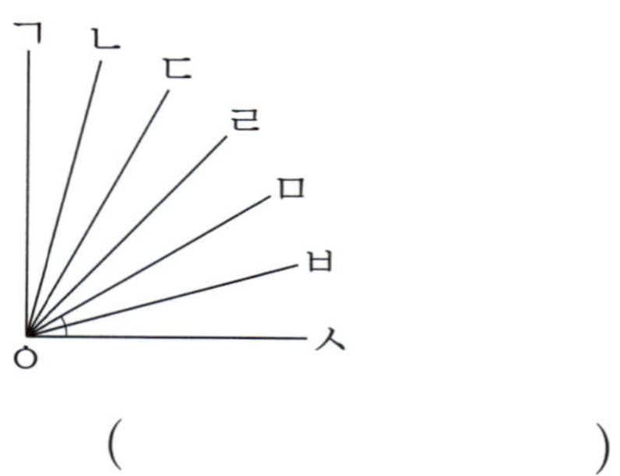

(   )

단원평가 3회   각도

2단원

1 시계의 긴바늘과 짧은바늘이 이루는 작은 쪽의 각이 더 큰 것에 ○표 하세요.

(   )   (   )

2 오른쪽 부챗살을 이용하여 가와 나의 크기를 재었습니다. 각의 크기가 더 큰 것을 찾아 기호를 써 보세요.

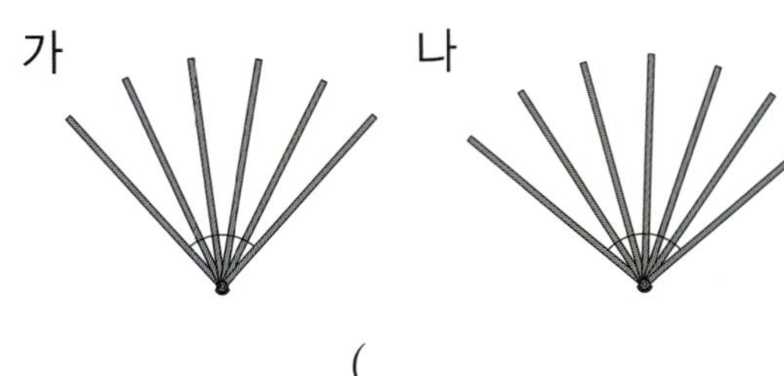

가   나

(   )

3 각도를 읽어 보세요.

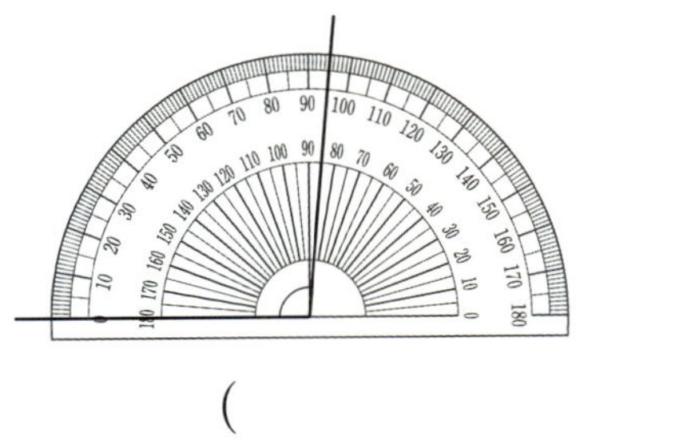

(   )

4 알맞은 것끼리 선으로 이어 보세요.

55°	135°	75°	105°

•   •   •   •

•   •

예각   둔각

5 사각형을 그림과 같이 삼각형 2개로 나누어 사각형의 네 각의 크기의 합을 구하세요.

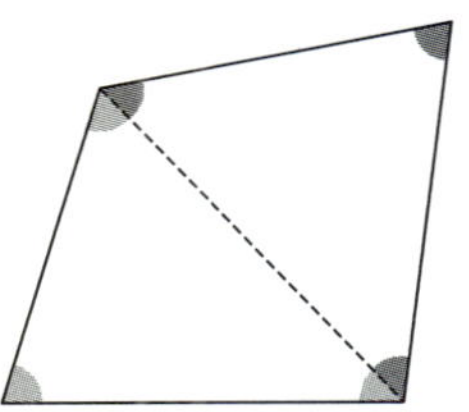

사각형을 삼각형 2개로 나누었으므로 사각형의 네 각의 크기의 합은

$180° \times 2 = \boxed{}°$ 입니다.

6 각도기를 이용하여 각도를 재어 보세요.

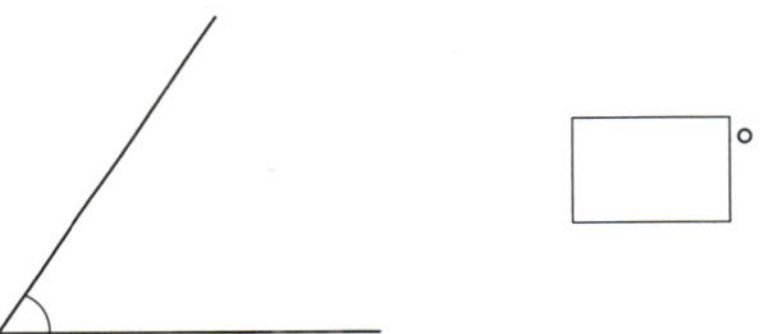

$\boxed{}°$

[7~8] 각도의 합과 차를 구하세요.

7 $45° + 35° = \boxed{}°$

8 $90° - 75° = \boxed{}°$

9 각도를 어림하고 각도기로 재어 확인해 보세요.

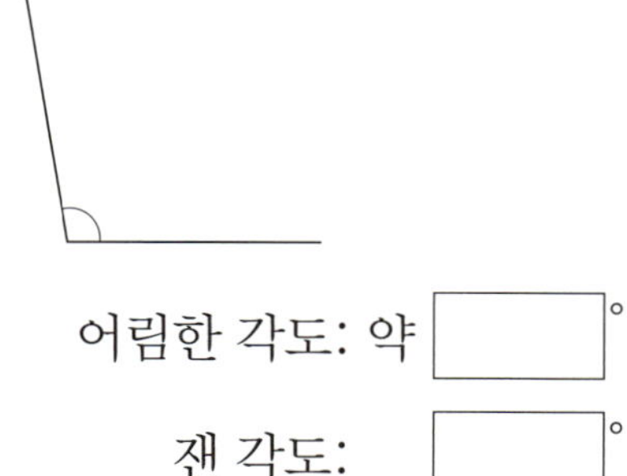

어림한 각도: 약 ◻°

잰 각도: ◻°

10 두 각도의 합을 구하세요.

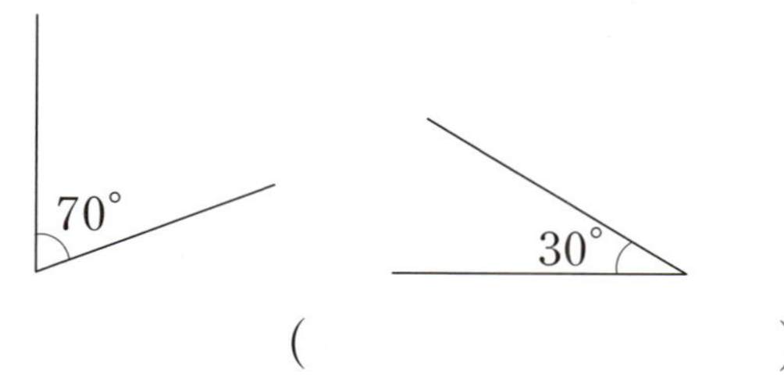

( )

11 예각을 모두 찾아 기호를 써 보세요.

( )

12 삼각형을 세 조각으로 잘라 세 꼭짓점이 한 점에 모이도록 겹치지 않게 이어 붙였습니다. ◻ 안에 알맞은 수를 써넣으세요.

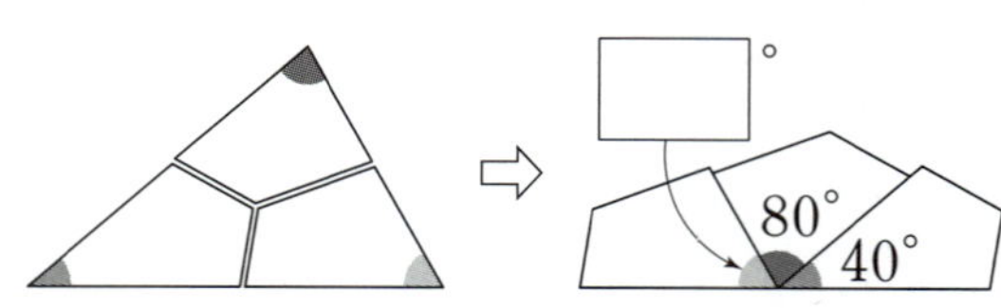

〔 13~14 〕 ㉠과 ㉡의 각도의 합을 구하세요.

13

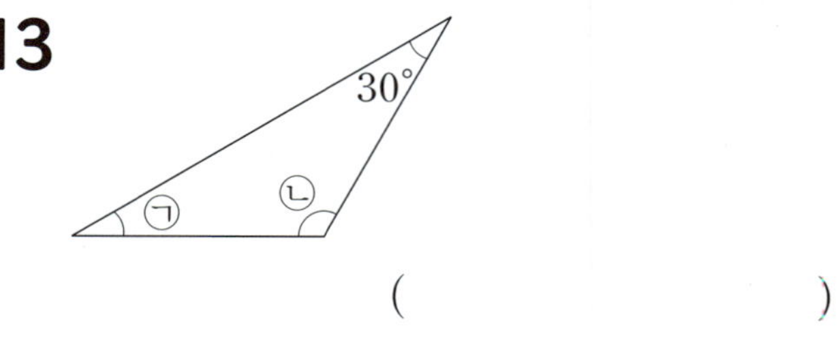

( )

14

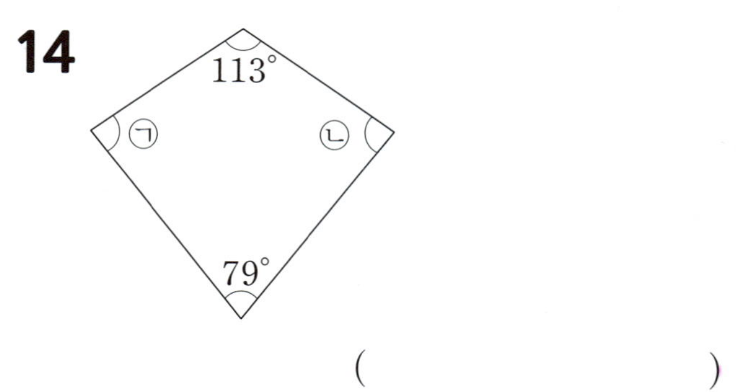

( )

15 둔각이 가장 많은 도형을 찾아 기호를 써 보세요.

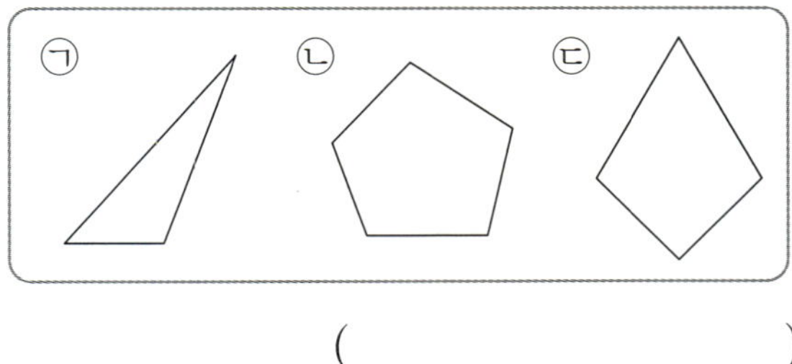

( )

16 ㉠의 각도를 구하세요.

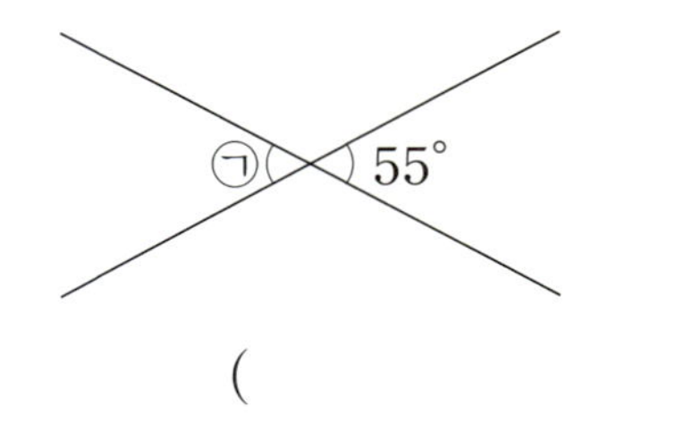

( )

17 각도를 <u>잘못</u> 잰 까닭을 써 보세요.

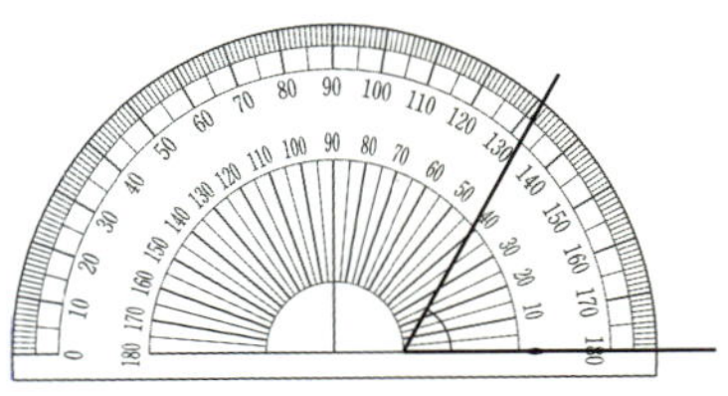

까닭

18 ㉡의 각도는 ㉠의 각도의 4배입니다. ㉡의 각도를 구하세요.

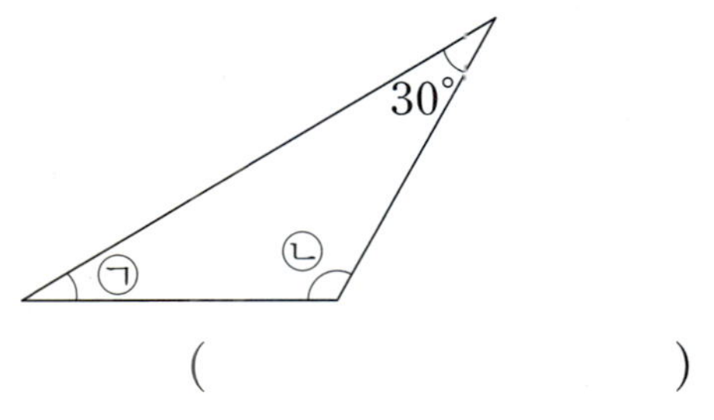

( )

19 두 삼각자를 그림과 같이 겹쳐 놓았습니다. ㉮의 각도를 구하세요.

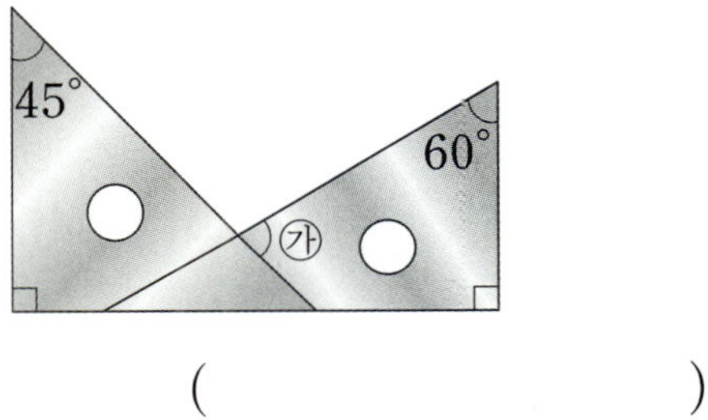

( )

20 ㉠의 각도를 구하세요.

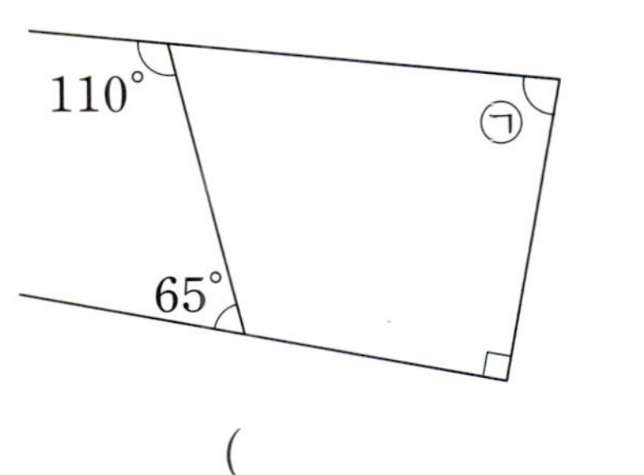

( )

단원평가 4회 각도

2단원

1 세 각 중 가장 큰 각을 찾아 ○표 하세요.

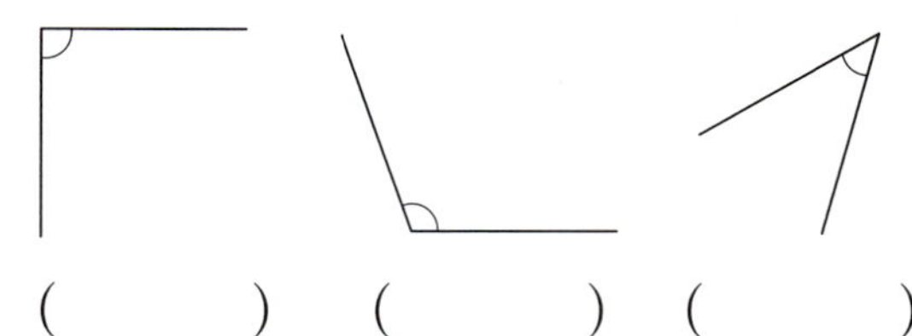

( ) ( ) ( )

2 □ 안에 알맞은 수를 써넣으세요.

1도는 직각의 크기를 똑같이 □ 으로 나눈 것 중 하나입니다.

3 각도를 읽어 보세요.

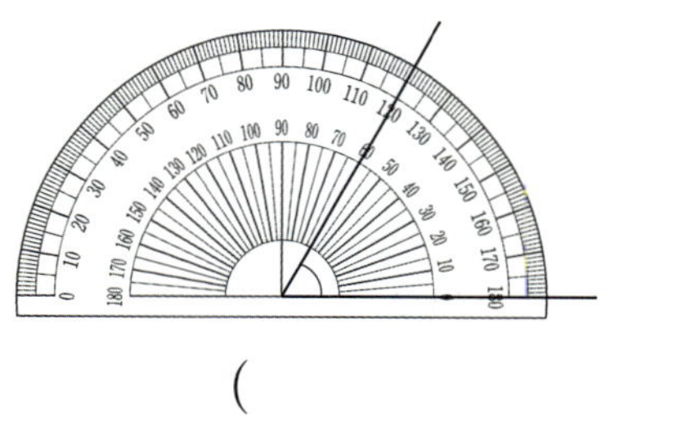

( )

4 각도기를 이용하여 각도를 재어 보세요.

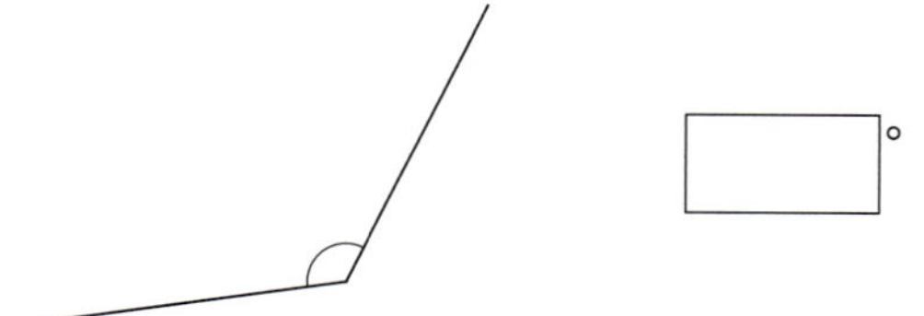

5 주어진 각을 예각, 직각, 둔각으로 분류하여 빈칸에 알맞은 기호를 써넣으세요.

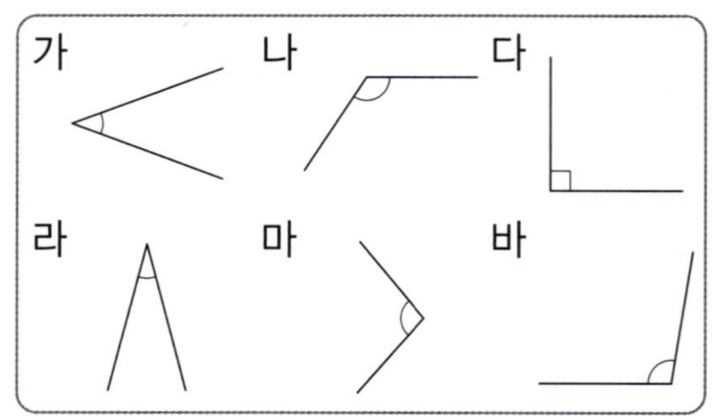

예각	직각	둔각

6 각도의 합을 구하세요.

$125° + 75° = \boxed{}°$

7 각도를 어림하고 각도기로 재어 확인해 보세요.

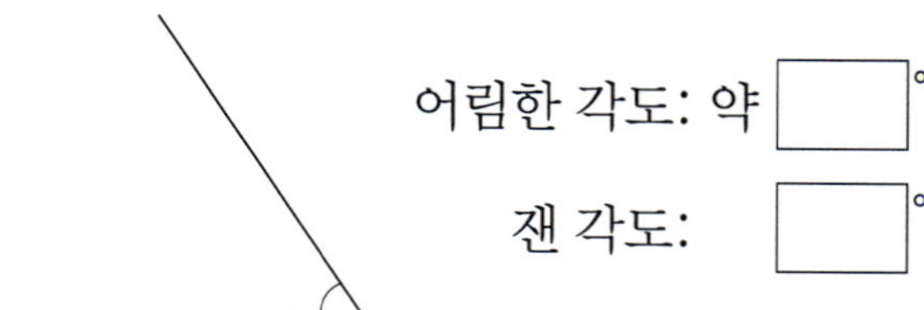

어림한 각도: 약 □ °

잰 각도: □ °

8 주어진 선분에서 점 ㄱ을 각의 꼭짓점으로 하는 둔각을 그리려고 합니다. 점 ㄱ과 이어야 하는 점을 찾아 기호를 써 보세요.

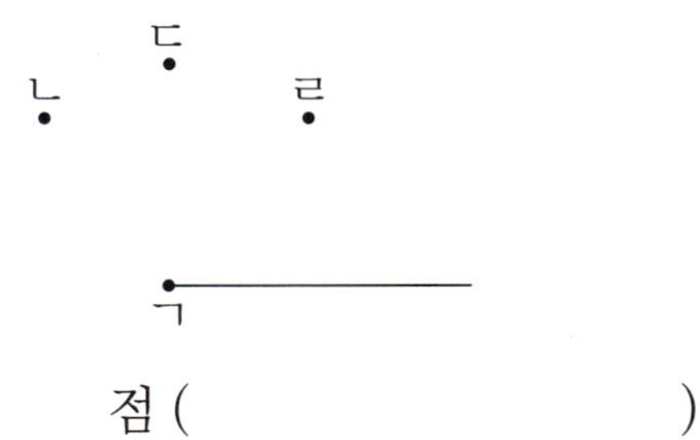

점 (　　　　　　　　)

9 알맞은 것끼리 선으로 이어 보세요.

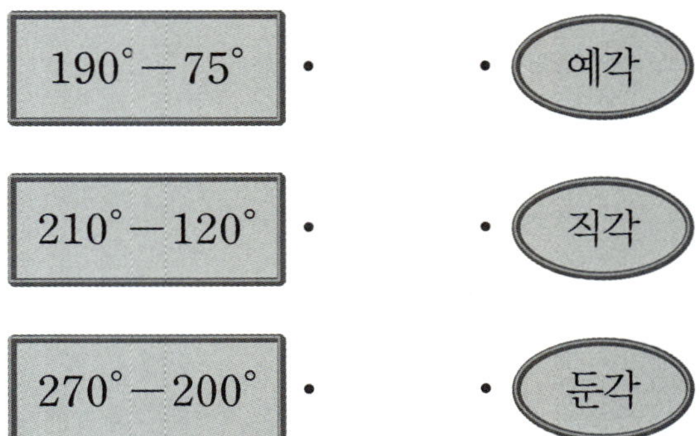

10 가장 큰 각과 가장 작은 각을 찾아 두 각도의 차를 구하세요.

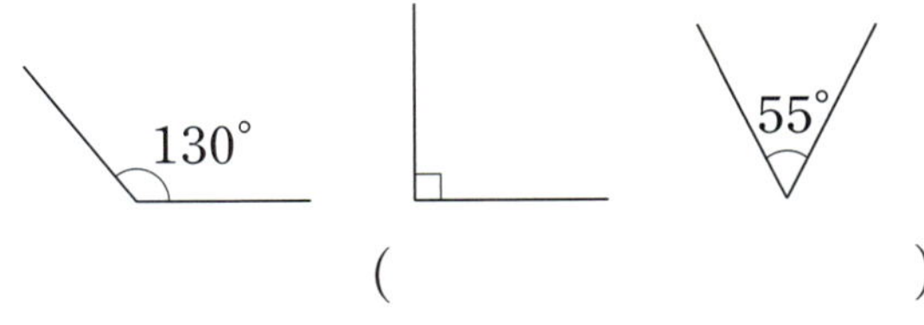

(　　　　　　　　)

11 연정이와 소망이가 각도를 다음과 같이 어림하였습니다. 각도기로 재어 보고, 누가 실제와 더 가깝게 어림했는지 이름을 써 보세요.

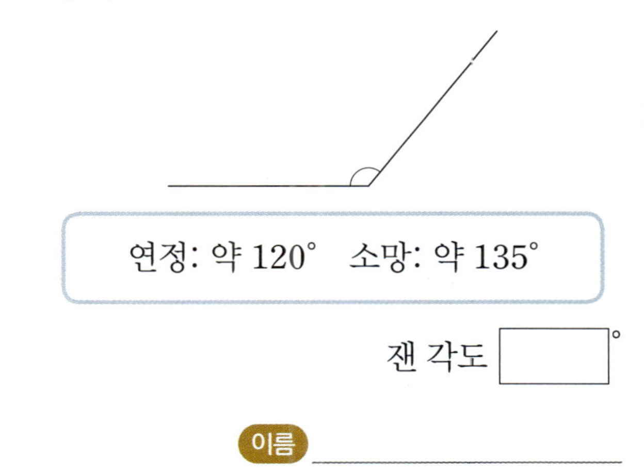

연정: 약 120°　소망: 약 135°

잰 각도 □°

이름 ____________________

12 각 ㄱㄴㄷ의 크기를 구하세요.

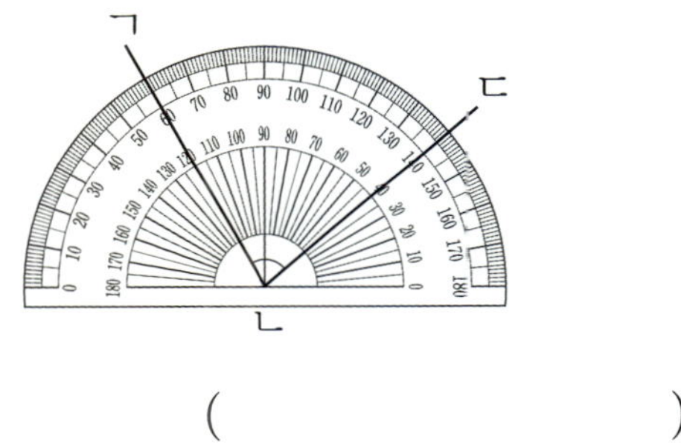

(　　　　　　　　)

〔13~14〕 □ 안에 알맞은 수를 써넣으세요.

13

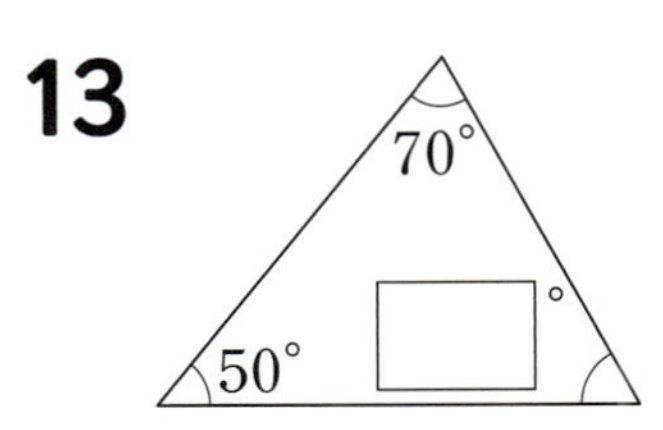

14

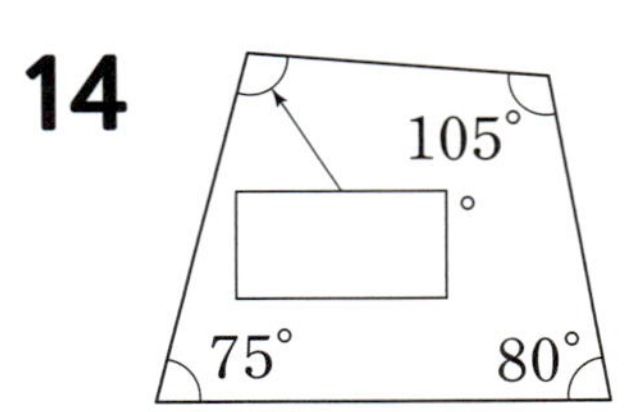

15 다음 중 시계의 긴바늘과 짧은바늘이 이루는 작은 쪽의 각이 예각인 시각은 어느 것일까요?·····················(   )

① 3시   ② 9시 40분
③ 11시 30분   ④ 10시 20분
⑤ 1시 30분

16 □ 안에 알맞은 수를 써넣으세요.

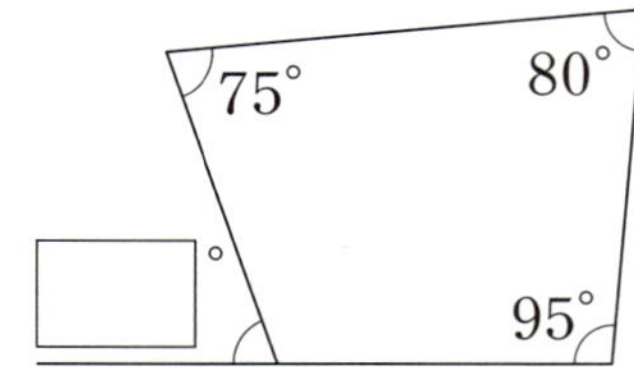

17 현영이가 사각형의 네 각의 크기를 잰 것입니다. □ 안에 알맞은 수는 얼마인지 풀이 과정을 쓰고 답을 구하세요.

75°, 60°, 120°, □°

풀이

답 ___________________

18 그림에서 찾을 수 있는 크고 작은 예각은 모두 몇 개일까요?

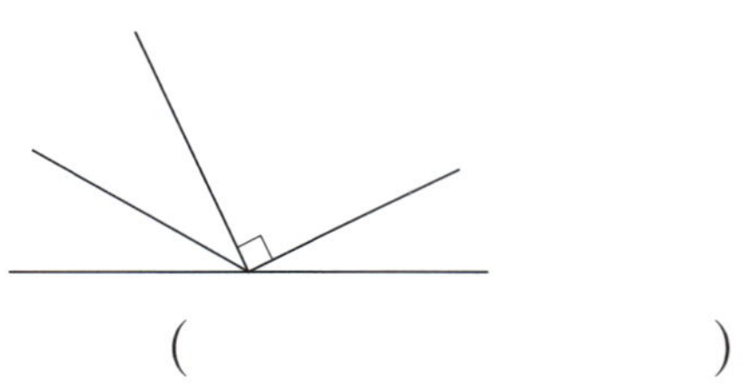

(   )

19 ㉡의 각도는 ㉠의 각도의 2배입니다. ㉠의 각도를 구하세요.

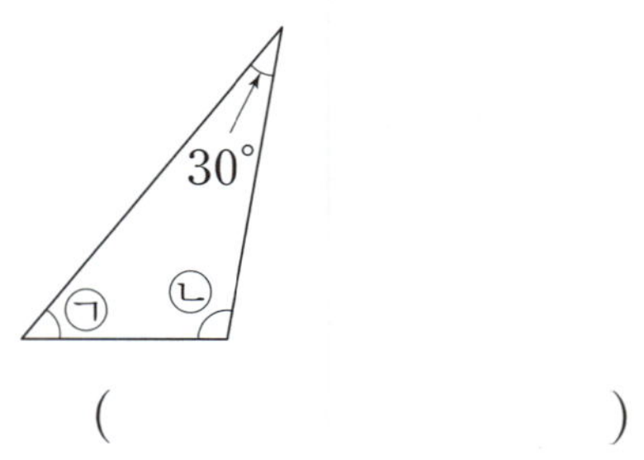

(   )

20 ㉠, ㉡, ㉢의 각도의 합을 구하세요.

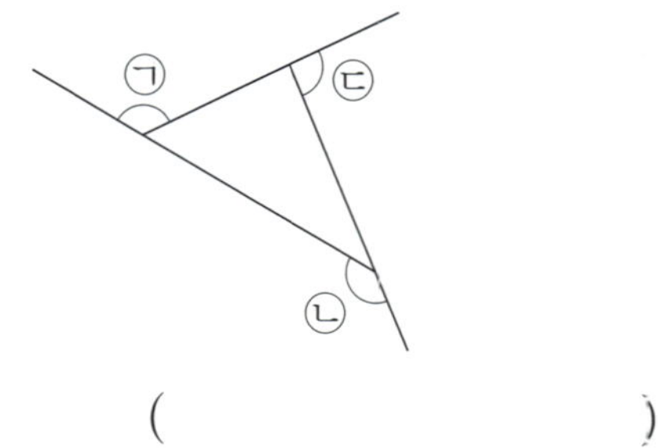

(   )

2단원 단원평가 5회 　각도

1 시계의 긴바늘과 짧은바늘이 이루는 작은 쪽의 각이 더 작은 것에 ○표 하세요.

(　　　　) 　　(　　　　)

2 각의 크기가 큰 각부터 차례대로 기호를 써 보세요.

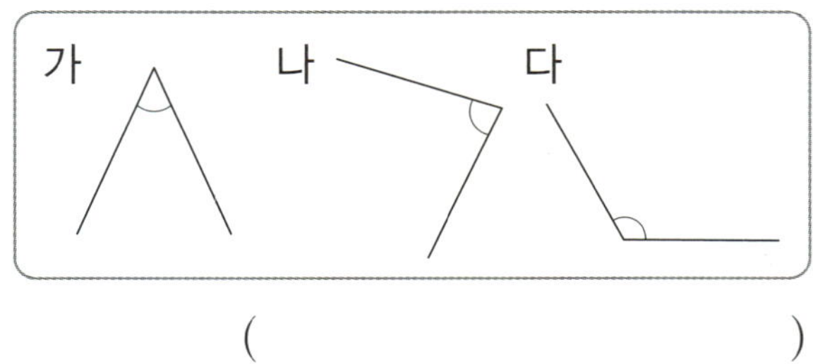

(　　　　　　　　)

3 각도를 읽어 보세요.

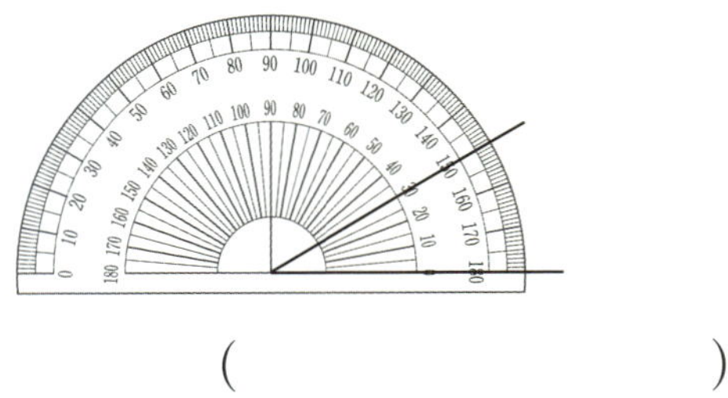

(　　　　　　　　)

4 둔각을 찾아 ○표 하세요.

$55°$　$40°$　$100°$　$80°$

5 각도기를 이용하여 각도를 재어 보세요.

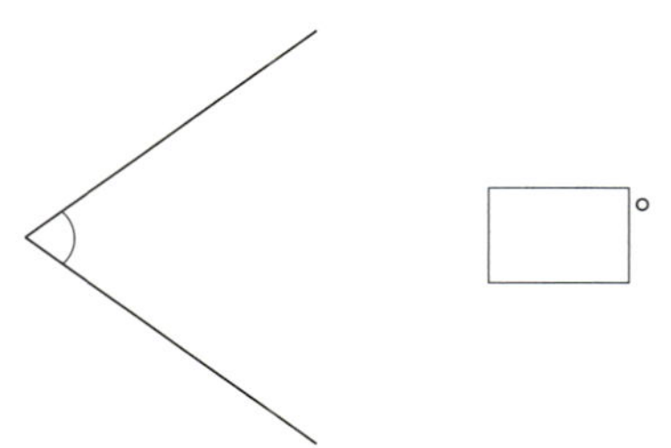

$\boxed{}°$

6 네 각의 크기를 각도기로 재어 보고 사각형의 네 각의 크기의 합을 구하세요.

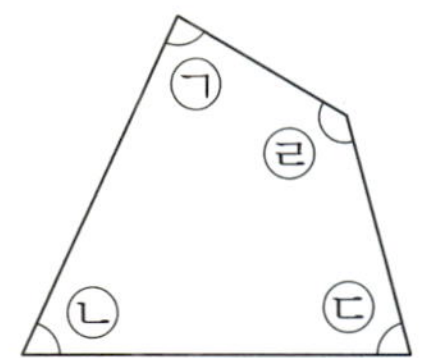

	㉠	㉡	㉢	㉣
각도				

사각형의 네 각의 크기의 합: $\boxed{}°$

7 두 각도의 합을 구하세요.

$75°$　　$50°$

(　　　　　　　　)

8 각도의 합을 비교하여 ○ 안에 >, =, < 중 알맞은 것을 써넣으세요.

$30°+65°$ 　○　 $40°+55°$

9 삼각형을 잘라서 세 각의 꼭짓점이 한 점에 모이도록 겹치지 않게 이어 붙였습니다. ㉠의 각도를 구하세요.

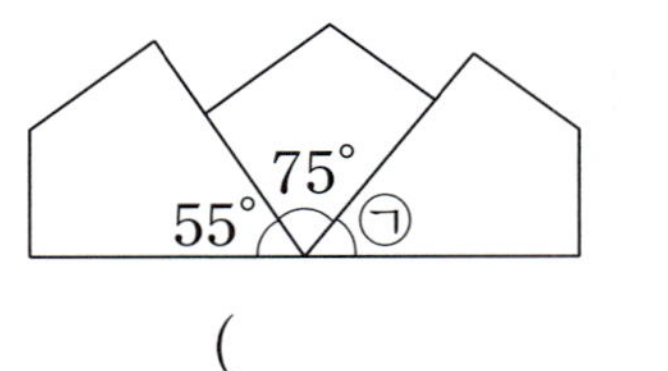

( )

[10~11] □ 안에 알맞은 수를 써넣으세요.

10
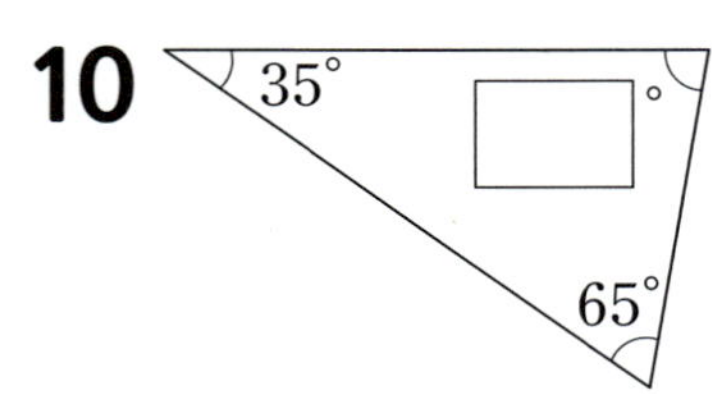

11
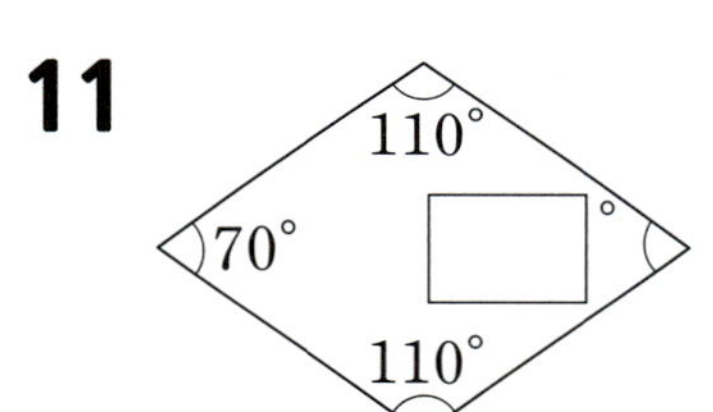

12 각의 크기가 큰 것부터 차례대로 기호를 써 보세요.

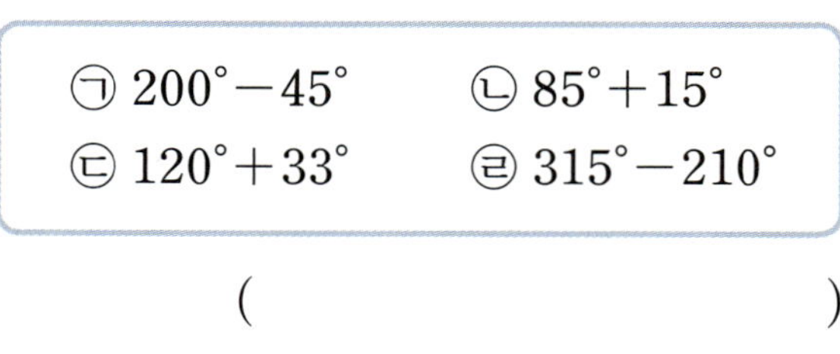

( )

13 ㉠과 ㉡의 각도의 합을 구하세요.

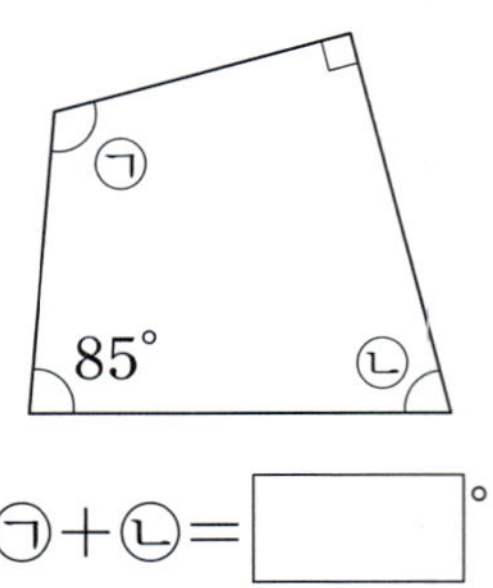

㉠+㉡= □ °

14 영선이와 민수가 각도를 어림하였습니다. 각도기로 재어 보고, 누가 실제와 더 가깝게 어림했는지 이름을 써 보세요.

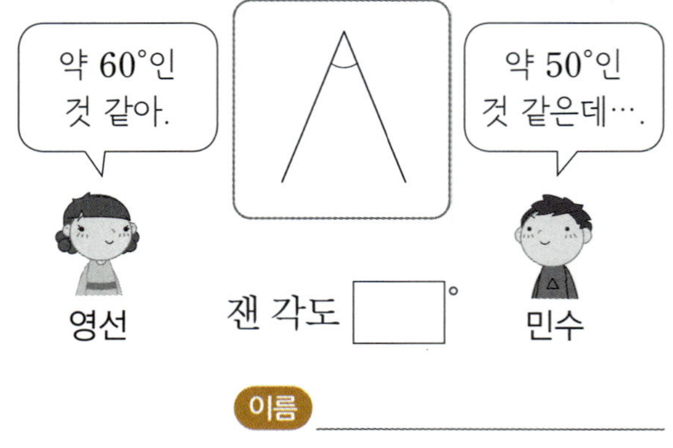

이름 _______________

15 두 삼각자를 그림과 같이 겹쳐 놓았습니다. □ 안에 알맞은 수를 써넣으세요.

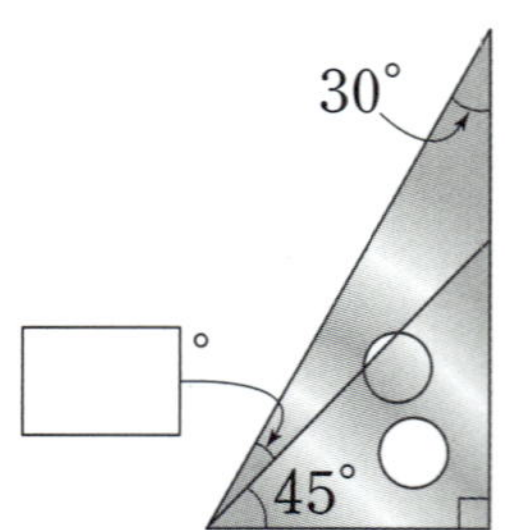

16 사각형 ㄱㄴㄷㄹ을 그림과 같이 삼각형 2개로 나누었습니다. 각 ㄴㄹㄷ의 크기를 구하세요.

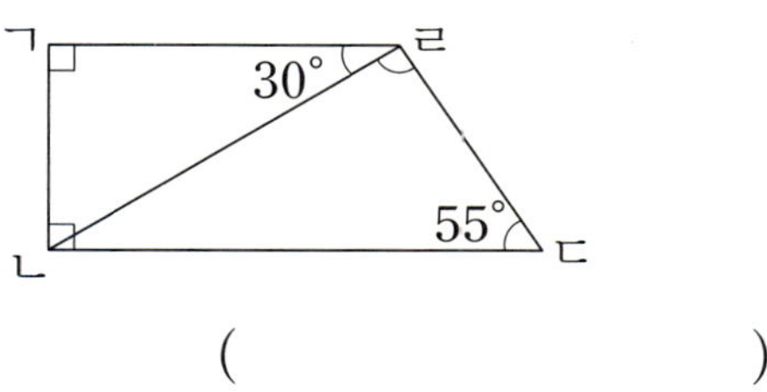

(   )

17 두 각의 크기의 합이 105°인 삼각형이 있습니다. 나머지 한 각의 크기는 몇 도인지 풀이 과정을 쓰고 답을 구하세요.

풀이

답 _______________________

18 ㉠과 ㉡의 각도의 차를 구하세요.

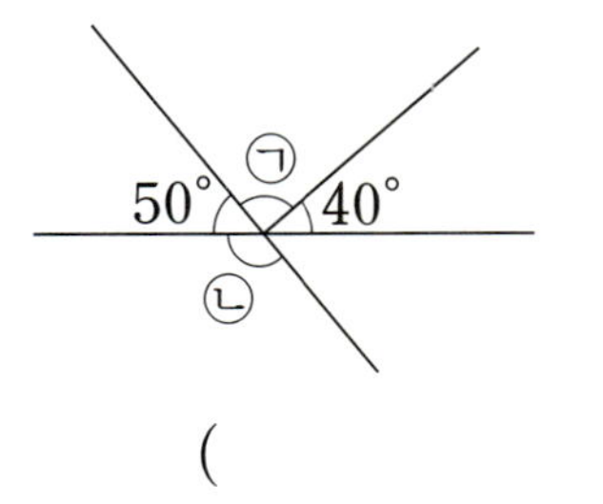

(   )

19 직사각형과 세 각의 크기가 각각 30°, 60°, 90°인 삼각자 1개를 이어 붙여서 만들 수 있는 각의 크기가 <u>아닌</u> 것을 찾아 기호를 써 보세요.

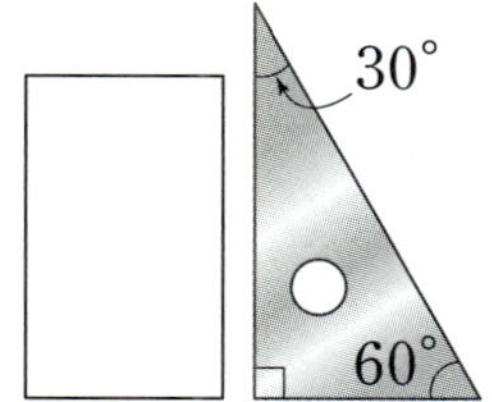

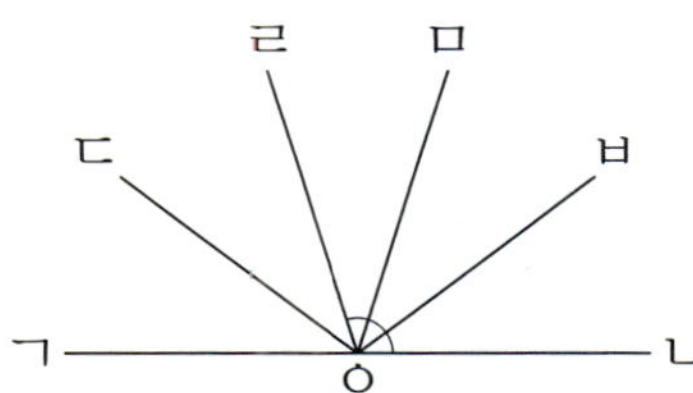

(   )

20 180°를 똑같이 5개의 각으로 나눈 것입니다. 각 ㄹㅇㄴ의 크기는 몇 도인지 풀이 과정을 쓰고 답을 구하세요.

풀이

답 _______________________

서술형 평가 ❶ 각도

점수

스피드 정답 4쪽 | 정답 및 풀이 27쪽

1 가장 큰 각과 가장 작은 각의 크기를 각도기로 각각 재어 두 각도의 차를 구하세요.

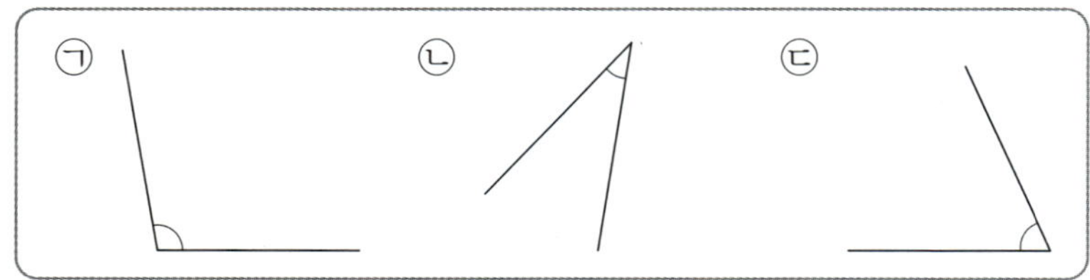

❶ 가장 큰 각을 찾아 기호를 쓰고 각도를 재어 보세요.

기호 (   )

잰 각도 (   )

❷ 가장 작은 각을 찾아 기호를 쓰고 각도를 재어 보세요.

기호 (   )

잰 각도 (   )

❸ ❶과 ❷에서 찾은 두 각도의 차를 구하세요.

(   )

2 ㉠의 각도를 구하세요.

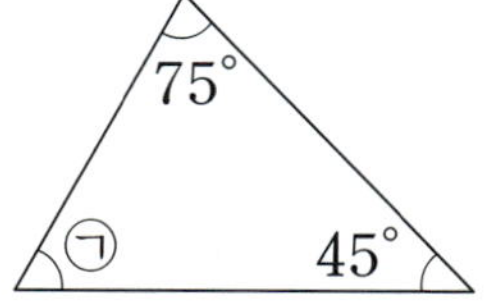

❶ 삼각형의 세 각의 크기의 합은 몇 도인지 써 보세요.

(   )

❷ ㉠의 각도를 구하세요.

(   )

3 어떤 사각형의 세 각의 크기가 다음과 같습니다. 나머지 한 각의 크기를 구하세요.

$$55° \qquad 95° \qquad 70°$$

❶ 사각형의 네 각의 크기의 합은 몇 도인지 써 보세요.

(   )

❷ 나머지 한 각의 크기를 구하세요.

(   )

4 둔각인 것을 찾아 기호를 써 보세요.

$$㉠ \ 70°+25° \qquad ㉡ \ 165°-80° \qquad ㉢ \ 45°+45°$$

❶ ㉠, ㉡, ㉢은 각각 몇 도인지 구하세요.

㉠: ☐°, ㉡: ☐°, ㉢: ☐°

❷ 둔각에 대한 설명입니다. ☐ 안에 알맞은 수를 써넣으세요.

둔각은 각도가 직각보다 크고 ☐°보다 작은 각입니다.

❸ 둔각인 것을 찾아 기호를 써 보세요.

(   )

서술형 평가 ❷　각도

1 가장 큰 각과 가장 작은 각의 크기를 각도기로 각각 재어 두 각도의 합은 몇 도인지 풀이 과정을 쓰고 답을 구하세요.

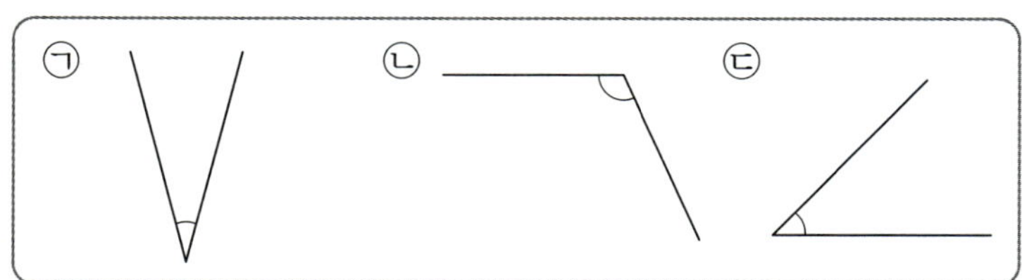

풀이

답 ___________________

> **✎ 어떻게 풀까요?**
>
> 각도의 합은 자연수의 덧셈과 같이 계산한 다음 단위(°)를 붙입니다.

2 ㉠의 각도는 몇 도인지 풀이 과정을 쓰고 답을 구하세요.

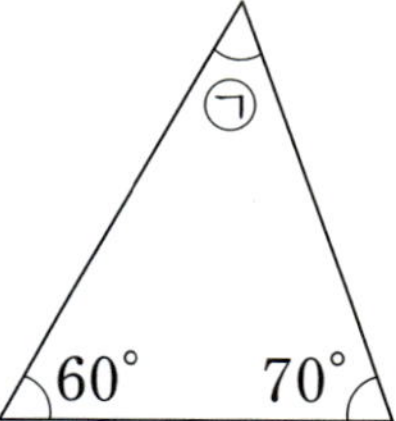

풀이

답 ___________________

> **✎ 어떻게 풀까요?**
>
> 삼각형의 세 각의 크기의 합은 180°이므로 180에서 두 각의 크기를 빼어 ㉠의 각도를 구해 봅니다.

3 어떤 사각형의 세 각의 크기가 다음과 같습니다. 나머지 한 각의 크기는 몇 도인지 풀이 과정을 쓰고 답을 구하세요.

| 65° | 110° | 85° |

풀이

답 _______________

4 ㉠과 ㉡ 중 예각은 어느 것인지 풀이 과정을 쓰고 답을 구하세요.

| ㉠ 45°+35° | ㉡ 150°−60° |

풀이

답 _______________

5 ㉠과 ㉡의 각도의 차는 몇 도인지 풀이 과정을 쓰고 답을 구하세요.

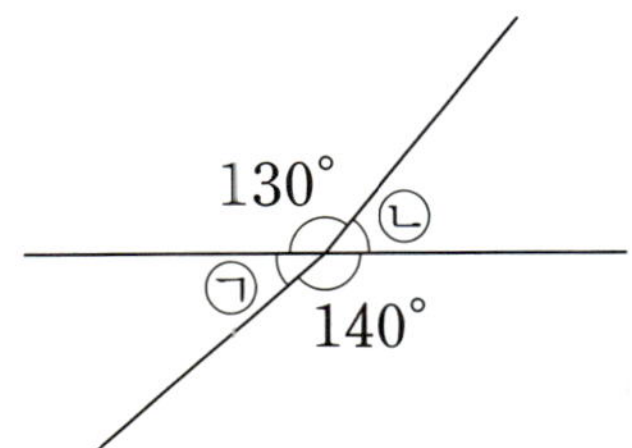

풀이

답 _______________

1 ☐ 안에 알맞은 수를 써넣으세요.

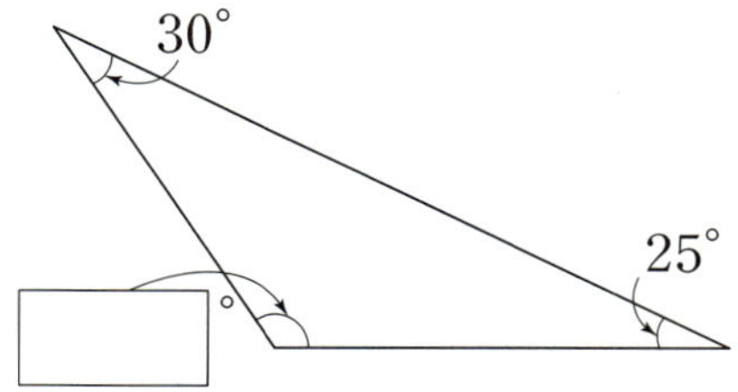

2 ㉠과 ㉡의 각도의 합을 구하세요.

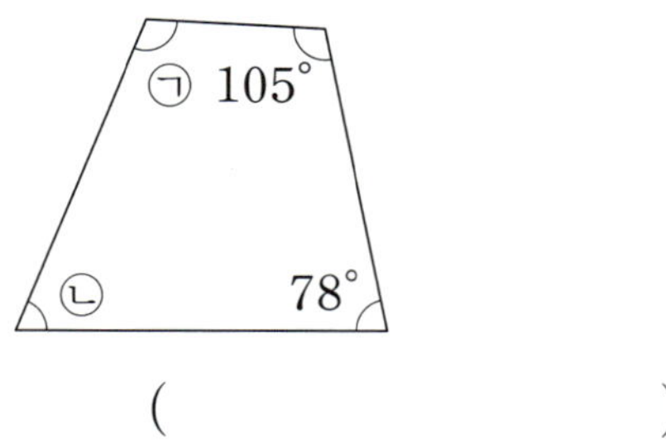

(   )

3 두 삼각자를 그림과 같이 이어 붙였습니다.
㉠의 각도를 구하세요.

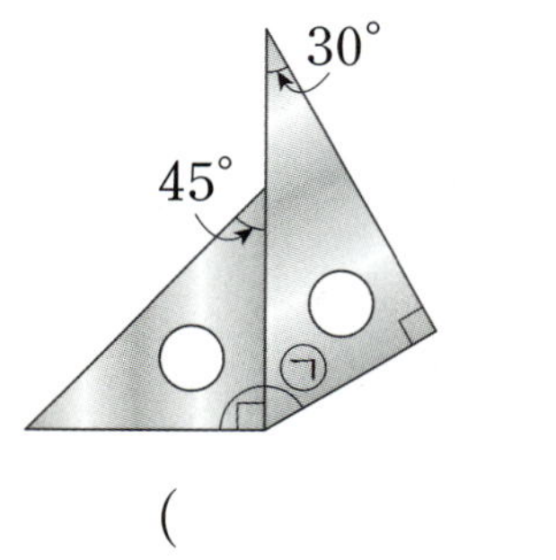

(   )

4 두 시계의 긴바늘과 짧은바늘이 이루는 작은 쪽의 각도의 합을 구하세요.

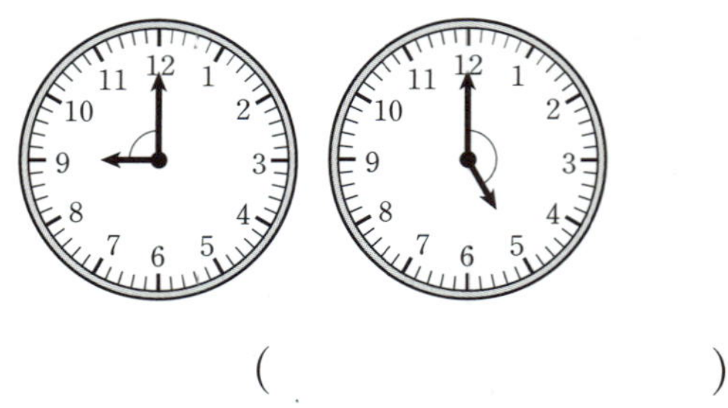

(   )

5 그림과 같은 두 삼각자를 이어 붙여서 만들 수 있는 각도가 <u>아닌</u> 것을 찾아 기호를 써 보세요.

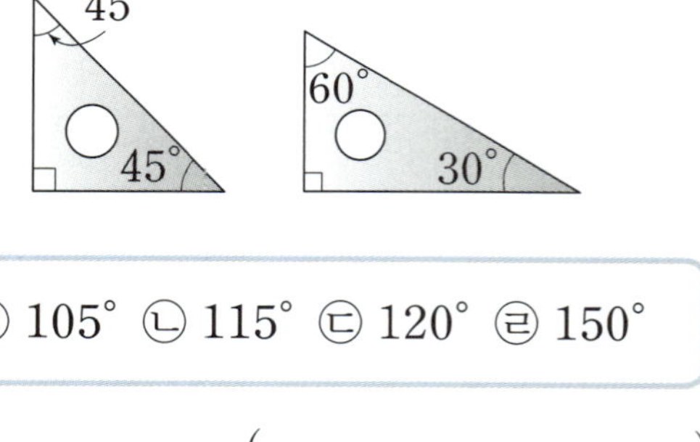

㉠ 105°   ㉡ 115°   ㉢ 120°   ㉣ 150°

(   )

3. 단원

곱셈과 나눗셈

개념정리 — 곱셈과 나눗셈

개념 ① (세 자리 수)×(몇십)

• 300×20의 계산

0이 3개

$300 \times 20 = 6000$

$3 \times 2 = 6$

$$
\begin{array}{r}
3\,0\,0 \\
\times\ \ 2\,0 \\
\hline
6\,0\,0\,0
\end{array}
$$

⇨ (몇백)×(몇십)은 (몇)×(몇)의 값에 0을 3개 붙입니다.

참고

• 40×300의 계산

0이 3개

$40 \times 300 = 12000$

$4 \times 3 = 12$

(몇십)×(몇백)은 (몇)×(몇)의 값에 0을 3개 붙입니다.

• 248×30의 계산

$248 \times 3 = 744$ ┐ 10배
$248 \times 30 = 7440$ ◄┘

$$
\begin{array}{r}
2\,4\,8 \\
\times\ \ \ \ 3 \\
\hline
7\,4\,4
\end{array}
\qquad ⇨ \qquad
\begin{array}{r}
2\,4\,8 \\
\times\ \ 3\,0 \\
\hline
❶ \\
\end{array}
$$

10배

⇨ (세 자리 수)×(몇십)은 (세 자리 수)×(몇)의 값을 10배 합니다.

참고

어떤 값의 10배는 어떤 값 뒤에 0을 1개 붙입니다.

542의 10배 ⇨ 5420

개념 ② (세 자리 수)×(두 자리 수)

• 282×24의 계산

⑴ 가로셈으로 계산하기

$282 \times 20 = 5640 \qquad 282 \times 4 = 1128$

$282 \times 24 = ❷ \boxed{} + 1128$

$= 6768$

⑵ 세로셈으로 계산하기

$$
\begin{array}{r}
2\,8\,2 \\
\times\ \ 2\,4 \quad \leftarrow 20+4 \\
\hline
1\,1\,2\,8 \quad \leftarrow 282 \times 4 \\
5\,6\,4\,0 \quad \leftarrow 282 \times 20 \\
\hline
❸ \quad \leftarrow 1128+5640
\end{array}
$$

참고

$$
\begin{array}{r}
2\,8\,2 \\
\times\ \ 2\,4 \\
\hline
1\,1\,2\,8 \\
5\,6\,4\,0 \quad \leftarrow \\
\hline
6\,7\,6\,8
\end{array}
$$

0의 표시를 생략하여 나타낼 수 있습니다.

개념 ③ (두 자리 수)÷(두 자리 수)

• 60÷12의 계산

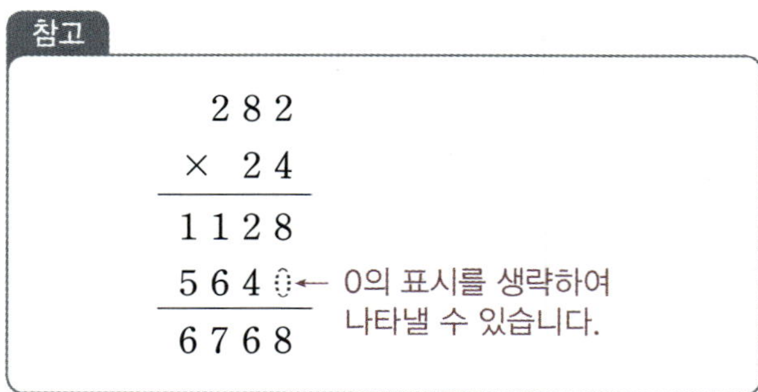

$12 \times 4 = 48$
$12 \times 5 = 60$
$12 \times 6 = 72$

$$
\begin{array}{r}
5 \\
12\,)\,\overline{6\,0} \\
6\,0 \quad \leftarrow 12 \times 5 \\
\hline
❹
\end{array}
$$

| 정답 | ❶ 7440 ❷ 5640 ❸ 6768 ❹ 0

개념 ④ (세 자리 수)÷(몇십)

- $180÷30$의 계산

$$180÷30=6$$
$$18÷3=6$$

$$\begin{array}{r} ⑤ \leftarrow 몫 \\ 30\,)\overline{180} \\ 180 \leftarrow 30×6 \\ \hline 0 \leftarrow 나머지 \end{array}$$

- $168÷20$의 계산

$$\begin{array}{l} 20×7=140 \\ 20×8=160 \\ 20×9=180 \end{array}$$

$$\begin{array}{r} 8 \leftarrow 몫 \\ 20\,)\overline{168} \\ 160 \leftarrow 20×8 \\ \hline 8 \leftarrow 나머지 \end{array}$$

140, 160, 180 중에서 나누어지는 수 168보다 크지 않으면서 가장 가까운 수는 160이므로 몫은 8입니다.

개념 ⑤ (세 자리 수)÷(두 자리 수) (1) – 몫이 한 자리 수

- $172÷24$의 계산

$$\begin{array}{l} 24×6=144 \\ 24×7=168 \\ 24×8=192 \end{array}$$

$$\begin{array}{r} 7 \\ 24\,)\overline{172} \\ 168 \leftarrow 24×7 \\ \hline ⑥ \end{array}$$

> **참고**
>
> - 계산 전에 몫을 어림해 보기
> $172÷24$에서 24는 약 20이고
> $20×8=160$은 나누어지는 수보다 작으므로
> 몫을 8이라고 어림해 봅니다.
>
> 몫을 1 작게 합니다.
>
> $$\begin{array}{r} 8 \\ 24\,)\overline{172} \\ 192 \end{array} \Rightarrow \begin{array}{r} 7 \\ 24\,)\overline{172} \\ 168 \\ \hline 4 \end{array}$$
>
> (뺄 수 없습니다.)

개념 ⑥ (세 자리 수)÷(두 자리 수) (2) – 몫이 두 자리 수

- $775÷25$의 계산 – 나누어떨어짐

$$\begin{array}{r} 31 \\ 25\,)\overline{775} \\ 750 \leftarrow 25×30 \\ \hline 25 \leftarrow 775-750 \\ 25 \leftarrow 25×1 \\ \hline 0 \leftarrow 25-25 \end{array}$$

[계산한 결과가 맞는지 확인하기]

$\Rightarrow 25×31=$ ⑦

> **참고**
>
> - 몫의 자리 수 알아보기
> 나누어지는 수의 왼쪽 두 자리 수가 나누는 수보다 크거나 같으면 몫이 두 자리 수입니다.
>
> $476÷28$
> $\longrightarrow 47>28$이므로 몫이 두 자리 수
>
> $315÷45$
> $\longrightarrow 31<45$이므로 몫이 한 자리 수

- $685÷27$의 계산 – 나머지가 있음

$$\begin{array}{r} 25 \\ 27\,)\overline{685} \\ 540 \leftarrow 27×20 \\ \hline 145 \leftarrow 685-540 \\ 135 \leftarrow 27×5 \\ \hline 10 \leftarrow 145-135 \end{array}$$

> **참고**
>
> - $685÷27$을 계산한 몫과 나머지가 맞는지 확인하기
> $685÷27=25\cdots10$
> $\Rightarrow 27×25=675,\ 675+$ ⑧ $=685$

| 정답 | ⑤ 6 ⑥ 4 ⑦ 775 ⑧ 10

 **3**단원

쪽지시험 1회　곱셈과 나눗셈

점수

[1~3] □ 안에 알맞은 수를 써넣으세요.

1　$400 \times 30 =$

2　$300 \times 50 =$

3　$210 \times 3 =$
　　　$210 \times 30 =$

[4~5] 계산해 보세요.

4　　321
　　$\times\ \ 40$

5　　158
　　$\times\ \ 60$

6　빈칸에 알맞은 수를 써넣으세요.

$\times 30$

460 →

7　계산 결과에 맞게 선으로 이어 보세요.

400×60 ・　　・ 21000

420×50 ・　　・ 26600

380×70 ・　　・ 24000

8　300×40과 계산 결과가 같은 것의 기호를 써 보세요.

㉠ 325×40　　㉡ 240×50

(　　　　　　　)

9　<u>잘못</u> 계산한 사람의 이름을 써 보세요.

은정: $324 \times 30 = 9700$
민주: $152 \times 50 = 7600$

(　　　　　　　)

10　가장 큰 수와 가장 작은 수의 곱을 구하세요.

385　　70　　450

(　　　　　　　)

쪽지시험 2회 곱셈과 나눗셈

[1~2] □ 안에 알맞은 수를 써넣으세요.

1

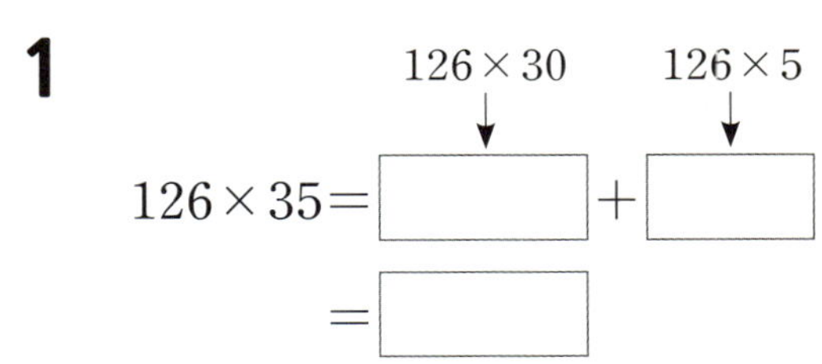

126×30　126×5

$126 \times 35 = \boxed{} + \boxed{}$

$= \boxed{}$

2

325×40　325×2

$325 \times 42 = \boxed{} + \boxed{}$

$= \boxed{}$

[3~5] 계산해 보세요.

3
$$\begin{array}{r} 5\,2\,8 \\ \times\ \ 3\,6 \\ \hline \end{array}$$

4
$$\begin{array}{r} 3\,1\,9 \\ \times\ \ 2\,5 \\ \hline \end{array}$$

5
$$\begin{array}{r} 4\,5\,3 \\ \times\ \ 5\,2 \\ \hline \end{array}$$

6 두 수의 곱을 빈칸에 써넣으세요.

436	27

7 두 수의 곱을 구하세요.

621	26

(　　　　　　　)

8 크기를 비교하여 ○ 안에 >, =, < 중 알맞은 것을 써넣으세요.

416×35 ○ 15400

9 곱이 작은 것부터 차례대로 기호를 써 보세요.

$$\begin{array}{lll} ⊙ \ \ \begin{array}{r}2\,8\,5 \\ \times\ \ 5\,4\end{array} & ⓛ \ \ \begin{array}{r}3\,2\,6 \\ \times\ \ 3\,8\end{array} & ⓒ \ \ \begin{array}{r}4\,2\,5 \\ \times\ \ 2\,7\end{array} \end{array}$$

(　　　　　　　)

10 문방구에서 520원짜리 볼펜을 14자루 샀습니다. 볼펜의 값은 모두 얼마일까요?

$520 \times 14 = \boxed{}$ (원)

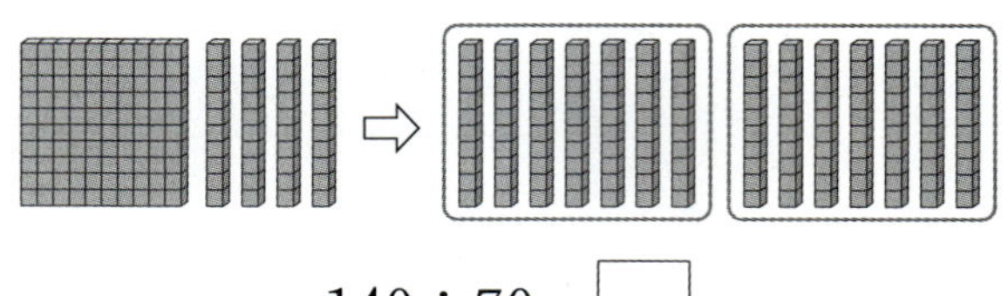

쪽지시험 3회 곱셈과 나눗셈

점수

1 수 모형을 보고 나눗셈을 해 보세요.

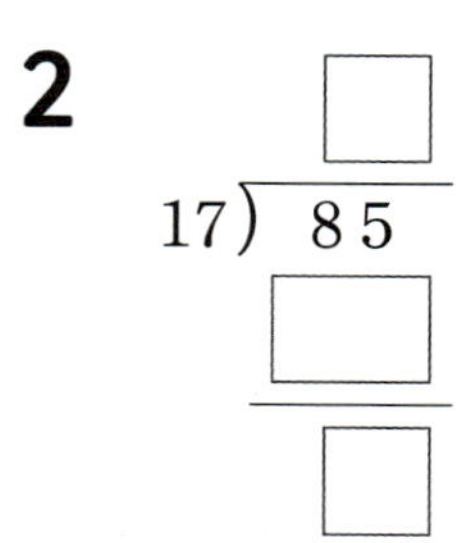

$$140 \div 70 = \boxed{}$$

〔2~3〕 □ 안에 알맞은 수를 써넣으세요.

2

$$17 \overline{)85}$$

3

$$40 \overline{)247}$$

〔4~5〕 계산해 보세요.

4 $630 \div 90$

5 $720 \div 80$

〔6~7〕 계산을 하여 몫과 나머지를 구하세요.

6

$$23 \overline{)94}$$

[몫] ____________ [나머지] ____________

7

$$70 \overline{)492}$$

[몫] ____________ [나머지] ____________

8 몫의 크기를 비교하여 ○ 안에 >, =, < 중 알맞은 것을 써넣으세요.

$$\boxed{480 \div 80} \quad \bigcirc \quad \boxed{450 \div 50}$$

9 계산 결과를 찾아 선으로 이어 보세요.

$$\boxed{95 \div 19} \cdot$$

$\cdot \boxed{2}$

$\cdot \boxed{3}$

$$\boxed{180 \div 60} \cdot$$

$\cdot \boxed{5}$

10 나머지가 더 큰 것의 기호를 써 보세요.

$$\boxed{\text{㉠ } 75 \div 16 \qquad \text{㉡ } 72 \div 21}$$

(   )

쪽지시험 4회 곱셈과 나눗셈

점수

스피드 정답 5쪽 | 정답 및 풀이 28쪽

3 단원

[1~2] □ 안에 알맞은 수를 써넣으세요.

1

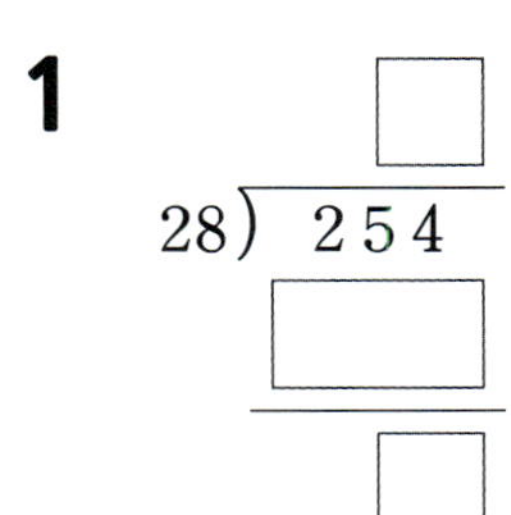

$28\overline{)254}$

2

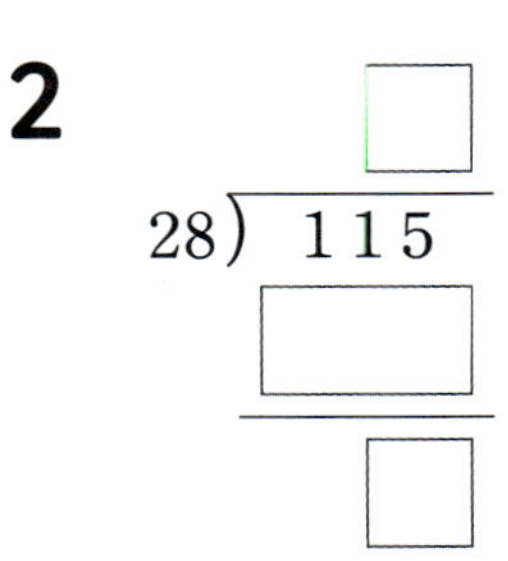

$28\overline{)115}$

[3~5] 계산해 보세요.

3 $56\overline{)284}$

4 $42\overline{)265}$

5 $25\overline{)162}$

[6~7] 나눗셈을 하여 몫은 ◇, 나머지는 ○ 안에 써넣으세요.

6

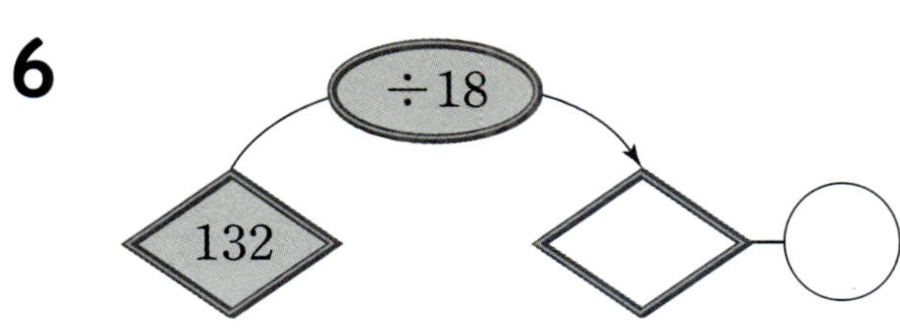

7

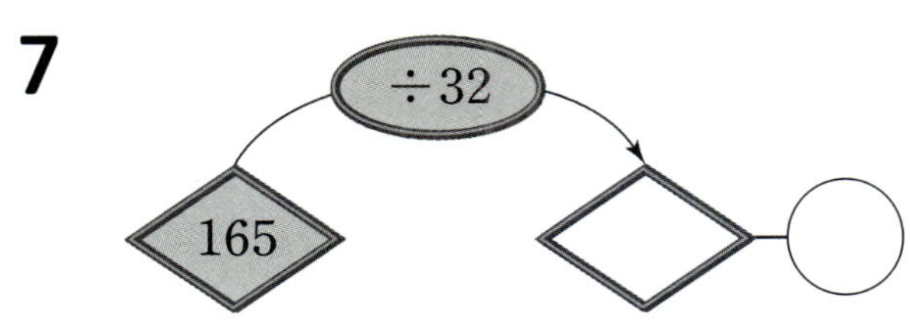

8 큰 수를 작은 수로 나누었을 때의 나머지를 구하세요.

| 23 | 222 |

( )

9 나머지가 더 큰 것의 기호를 써 보세요.

㉠ $215 \div 26$ ㉡ $171 \div 21$

( )

10 <u>잘못</u> 계산한 곳을 찾아 바르게 계산해 보세요.

$$17\overline{)142} \quad \begin{array}{r} 7 \\ \underline{119} \\ 23 \end{array} \Rightarrow 17\overline{)142}$$

쪽지시험 5회 곱셈과 나눗셈

[1~2] □ 안에 알맞은 수를 써넣으세요.

1

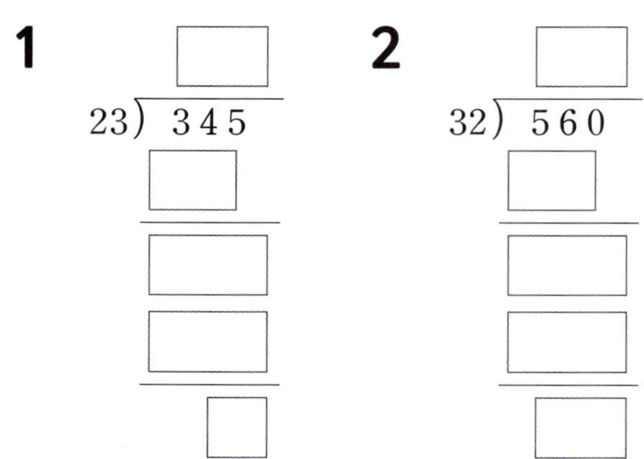

$23\overline{)345}$

2

$32\overline{)560}$

[3~5] 계산해 보세요.

3

$27\overline{)486}$

4

$34\overline{)855}$

5

$44\overline{)758}$

6 나눗셈의 몫과 나머지를 구하세요.

$$243 \div 15$$

몫 (   )

나머지 (   )

7 몫의 크기를 비교하여 ○ 안에 >, =, < 중 알맞은 것을 써넣으세요.

$432 \div 16$ ○ $377 \div 13$

8 나머지가 <u>다른</u> 것을 찾아 기호를 써 보세요.

㉠ $204 \div 18$
㉡ $443 \div 23$
㉢ $530 \div 31$

(   )

9 몫이 큰 것부터 차례대로 ◯ 안에 1, 2, 3을 써넣으세요.

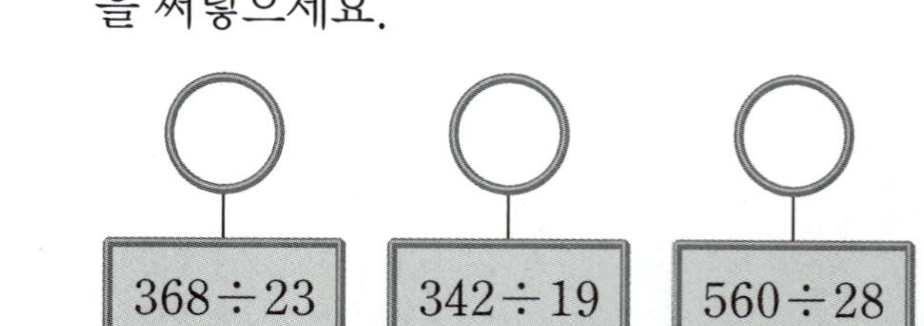

10 □ 안에 알맞은 수를 구하세요.

$$\square \div 36 = 15 \cdots 8$$

(   )

1 수 모형을 보고 나눗셈을 해 보세요.

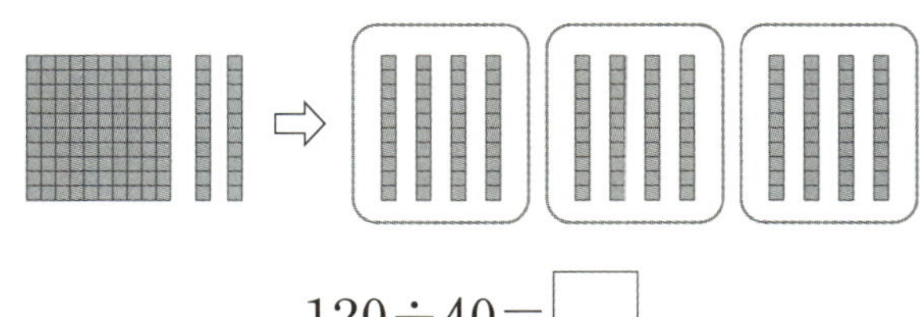

$$120 \div 40 = \boxed{}$$

2 □ 안에 알맞은 수를 써넣으세요.

$$\begin{array}{r} 326 \\ \times\ \ \ 4 \\ \hline \boxed{} \end{array} \quad \Rightarrow \quad \begin{array}{r} 326 \\ \times\ \ 40 \\ \hline \boxed{} \end{array}$$

3 600×90의 계산입니다. $6 \times 9 = 54$에서 숫자 4는 어디에 써야 하는지 찾아 기호를 써 보세요.

$$\begin{array}{r} 600 \\ \times\ \ 90 \\ \hline ㉠\ ㉡\ ㉢\ ㉣\ ㉤ \end{array}$$

(   )

4 나눗셈의 몫을 구하는 데 필요한 식에 ○표 하세요.

$$13)\overline{78}$$

$$13 \times 4 = 52$$
$$13 \times 5 = 65$$
$$13 \times 6 = 78$$
$$13 \times 7 = 91$$

5 □ 안에 알맞은 수를 써넣으세요.

$$\begin{array}{r} \boxed{} \\ 34)\overline{721} \\ \underline{68} \\ 41 \\ \boxed{} \\ \hline \boxed{} \end{array}$$

[6~7] 계산해 보세요.

6

$$19)\overline{95}$$

7

$$\begin{array}{r} 542 \\ \times\ \ 63 \\ \hline \end{array}$$

8 600×30과 계산 결과가 같은 것에 ○표 하세요.

$$400 \times 50 \qquad 900 \times 20$$

9 나눗셈을 하여 몫은 ☐, 나머지는 ○ 안에 써넣으세요.

10 빈칸에 두 수의 곱을 써넣으세요.

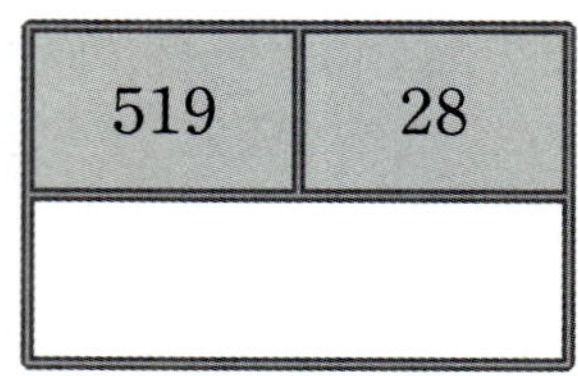

11 어떤 수를 45로 나누었을 때 나머지가 될 수 <u>없는</u> 수는 어느 것일까요? (   )

① 5 ② 13 ③ 45
④ 28 ⑤ 42

12 나눗셈의 몫을 찾아 선으로 이어 보세요.

160÷40 ·   · 4

·   · 5

150÷30 ·   · 6

13 <u>잘못</u> 계산한 곳을 찾아 바르게 계산해 보세요.

$$
\begin{array}{r}
3\,0\,4 \\
\times\ \ 2\,3 \\
\hline
9\,1\,2 \\
6\,0\,8 \\
\hline
1\,5\,2\,0
\end{array}
\qquad \Rightarrow \qquad
\begin{array}{r}
3\,0\,4 \\
\times\ \ 2\,3 \\
\end{array}
$$

14 계산 결과의 크기를 비교하여 ○ 안에 >, =, < 중 알맞은 것을 써넣으세요.

$$720 \times 40 \quad \bigcirc \quad 560 \times 50$$

15 □ 안에 알맞은 수를 구하세요.

$$\square \div 14 = 7 \cdots 10$$

(   )

16 몫과 나머지를 바르게 구한 것을 찾아 기호를 써 보세요.

㉠ $127 \div 18 = 7 \cdots 9$
㉡ $800 \div 31 = 25 \cdots 30$
㉢ $240 \div 75 = 3 \cdots 15$

(   )

17 마트에서 700원짜리 초콜릿을 20개 샀습니다. 초콜릿의 값은 모두 얼마일까요?

(   )

18 공원 산책로 한 바퀴는 980 m입니다. 20일 동안 매일 산책로를 한 바퀴씩 걸었다면 걸은 거리는 모두 몇 m일까요?

(   )

19 연필 175자루를 25명에게 똑같이 나누어 주려고 합니다. 한 명에게 몇 자루씩 나누어 줄 수 있을까요?

(   )

20 꽃 한 송이를 만드는 데 색 테이프가 68 cm 필요합니다. 색 테이프 925 cm로 꽃을 몇 송이까지 만들 수 있을까요?

(   )

단원평가 2회

곱셈과 나눗셈

[1~2] □ 안에 알맞은 수를 써넣으세요.

1 $300 \times 40 = \boxed{}000$

$3 \times 4 = \boxed{}$

2 $452 \times 30 = \boxed{}0$

$452 \times 3 = \boxed{}$

3 빈칸에 알맞은 수를 써넣고 $480 \div 80$의 몫을 구하세요.

×	4	5	6	7
80	320	400		

$480 \div 80 = \boxed{}$

4 □ 안에 알맞은 수를 써넣어 172×39를 계산해 보세요.

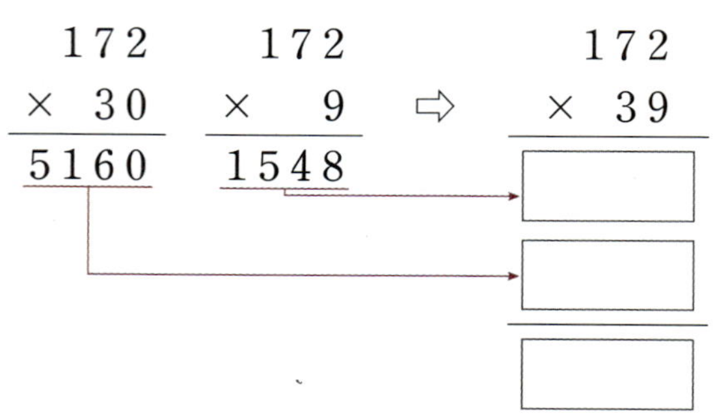

$$\begin{array}{r} 172 \\ \times\ 30 \\ \hline 5160 \end{array} \qquad \begin{array}{r} 172 \\ \times\ 9 \\ \hline 1548 \end{array} \Rightarrow \begin{array}{r} 172 \\ \times\ 39 \\ \hline \end{array}$$

5 □ 안에 알맞은 식의 기호를 써넣으세요.

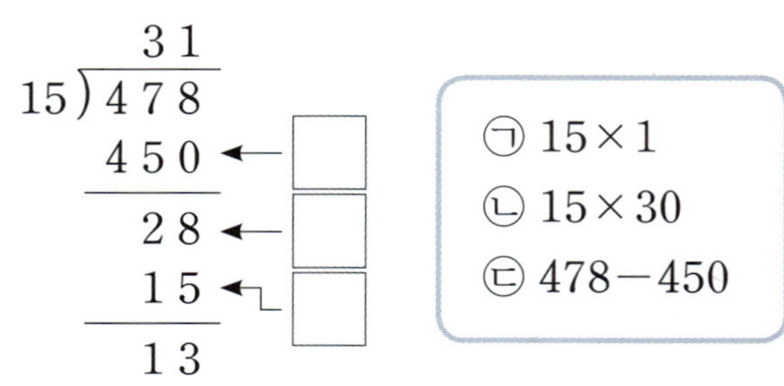

$$\begin{array}{r} 31 \\ 15\overline{)478} \\ 450 \\ \hline 28 \\ 15 \\ \hline 13 \end{array}$$

- ㉠ 15×1
- ㉡ 15×30
- ㉢ $478 - 450$

6 □ 안에 알맞은 수를 써넣으세요.

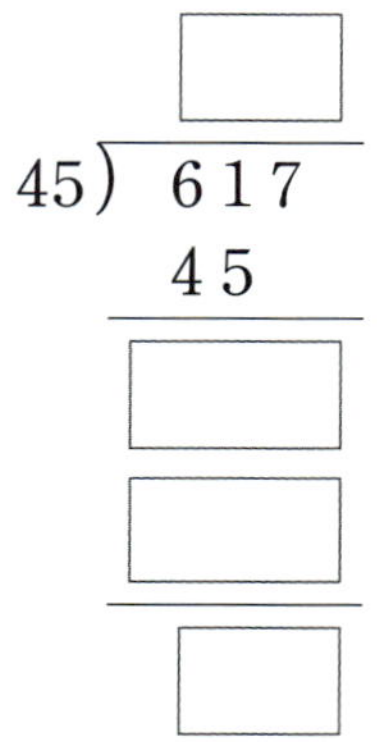

$$45\overline{)617} \\ \quad 45$$

7 나눗셈의 몫을 어림한 것으로 가장 적절한 것에 ○표 하세요.

$121 \div 18$	5	6	50	60

〔8~9〕 계산해 보세요.

8 275×50

9 $36\overline{)252}$

10 두 수의 곱을 구하세요.

| 326 | 19 |

(   )

11 계산을 하여 몫과 나머지를 구하세요.

$247 \div 41$

몫 (   )

나머지 (   )

12 몫의 크기를 비교하여 ○ 안에 >, =, < 중 알맞은 것을 써넣으세요.

$56 \div 14$ ○ $96 \div 32$

13 지수는 726×51을 다음과 같이 계산했습니다. 지수가 바르게 답을 구할 수 있도록 도움이 되는 말을 완성하려고 합니다. □ 안에 알맞은 수를 써넣고, 알맞은 말에 ○표 하세요.

$$\begin{array}{r} 726 \\ \times\ \ 51 \\ \hline 34026 \end{array}$$

726은 700보다 크고, 51은 50보다 크므로 □ 보다 (커야 , 작아야) 합니다.

14 가장 큰 수와 가장 작은 수의 곱을 구하세요.

| 354 | 97 | 56 |

(   )

15 나머지가 <u>다른</u> 것을 찾아 기호를 써 보세요.

> ㉠ $239 \div 13$　　㉡ $390 \div 24$
> ㉢ $383 \div 21$　　㉣ $557 \div 46$

(　　　　　　)

16 곱이 큰 것부터 차례대로 기호를 써 보세요.

> ㉠ 800×50
> ㉡ 90×300
> ㉢ 700×40

(　　　　　　)

17 사탕이 한 상자에 245개씩 담겨 있습니다. 34상자에 담긴 사탕은 모두 몇 개일까요?

(　　　　　　)

18 하루는 24시간입니다. 1년을 365일로 계산한다면 1년은 모두 몇 시간일까요?

(　　　　　　)

19 수정이네 학교 학생 585명이 버스를 타고 현장 학습을 가려고 합니다. 버스 한 대에 학생이 39명씩 탈 수 있다면 버스는 모두 몇 대가 필요할까요?

(　　　　　　)

20 쾌는 북어를 세는 단위로 한 쾌는 북어 20마리입니다. 북어 134마리는 몇 쾌까지 묶어 셀 수 있고, 몇 마리가 남는지 구하세요.

(　　　　), (　　　　)

단원평가 3회 — 곱셈과 나눗셈

3단원

1 □ 안에 알맞은 수를 써넣으세요.

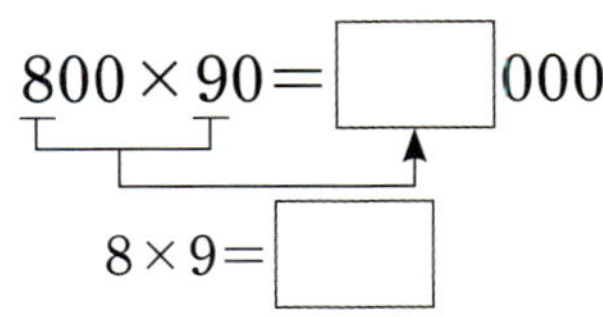

$800 \times 90 = \boxed{}000$

$8 \times 9 = \boxed{}$

2 빈칸에 알맞은 수를 써넣고 $152 \div 19$의 몫을 구하세요.

×	5	6	7	8
19	95	114		

$152 \div 19 = \boxed{}$

3 □ 안에 알맞은 수를 써넣으세요.

$176 \times 4 = \boxed{}$

$176 \times 40 = \boxed{}$ $\Big\}$ 10배

4 □ 안에 알맞은 수를 써넣으세요.

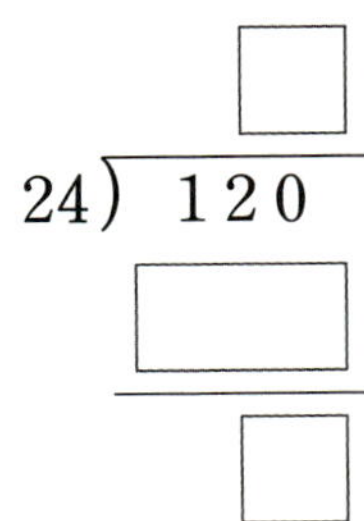

$24 \overline{) 120}$

5 빈칸에 알맞은 수를 써넣고 $505 \div 24$의 몫의 십의 자리 숫자를 어림해 보세요.

×	10	20	30	40
24	240			

$505 \div 24$의 몫의 십의 자리 숫자는 $\boxed{}$ 입니다.

6 나눗셈의 몫을 어림한 것으로 가장 적절한 것에 ○표 하세요.

$321 \div 39$

| 7 | 8 | 9 | 10 |

〔7~8〕 계산해 보세요.

7 $27 \overline{) 81}$

8
$$\begin{array}{r} 4\,7\,6 \\ \times\ \ 9\,8 \\ \hline \end{array}$$

9 계산 결과을 찾아 선으로 이어 보세요.

750×60 •	• 48000
920×50 •	• 45000
600×80 •	• 46000

10 어떤 수를 26으로 나눌 때 나머지가 될 수 <u>없는</u> 수는 어느 것일까요?……(　　　　)

① 7　　　② 13　　　③ 20
④ 25　　　⑤ 28

11 몫의 크기를 비교하여 ○ 안에 >, =, < 중 알맞은 것을 써넣으세요.

$85 \div 17$　○　$76 \div 19$

12 빈칸에 알맞은 수를 써넣으세요.

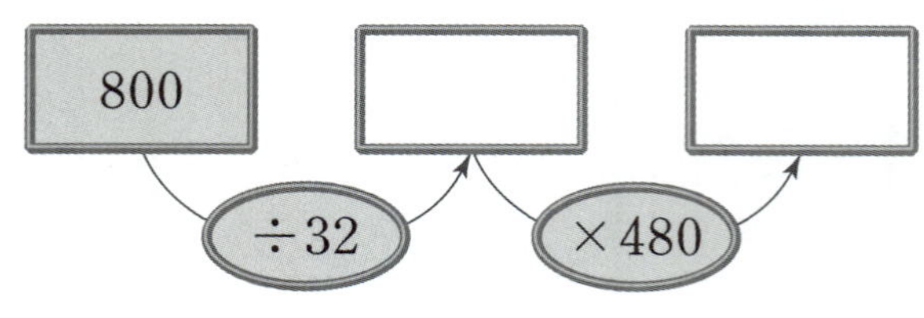

13 현서가 $74 \div 23$을 다음과 같이 계산했습니다. 잘못 계산한 곳을 찾아 □ 안에 알맞은 수를 써넣고, 바르게 계산해 보세요.

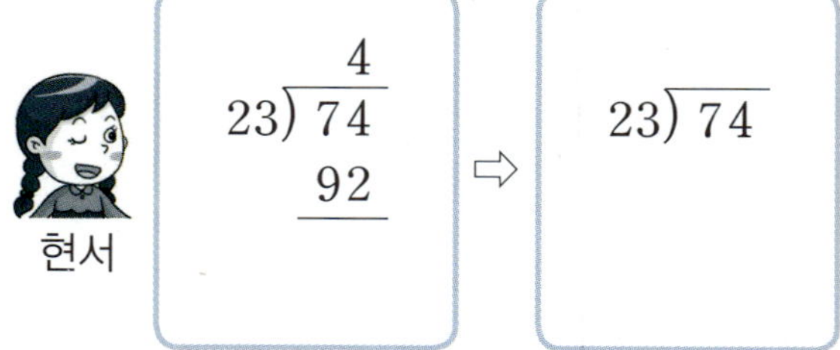

까닭 　23×4의 값은 나누어지는 수 74 보다 커서 뺄 수 없으므로 몫을 □ (으)로 고쳐야 합니다.

14 곱이 큰 것부터 차례대로 기호를 써 보세요.

㉠ 934×38　㉡ 821×36　㉢ 378×91

(　　　　　　　　　　)

15 어느 공장에서 한 사람당 하루에 217개씩 물건을 만듭니다. 이 공장에서 35명이 하루에 만드는 물건은 모두 몇 개일까요?

( )

16 소금 84 kg을 한 자루에 12 kg씩 나누어 담으려고 합니다. 나누어 담는 소금은 모두 몇 자루가 될까요?

( )

17 한 병에 250 mL가 들어 있는 식용유 32병이 있습니다. 식용유는 모두 몇 mL일까요?

( )

18 은정이는 구슬 374개를 한 봉지에 43개씩 나누어 담으려고 합니다. 은정이는 구슬을 몇 봉지까지 담을 수 있고, 남는 구슬은 몇 개인지 풀이 과정을 쓰고 답을 구하세요.

풀이

답 ______________ , ______________

19 나눗셈에서 나머지가 가장 큰 자연수일 때 ㉠에 알맞은 수는 얼마일까요?

$$㉠ \div 48 = 13 \cdots \square$$

( )

20 $\square$ 안에 알맞은 수를 써넣으세요.

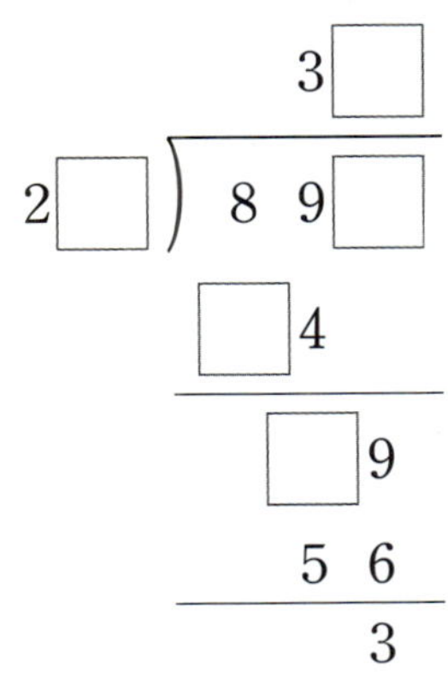

단원평가 4회

곱셈과 나눗셈

난이도 A B C

점수

스피드 정답 6쪽 | 정답 및 풀이 31쪽

1 □ 안에 알맞은 수를 써넣으세요.

$300 \times 30 = \square$

2 ㉡은 ㉠의 몇 배일까요?

$176 \times 3 =$ ㉠

$176 \times 30 =$ ㉡

(   )

3 □ 안에 알맞은 수를 써넣으세요.

$160 \div 40 = \square$

$16 \div 4 = \square$

4 □ 안에 알맞은 수를 써넣으세요.

$$\begin{array}{r} \square \\ 17\overline{)\ 85} \\ \square \\ \hline \square \end{array}$$

5 □ 안에 알맞은 수를 써넣어 327×18을 계산해 보세요.

$$\begin{array}{r} 327 \\ \times\ 10 \\ \hline \square \end{array} \quad \begin{array}{r} 327 \\ \times\ 8 \\ \hline \square \end{array} \Rightarrow \begin{array}{r} 327 \\ \times\ 18 \\ \hline \square \\ \square \\ \hline \square \end{array}$$

6 □ 안에 알맞은 식의 기호를 써넣으세요.

$$\begin{array}{r} 11 \\ 14\overline{)157} \\ 140 \leftarrow \square \\ \hline 17 \leftarrow \square \\ 14 \leftarrow \square \\ \hline 3 \end{array}$$

㉠ $157-140$
㉡ 14×10
㉢ 14×1

7
```
    4 9 2
  ×   6 0
```

8
```
21) 162
```

9 빈칸에 알맞은 수를 써넣으세요.

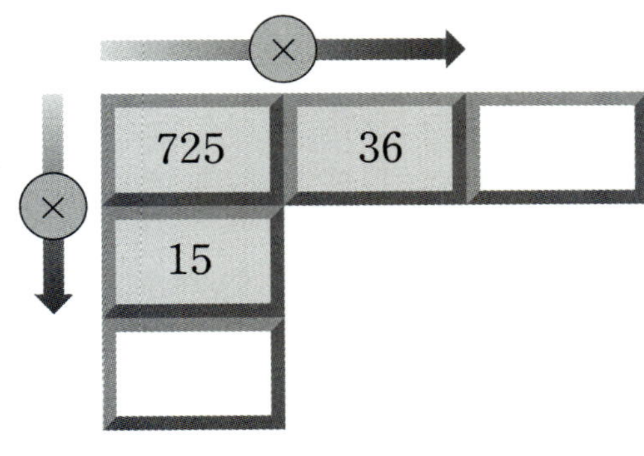

10 가장 큰 수에서 가장 작은 수로 나눈 몫과 나머지를 구하세요.

| 26 | 436 | 17 | 395 |

몫 (   )

나머지 (   )

11 몫의 크기를 비교하여 ○ 안에 >, =, < 중 알맞은 것을 써넣으세요.

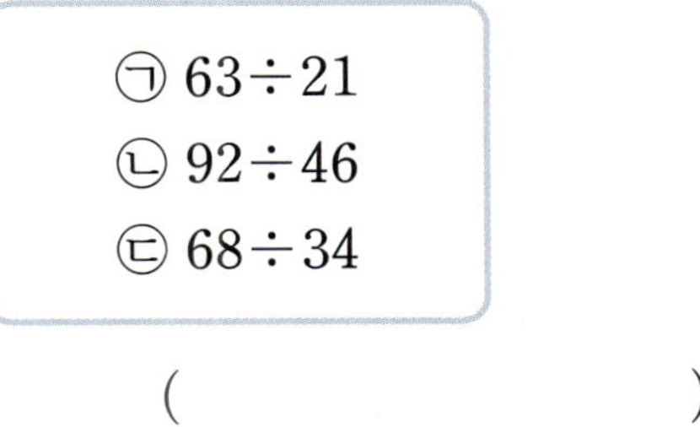

12 나눗셈의 몫이 <u>다른</u> 하나를 찾아 기호를 써 보세요.

㉠ 63÷21
㉡ 92÷46
㉢ 68÷34

(   )

13 사각형 안에 있는 수들의 곱을 구하세요.

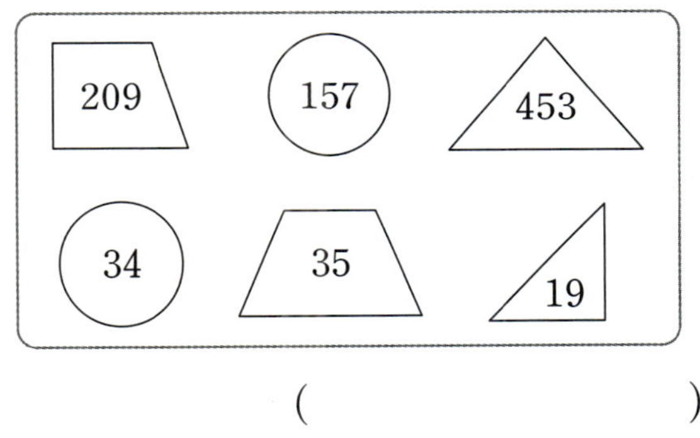

(   )

14 곱이 작은 것부터 차례대로 기호를 써 보세요.

```
㉠   8 0 0     ㉡   5 8 8     ㉢   9 1 5
  ×   5 0       ×   7 6       ×   4 6
```

(   )

15 □ 안에 알맞은 수를 써넣으세요.

$$
\begin{array}{cccc}
 & 3 & 1 & 4 \\
\times & & \Box & 7 \\
\hline
2 & 1 & 9 & 8 \\
\Box & & 2 & 8 \\
\hline
\Box & \Box & 7 & 8 \\
\end{array}
$$

16 공책을 한 상자에 45권씩 담아 625상자를 포장하였습니다. 포장한 공책은 모두 몇 권일까요?

( )

17 혜정이는 750원짜리 볼펜을 24자루 사고 20000원을 냈습니다. 혜정이는 거스름돈으로 얼마를 받아야 하는지 풀이 과정을 쓰고 답을 구하세요.

답 ________________

18 연필 119자루를 한 상자에 12자루씩 포장하려고 합니다. 몇 상자까지 포장할 수 있을까요?

( )

19 □ 안에 들어갈 수 있는 자연수 중에서 가장 큰 수를 구하세요.

$$64 \times \Box < 504$$

( )

20 수 카드를 한 번씩만 사용하여 몫이 가장 작은 (세 자리 수)÷(두 자리 수)를 만들었습니다. 몫과 나머지를 구하세요.

$$\boxed{3} \quad \boxed{4} \quad \boxed{6} \quad \boxed{7} \quad \boxed{8}$$

몫 ( )

나머지 ( )

단원평가 5회 · 곱셈과 나눗셈

3단원

1 □ 안에 알맞은 수를 써넣으세요.

$$900 \times 50 = \boxed{}$$

2 □ 안에 알맞은 수를 써넣으세요.

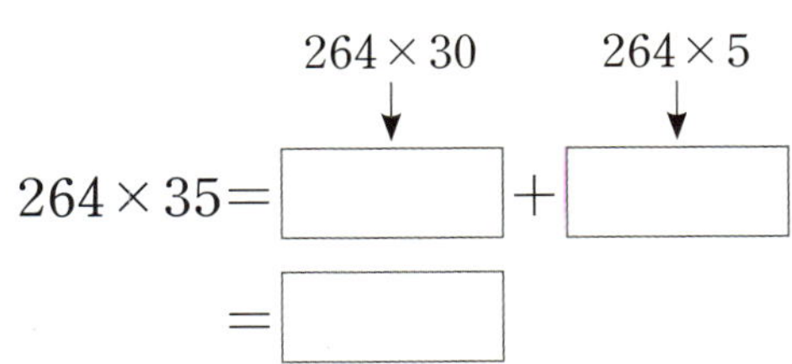

$$264 \times 35 = \boxed{} + \boxed{}$$

$$= \boxed{}$$

3 □ 안에 알맞은 수를 써넣으세요.

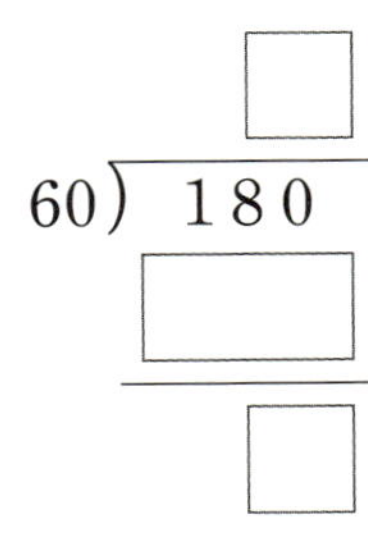

4 나눗셈의 몫을 어림한 것으로 가장 적절한 것에 ○표 하세요.

$$197 \div 49$$

| 3 | 4 | 30 | 40 |

〔5~6〕 계산해 보세요.

5
$$\begin{array}{r} 194 \\ \times 30 \\ \hline \end{array}$$

6
$$13\overline{)78}$$

7 계산 결과에 맞게 선으로 이어 보세요.

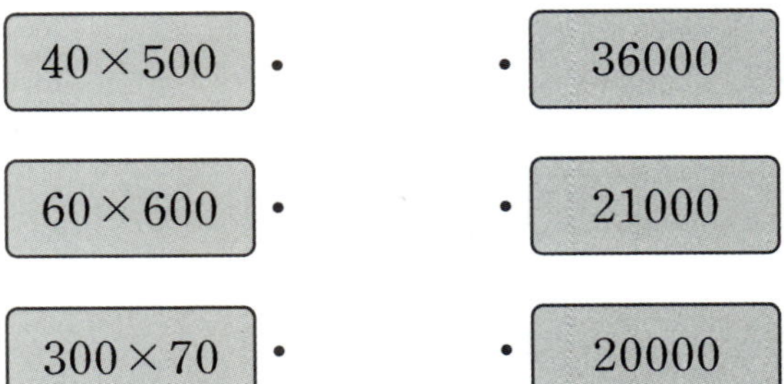

8 빈칸에 알맞은 수를 써넣으세요.

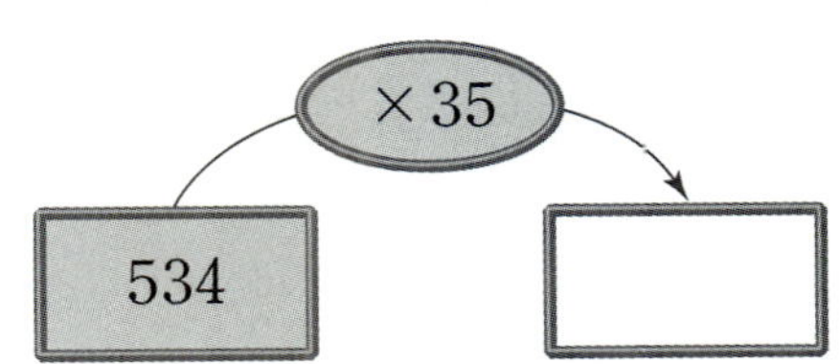

9 계산을 하여 몫과 나머지를 구하세요.

$$682 \div 37$$

몫 (　　　　　　　　　)

나머지 (　　　　　　　　　)

10 계산 결과의 크기를 비교하여 ○ 안에 >, =, < 중 알맞은 것을 써넣으세요.

$$312 \times 48 \bigcirc 159 \times 74$$

11 다음 중 몫이 <u>다른</u> 하나는 어느 것일까요?
·· (　　　　)

① $360 \div 40$　　② $450 \div 50$
③ $540 \div 60$　　④ $810 \div 90$
⑤ $640 \div 80$

12 몫과 나머지를 찾아 선으로 이어 보세요.

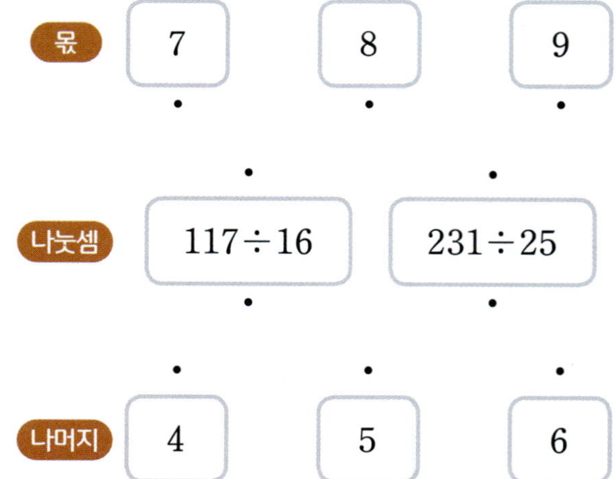

서술형

13 꽃집에서 장미를 한 다발에 13송이씩 포장하고 있습니다. 장미가 91송이 있다면 몇 다발을 포장할 수 있는지 풀이 과정을 쓰고 답을 구하세요.

풀이

답 _______________

14 어느 장난감 공장에서 하루에 로봇을 518개씩 만든다고 합니다. 이 공장에서 3월 한 달 동안 만들 수 있는 장난감 로봇은 모두 몇 개일까요?

(　　　　　　　　　)

15 ㉠과 ㉡에 알맞은 수를 각각 구하세요.

$$
\begin{array}{r}
3\ 7\ 4 \\
\times\ \ \ 5\ \boxed{㉠} \\
\hline
2\ \boxed{㉡}\ 1\ 9\ 6
\end{array}
$$

㉠ (   )

㉡ (   )

16 민호는 288쪽인 동화책을 매일 30쪽씩 읽으려고 합니다. 30쪽씩 며칠 동안 읽고 마지막 날에는 몇 쪽을 읽어야 할까요?

(   ) , (   )

서술형

17 운동장에 420명의 학생들이 서 있습니다. 이 학생들을 한 줄에 21명씩 세우면 몇 줄이 되는지 풀이 과정을 쓰고 답을 구하세요.

풀이

답 _______________________

18 어떤 자연수를 40으로 나눌 때 나머지가 될 수 있는 수 중에서 가장 큰 수는 얼마일까요?

(   )

19 수 카드를 한 번씩만 사용하여 몫이 가장 큰 (세 자리 수)÷(두 자리 수)를 만들었습니다. 이때 나눗셈의 몫을 구하세요.

| 2 | 3 | 5 | 6 | 8 |

(   )

20 어떤 수에 35를 곱해야 하는데 잘못하여 어떤 수를 53으로 나누었더니 몫이 7이고 나머지가 21이었습니다. 바르게 계산한 답은 얼마일까요?

(   )

서술형 평가 ❶   곱셈과 나눗셈

1 공원 산책로 한 바퀴는 952 m입니다. 승호가 26일 동안 매일 산책로를 한 바퀴씩 걸었다면 걸은 거리는 모두 몇 m인지 구하세요.

❶ 승호가 걸은 거리를 구하는 곱셈식을 써 보세요.

$$\boxed{} \times \boxed{} = \boxed{}$$

❷ 승호가 걸은 거리는 모두 몇 m인지 구하세요.

(   )

2 정우는 6월 한 달 동안 줄넘기를 모두 몇 번 하게 되는지 구하세요.

❶ 6월은 며칠까지 있을까요?

(   )

❷ 정우가 6월 한 달 동안 하는 줄넘기 횟수를 구하는 곱셈식을 써 보세요.

$$126 \times \boxed{} = \boxed{}$$

❸ 정우가 6월 한 달 동안 줄넘기를 모두 몇 번 하게 될까요?

(   )

3 연필 131자루를 한 상자에 12자루씩 담아 포장하려고 합니다. 몇 상자까지 포장할 수 있는지 구하세요.

❶ 포장할 수 있는 상자의 수를 구하는 나눗셈식을 써 보세요.

$$\boxed{} \div \boxed{} = \boxed{} \cdots \boxed{}$$

❷ ❶의 나눗셈의 몫과 나머지를 구하세요.

몫 (   ), 나머지 (   )

❸ 연필 131자루를 몇 상자까지 포장할 수 있을까요?

(   )

4 운동장에 학생들이 한 줄에 15명씩 12줄로 서 있습니다. 이 학생들을 한 줄에 20명씩 다시 세운다면 몇 줄이 되는지 구하세요.

❶ 전체 학생 수는 몇 명일까요?

$$15 \times \boxed{} = \boxed{}$$

(   )

❷ 한 줄에 20명씩 다시 세운다면 몇 줄이 되는지 구하는 나눗셈식을 써 보세요.

$$\boxed{} \div \boxed{} = \boxed{}$$

❸ 한 줄에 20명씩 다시 세운다면 몇 줄이 될까요?

(   )

풀이 과정을 직접 쓰는

서술형 평가 ❷   곱셈과 나눗셈

점수

스피드 정답 7쪽 | 정답 및 풀이 33쪽

1 어느 공장에서 생산한 인형을 한 상자에 50개씩 700상자를 포장하였습니다. 포장한 인형은 모두 몇 개인지 풀이 과정을 쓰고 답을 구하세요.

풀이

답 _______________

어떻게 풀까요?

포장한 인형의 수는
50×700을 계산해 봅니다.

2 현수는 8월 한 달 동안 윗몸일으키기를 모두 몇 번 하게 되는지 풀이 과정을 쓰고 답을 구하세요.

풀이

답 _______________

어떻게 풀까요?

8월은 며칠인지 알아보고 8월 한 달 동안 하는 윗몸일으키기 횟수를 구합니다.

3 지우개 234개를 한 상자에 15개씩 담아 포장하려고 합니다. 몇 상자까지 포장할 수 있는지 풀이 과정을 쓰고 답을 구하세요.

풀이

답 _______________

어떻게 풀까요?

234개를 한 상자에 15개씩 담았으므로 $234 \div 15 = \blacksquare \cdots \bullet$ 에서 15개씩 ■상자에 담을 수 있고 ●개가 남습니다.

4 초콜릿이 25개씩 14상자가 있습니다. 이 초콜릿을 35개씩 나누어 주면 몇 명에게 나누어 줄 수 있는지 풀이 과정을 쓰고 답을 구하세요.

풀이

답 _______________

5 5장의 수 카드를 한 번씩만 사용하여 가장 큰 세 자리 수와 가장 작은 두 자리 수를 만들었습니다. 만든 두 수의 곱은 얼마인지 풀이 과정을 쓰고 답을 구하세요.

7 0 5 2 6

풀이

답 _______________

1 몫이 두 자리 수인 나눗셈을 모두 고르세요.
································· (   )

① $459 \div 51$ ② $266 \div 19$ ③ $546 \div 42$
④ $434 \div 62$ ⑤ $370 \div 74$

2 은희는 우유를 매일 150 mL씩 마십니다. 은희가 5월 한 달 동안 마신 우유는 모두 몇 mL인지 구하세요.

(   )

3 나머지가 큰 것부터 차례대로 기호를 써 보세요.

> ㉠ $536 \div 16$
> ㉡ $662 \div 25$
> ㉢ $232 \div 13$

(   )

4 콩을 한 봉지에 110 g씩 봉지 16개에 담고, 현미를 한 봉지에 160 g씩 봉지 13개에 담았습니다. 봉지에 담은 콩과 현미의 양은 모두 몇 g인지 구하세요.

(   )

5 길이가 226 cm인 색 테이프 13장을 27 cm씩 겹쳐지도록 길게 이어 붙였습니다. 이어 붙인 색 테이프의 전체 길이는 몇 cm인지 구하세요.

(   )

평면도형의 이동

개념 ① 점을 이동하기

• 점을 왼쪽, 오른쪽으로 이동하기

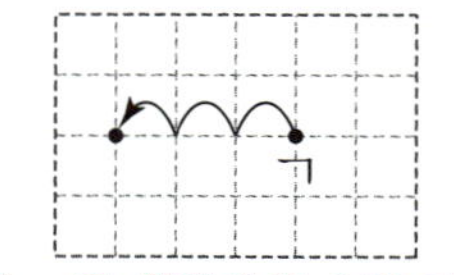 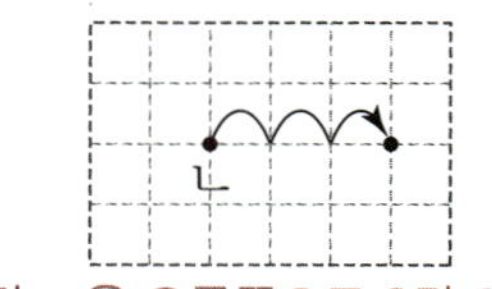

점 ㄱ을 왼쪽으로 3칸 이동　　점 ㄴ을 오른쪽으로 3칸 이동

⇨ 점이 선을 따라 각각 왼쪽으로 3칸, 오른쪽으로 3칸 이동합니다.

개념 ② 평면도형을 밀기

• 도형을 왼쪽으로 6 cm, 오른쪽으로 6 cm 밀기

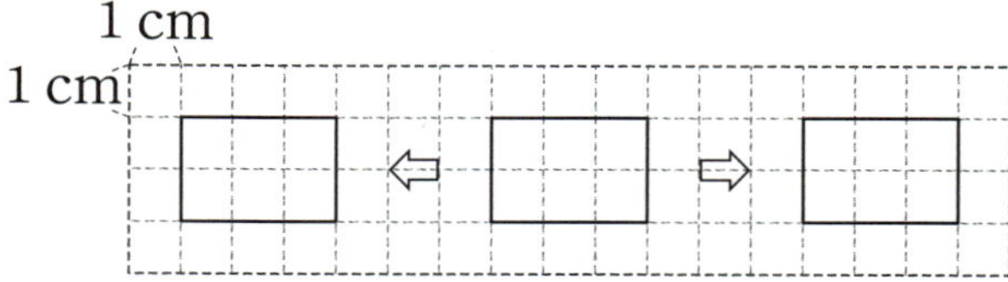

⇨ 도형을 밀면 모양은 변하지 않고 위치만 변합니다.

개념 ③ 평면도형을 뒤집기

• 도형을 왼쪽, 오른쪽, 위쪽, 아래쪽으로 뒤집기

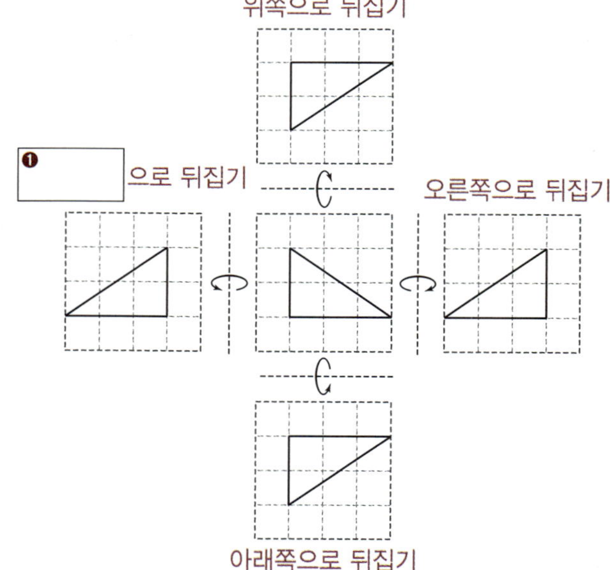

⇨ 도형을 왼쪽이나 오른쪽으로 뒤집으면 왼쪽과 오른쪽이 서로 바뀌고, 위쪽이나 아래쪽으로 뒤집으면 위쪽과 ❷ 　　　 이 서로 바뀝니다.

개념 ④ 평면도형을 돌리기

• 도형을 시계 방향으로 90°, 180°만큼 돌리기

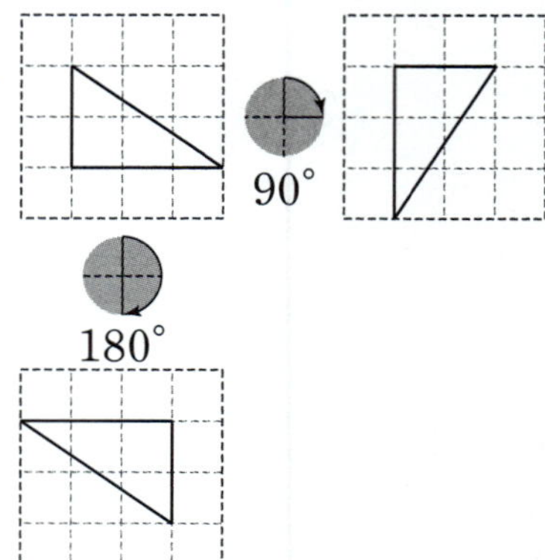

• 도형을 시계 방향으로 270°, 360°만큼 돌리기

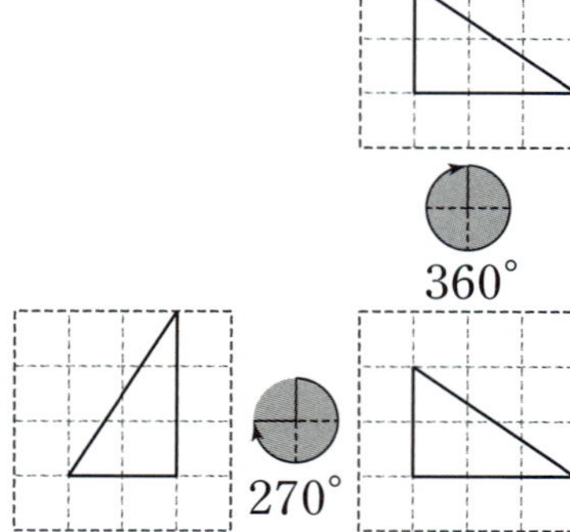

> 참고
>
> 도형을 ❸ 　　　°만큼 돌리면 처음 도형과 같아집니다.

개념 ⑤ 무늬 꾸미기

• 　　모양으로 뒤집기를 이용하여 규칙적인 무늬 만들기

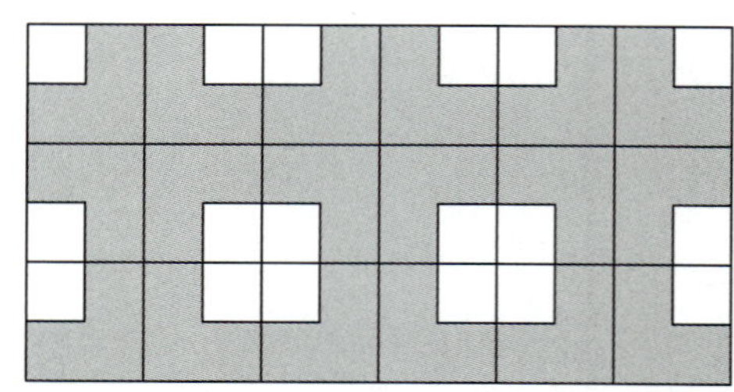

| 정답 | ❶ 왼쪽　❷ 아래쪽　❸ 360

쪽지시험 1회 평면도형의 이동

점수

스피드 정답 7쪽 | 정답 및 풀이 34쪽

[1~2] 점 ㄱ을 주어진 방향으로 이동하면 어느 점에 도착하는지 써 보세요.

1
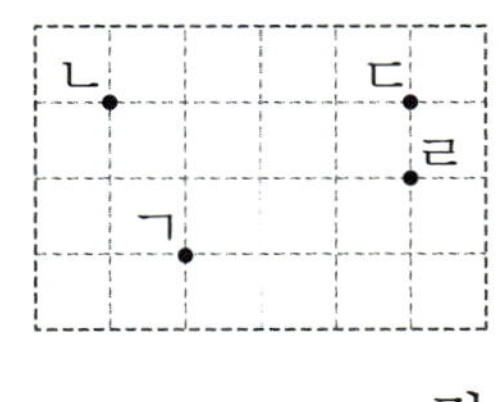

오른쪽으로 3칸,
위쪽으로 1칸

점 (   )

2
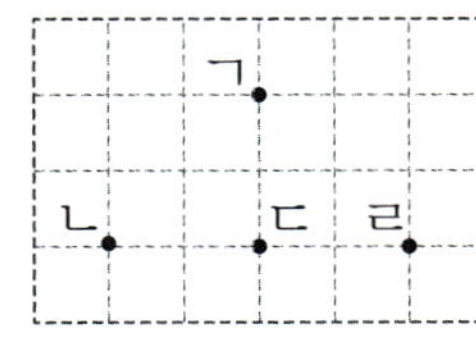

아래쪽으로 2칸,
왼쪽으로 2칸

점 (   )

[3~4] 도형을 주어진 방향으로 6 cm 밀었을 때의 도형을 그려 보세요.

3
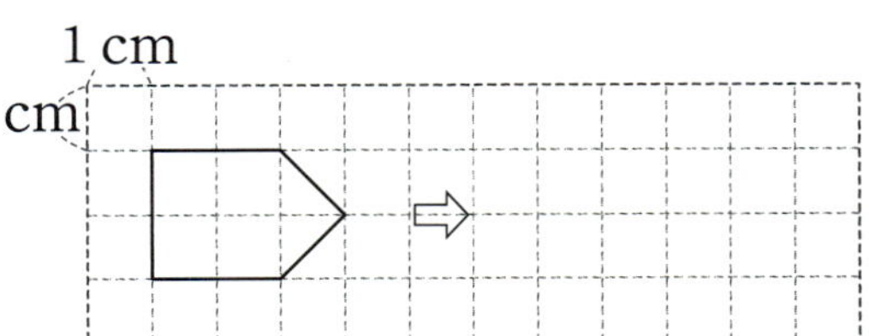

4
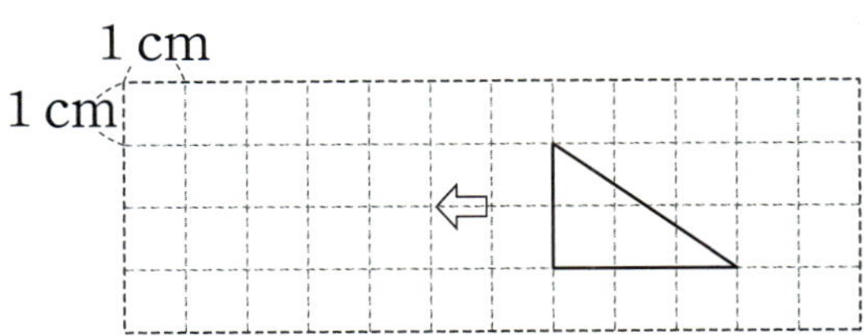

5 알맞은 말에 ◯표 하세요.

도형을 아래쪽으로 밀면 모양과 크기가
(변합니다 , 변하지 않습니다).

[6~7] 보기의 도형을 왼쪽으로 뒤집었을 때의 도형에 ◯표 하세요.

6
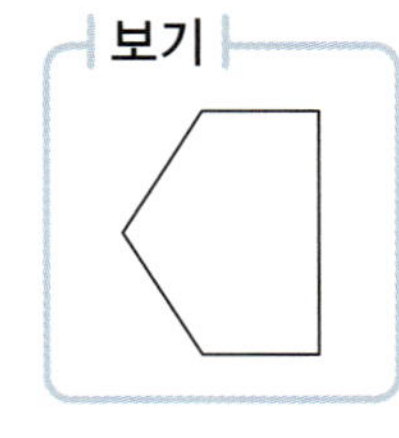 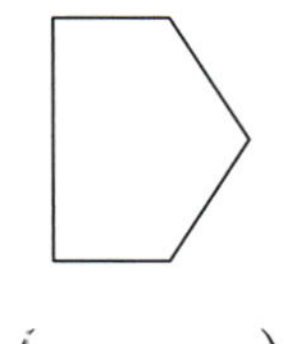

(   ) (   )

7
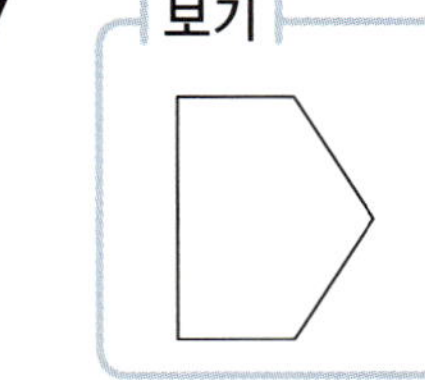 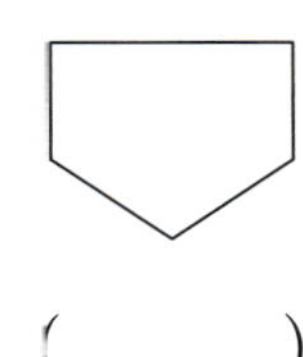

(   ) (   )

[8~10] 도형을 주어진 방향으로 뒤집었을 때의 도형을 그려 보세요.

8 **9**
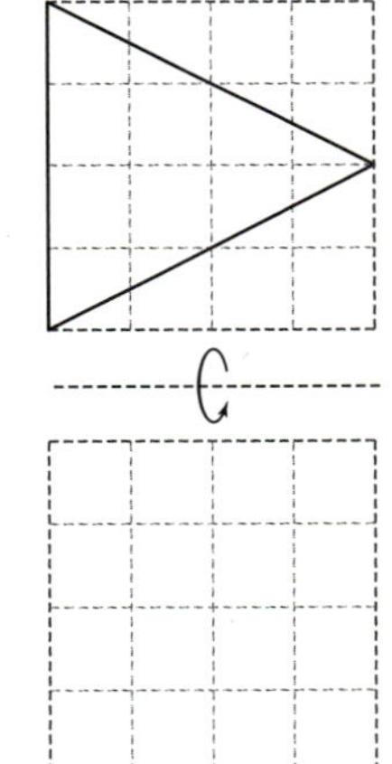 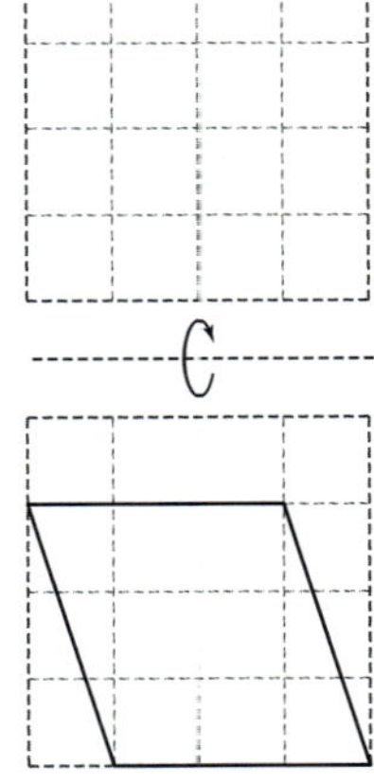

10
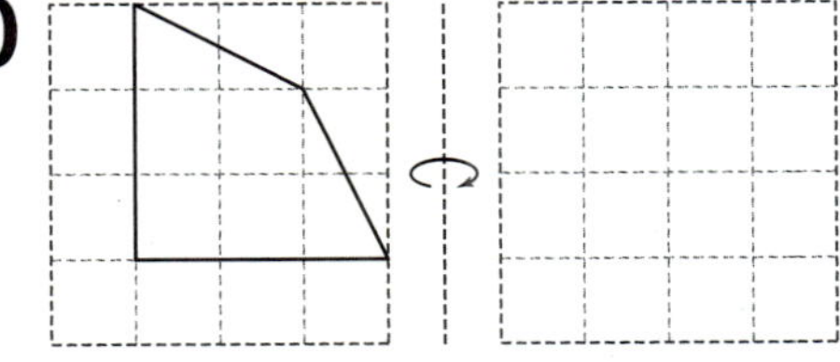

쪽지시험 2회 평면도형의 이동

점수

〔1~3〕 보기 의 도형을 시계 방향으로 90°만큼 돌렸을 때의 도형에 ○표 하세요.

1

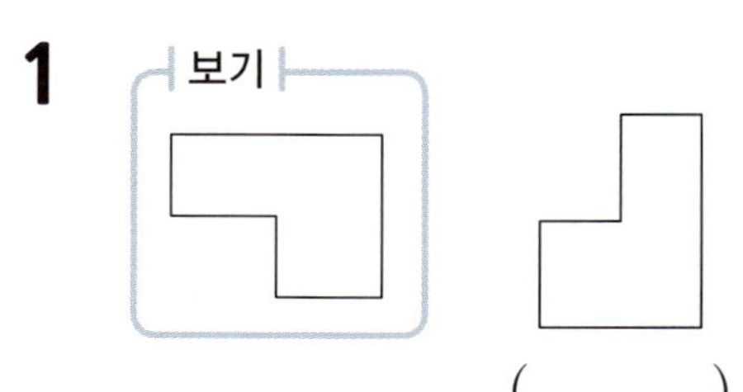

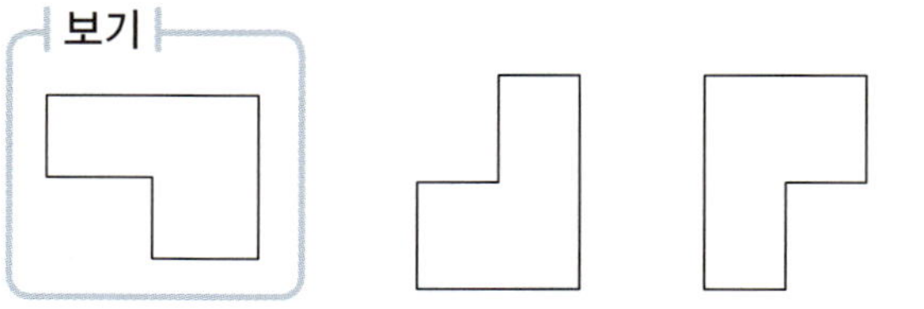

(   ) (   )

2

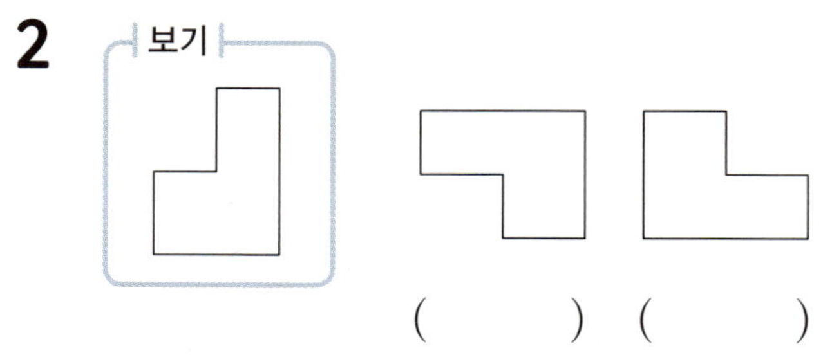

(   ) (   )

3

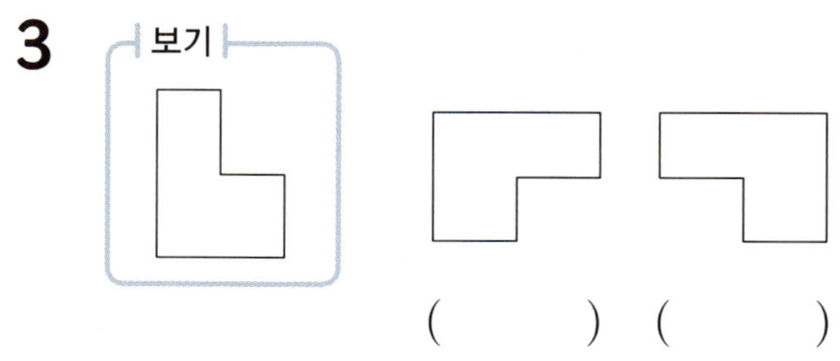

(   ) (   )

〔4~5〕 도형을 주어진 방향으로 주어진 각도만큼 돌렸을 때의 도형을 그려 보세요.

4

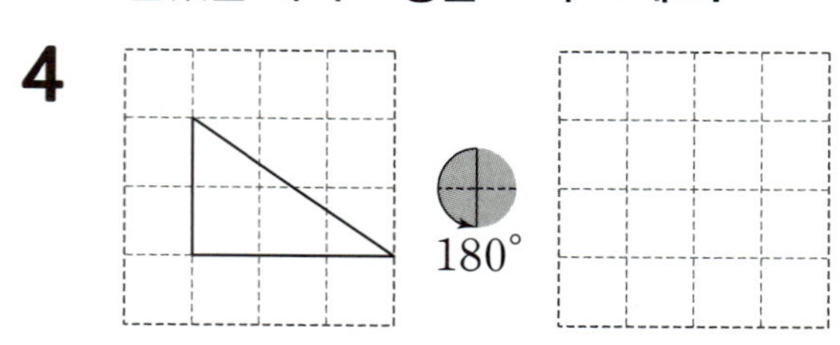

180°

5

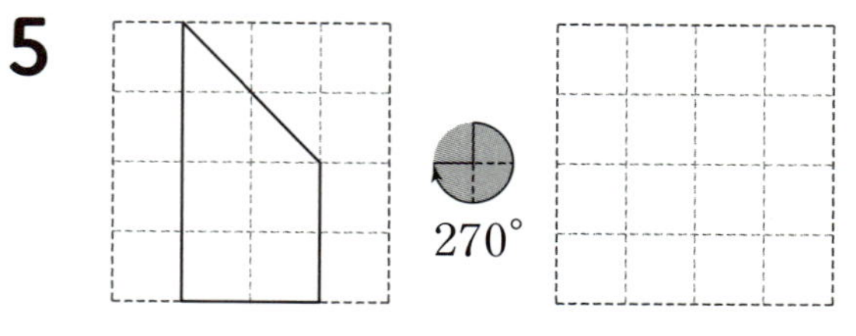

270°

〔6~8〕 보기 의 모양을 이용하여 규칙적인 무늬를 만들려고 합니다. 물음에 답하세요.

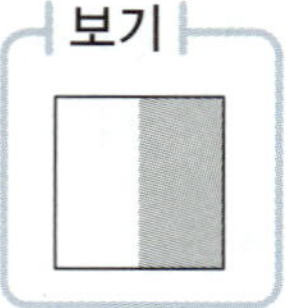

6 밀기를 이용하여 규칙적인 무늬를 만들어 보세요.

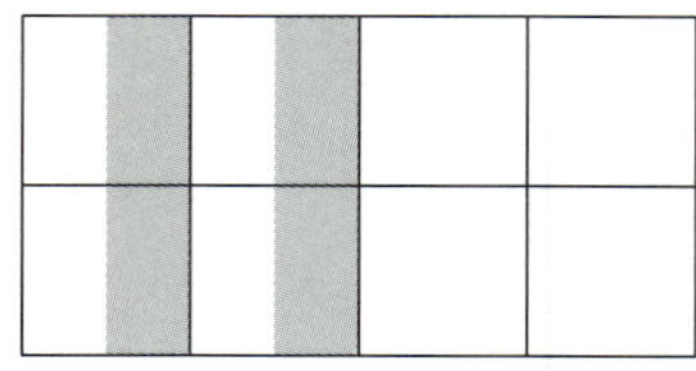

7 뒤집기를 이용하여 규칙적인 무늬를 만들어 보세요.

8 돌리기를 이용하여 규칙적인 무늬를 만들어 보세요.

〔9~10〕 다음은 일정한 규칙에 따라 만들어진 무늬입니다. 빈칸을 채워 무늬를 완성해 보세요.

9

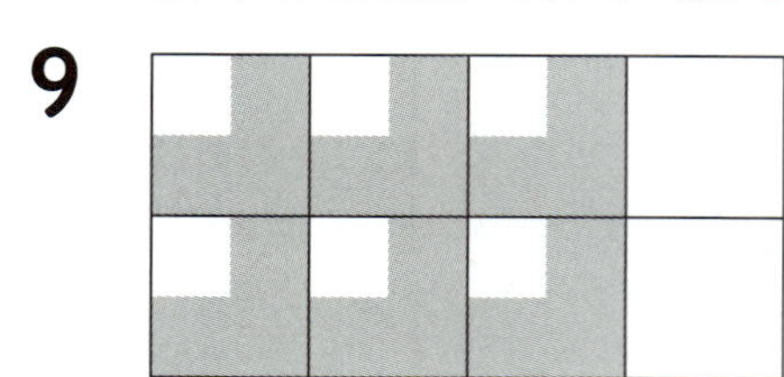

10

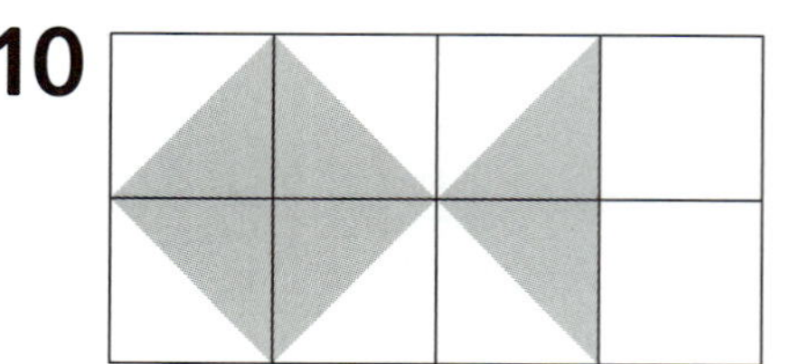

단원평가 1회 — 평면도형의 이동

1 선을 따라 말(🔑)을 이동하여 도착하는 위치의 과일을 써 보세요.

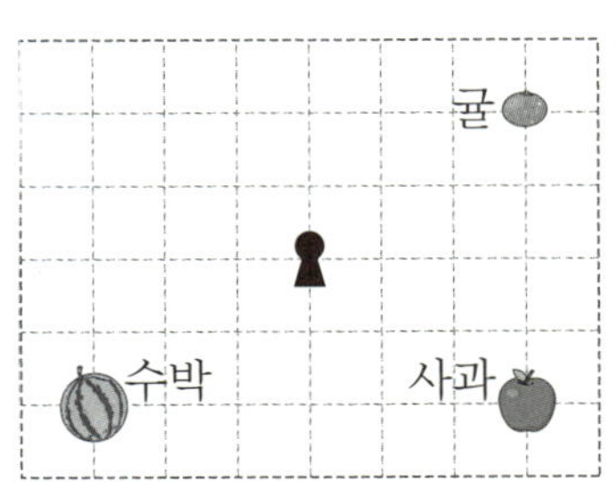

> 오른쪽으로 3칸, 아래쪽으로 2칸

( )

2 |보기|의 도형을 오른쪽으로 밀었을 때 알맞은 것에 ○표 하세요.

|보기|

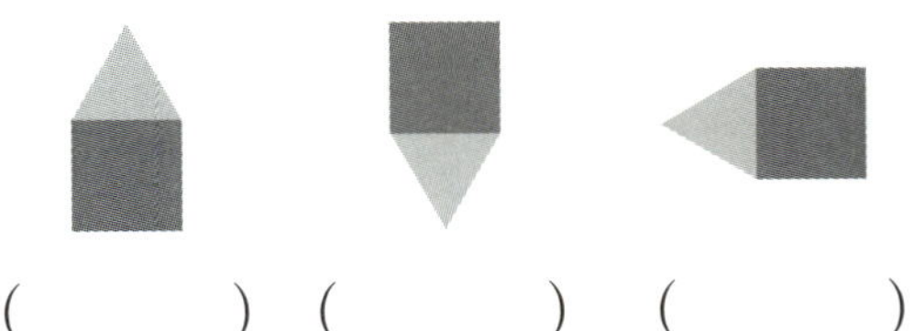

( ) ( ) ( )

3 |보기|의 도형을 시계 방향으로 180°만큼 돌렸을 때의 도형에 ○표 하세요.

|보기|

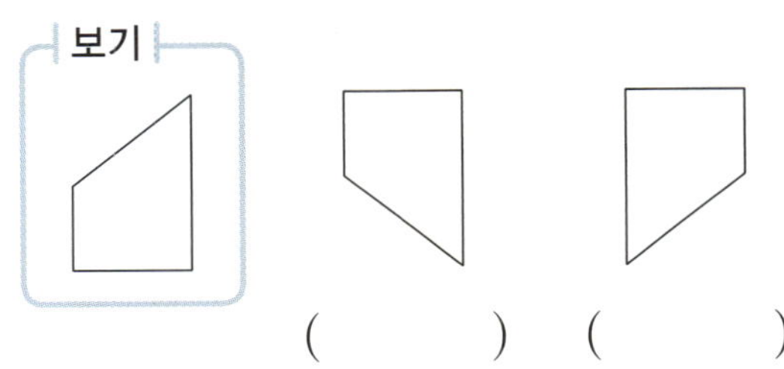

( ) ( )

4 도형을 움직인 방법을 설명해 보세요.

1 cm
1 cm

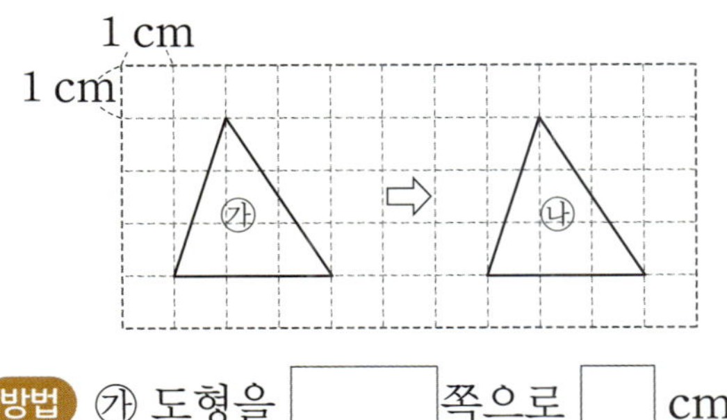

방법 ㉮ 도형을 ◻◻◻ 쪽으로 ◻ cm 밀면 ㉯ 도형이 됩니다.

5 점 ㄱ을 왼쪽으로 4 cm, 위쪽으로 3 cm 이동했을 때의 위치에 점 ㄴ을 표시해 보세요.

1 cm
1 cm

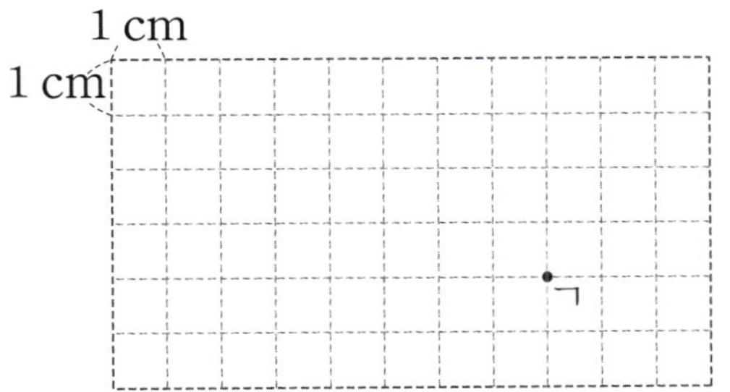

6 도형을 오른쪽으로 6 cm 밀었을 때의 도형을 그려 보세요.

1 cm
1 cm

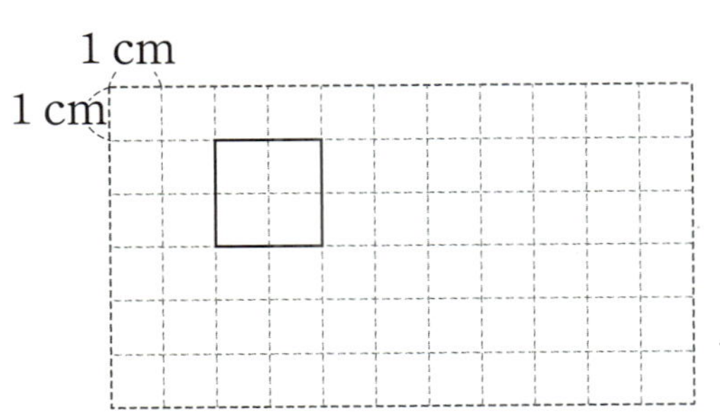

7 도형을 주어진 방향으로 밀었을 때의 도형을 그려 보세요.

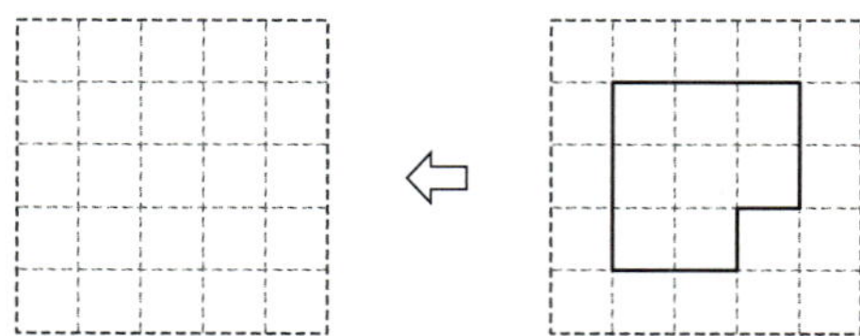

8 도형을 주어진 방향으로 뒤집었을 때의 도형을 그려 보세요.

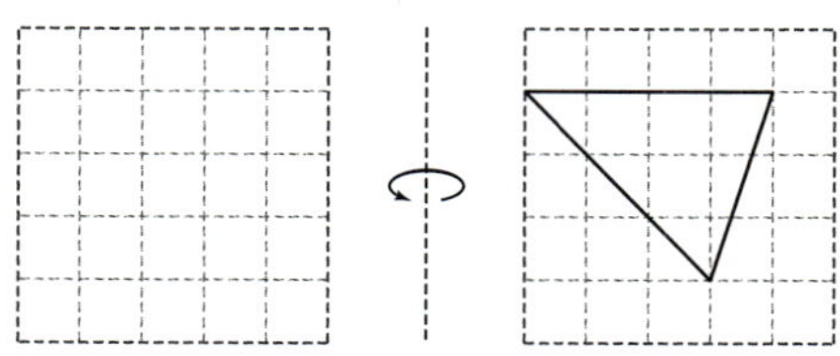

9 도형을 시계 반대 방향으로 90°만큼 돌렸을 때의 도형을 그려 보세요.

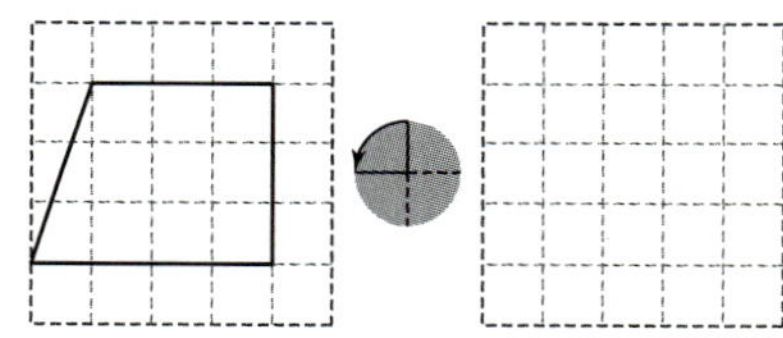

10 도형을 주어진 방향으로 뒤집었을 때의 도형을 각각 그려 보세요.

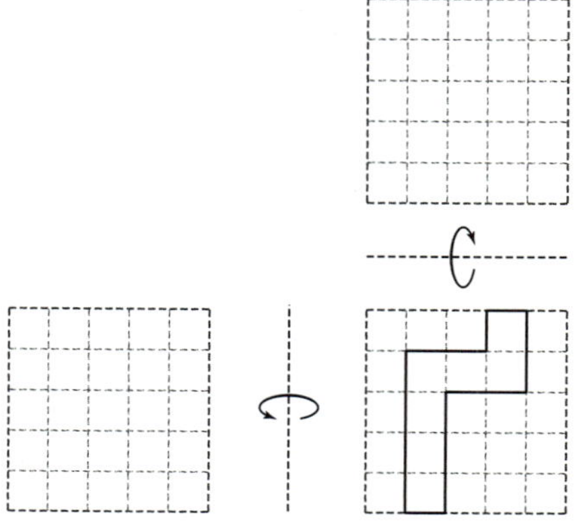

[11~12] |보기|에서 알맞은 도형을 골라 ☐ 안에 기호를 써넣어 문장을 완성해 보세요.

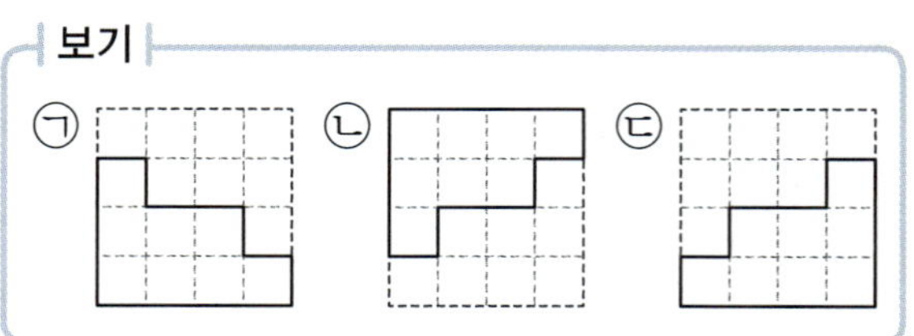

11
> ㉠ 도형을 왼쪽으로 뒤집으면
> ☐ 도형이 됩니다.

12
> ㉡ 도형을 아래쪽으로 뒤집으면
> ☐ 도형이 됩니다.

13 숫자를 시계 방향으로 180°만큼 돌렸을 때 나오는 숫자를 써 보세요.

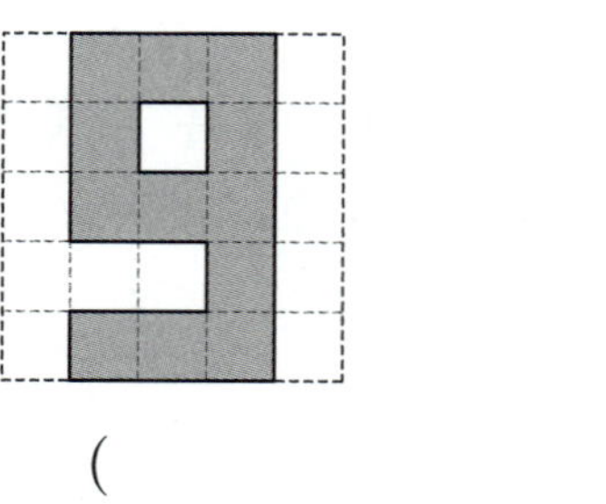

(   )

〔14~15〕 도형을 보고 물음에 답하세요.

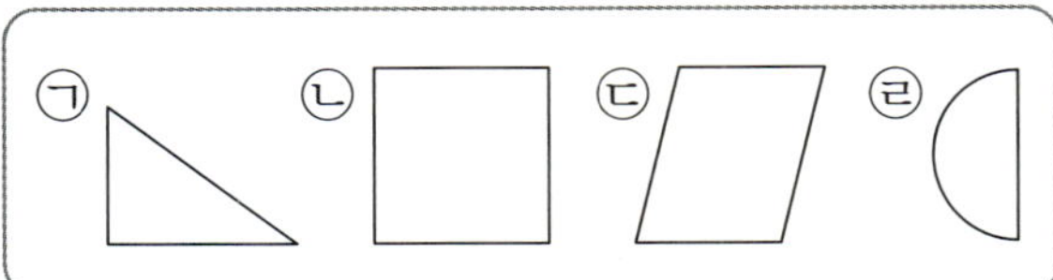

14 다음 중 ㉢을 위쪽으로 밀었을 때의 도형은 어느 것일까요? ·············· (   )

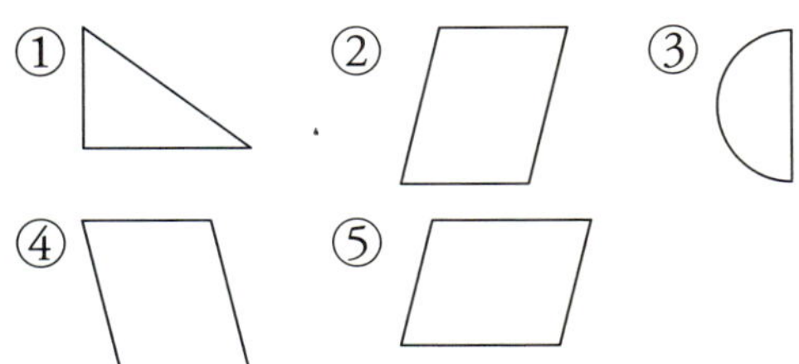

15 오른쪽으로 뒤집었을 때 모양이 변하지 <u>않는</u> 도형을 찾아 기호를 써 보세요.

(   )

16 무늬를 만든 방법을 찾아 밀기, 뒤집기, 돌리기 중 알맞은 말을 써 보세요.

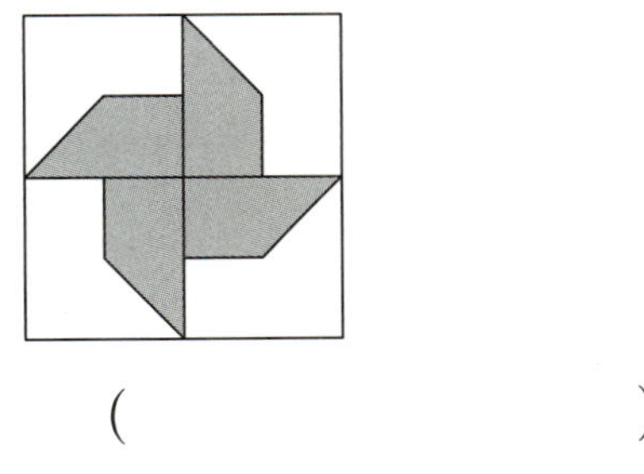

(   )

17 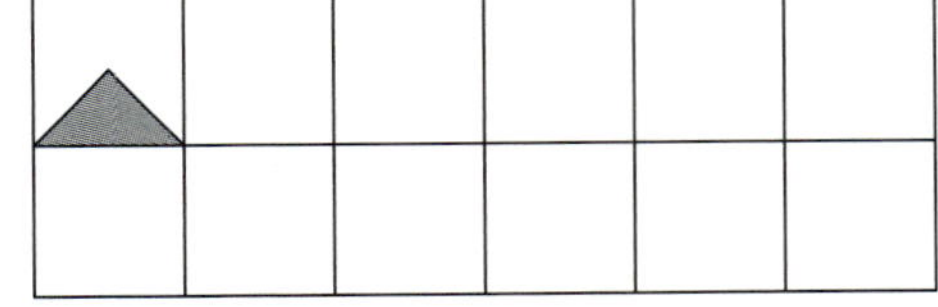 모양으로 돌리기를 이용하여 규칙적인 무늬를 만들어 보세요.

18 뒤집기를 이용하여 다음과 같은 무늬를 만들 수 있는 모양을 찾아 기호를 써 보세요.

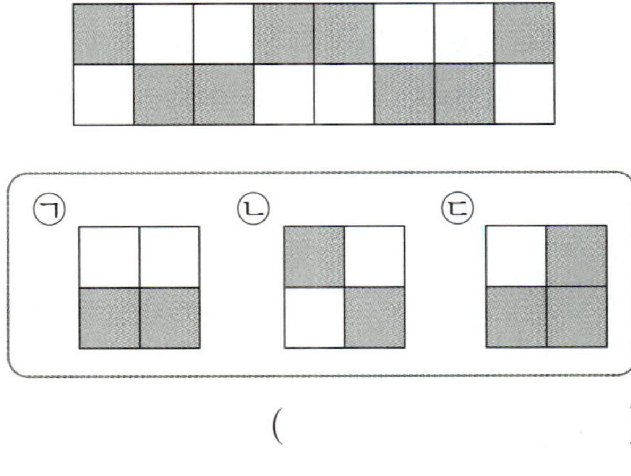

(   )

19 다음은 일정한 규칙에 따라 만들어진 무늬입니다. 빈칸을 채워 무늬를 완성해 보세요.

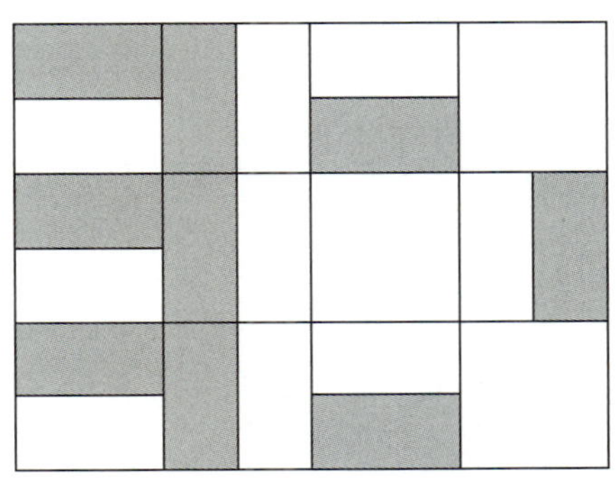

20 제아, 주원, 유나가 왼쪽 숫자를 오른쪽 모양이 되도록 움직인 방법에 대해 이야기하였습니다. 바르게 말한 사람은 누구일까요?

(   )

단원평가 2회 — 평면도형의 이동

1 점 ㄱ을 위쪽으로 3칸 이동했을 때의 위치에 점 ㄴ을 표시해 보세요.

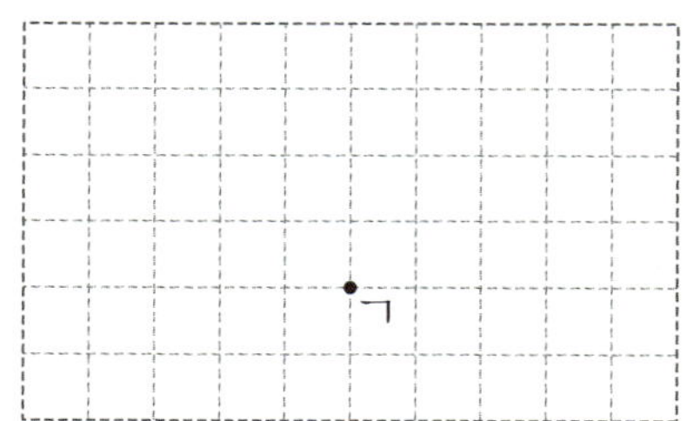

2 그림을 보고 □ 안에 알맞은 수나 말을 써넣으세요.

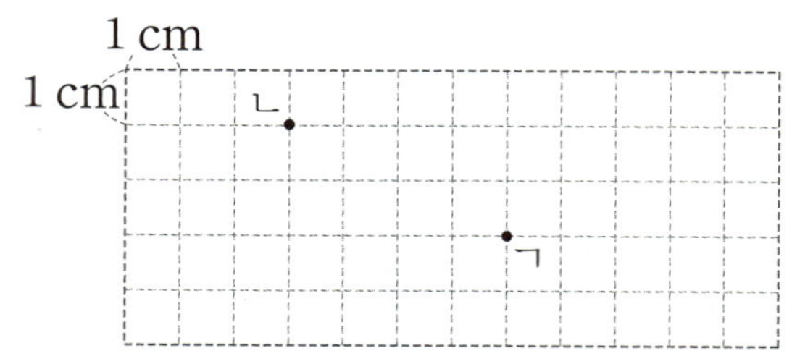

점 ㄱ이 점 ㄴ에 도착하려면 왼쪽으로 □ cm, □ 쪽으로 □ cm 이동해야 합니다.

3 도형을 오른쪽으로 4 cm 밀었을 때의 도형을 그려 보세요.

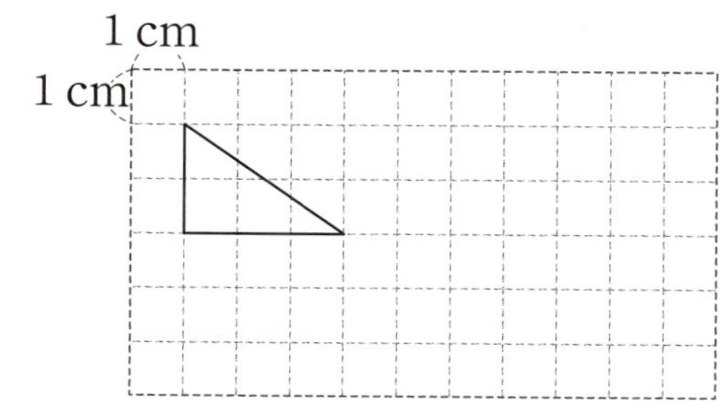

4 보기 의 도형을 왼쪽으로 뒤집었을 때의 도형에 ○표 하세요.

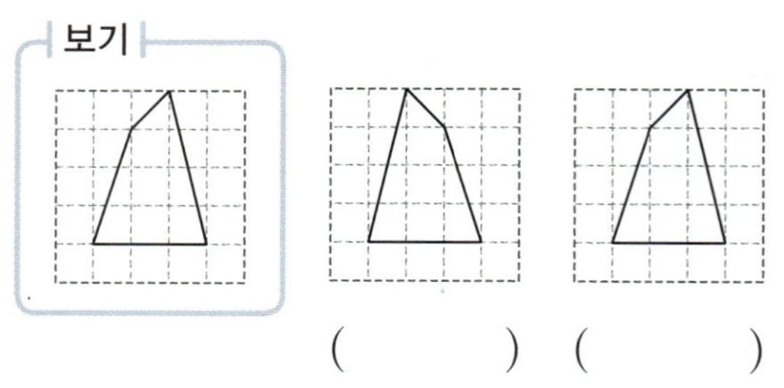

(   ) (   )

5 보기 의 도형을 오른쪽으로 뒤집었을 때 알맞은 것을 찾아 기호를 써 보세요.

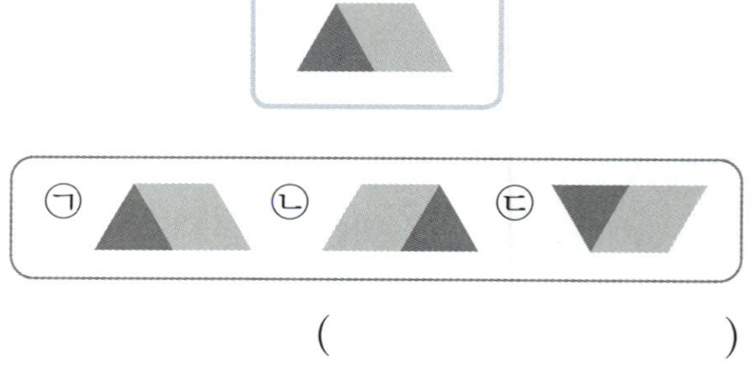

(   )

6 도형을 주어진 방향으로 뒤집었을 때의 도형을 각각 그려 보세요.

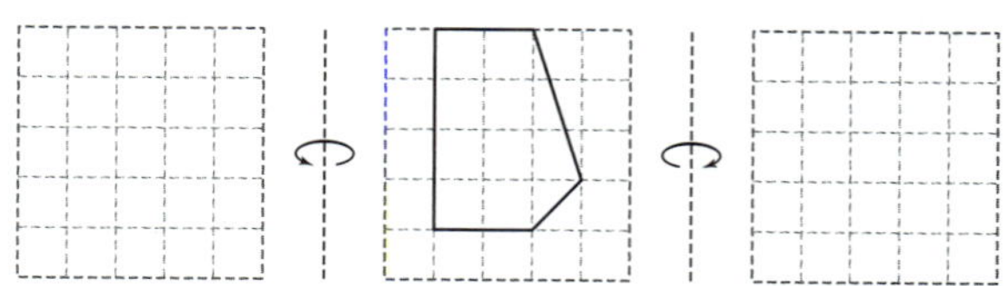

7 도형을 시계 방향으로 180°만큼 돌렸을 때의 도형을 그려 보세요.

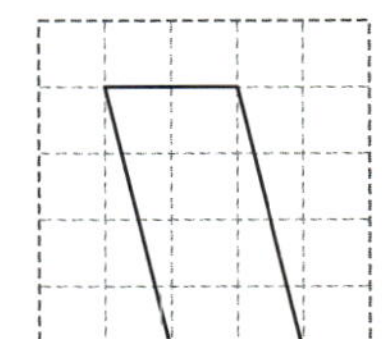 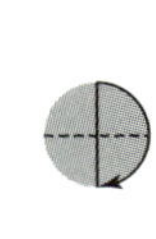 

[8~10] 도형을 보고 물음에 답하세요.

가　　나　　다

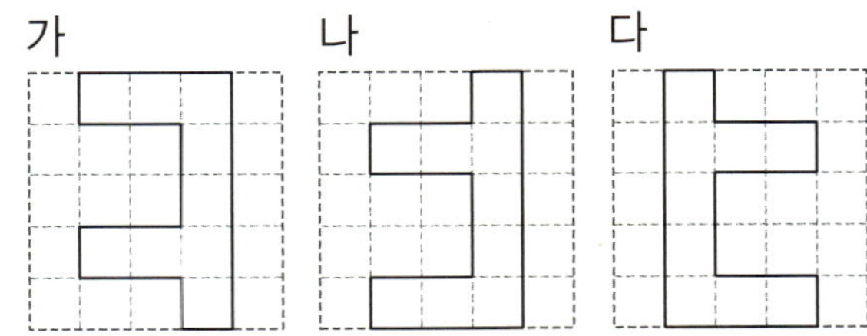

8 가 도형을 아래쪽으로 뒤집었을 때의 도형을 찾아 기호를 써 보세요.

(　　　　　　　)

9 나 도형을 왼쪽으로 뒤집었을 때의 도형을 찾아 기호를 써 보세요.

(　　　　　　　)

10 다 도형을 시계 반대 방향으로 180°만큼 돌렸을 때의 도형을 찾아 기호를 써 보세요.

(　　　　　　　)

11 도형을 시계 반대 방향으로 90°만큼 돌렸을 때의 도형을 그려 보세요.

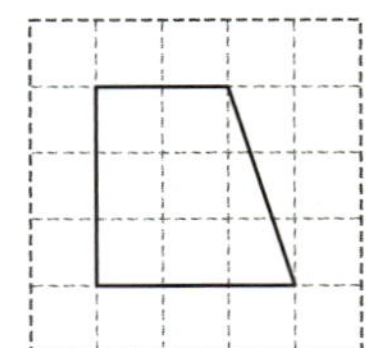 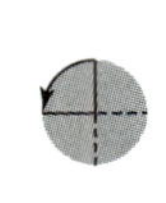 

12 다음 중 어떤 도형을 돌려서 처음 도형과 같게 되었을 때 돌린 방향은 어느 것일까요?·······························(　　　　)

① 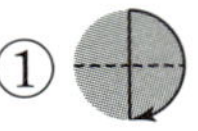　② 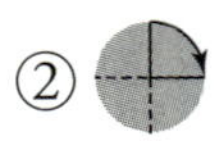　③ 

④ 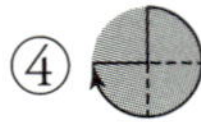　⑤ 

13 도형을 주어진 방향으로 뒤집었을 때의 도형을 각각 그려 보세요.

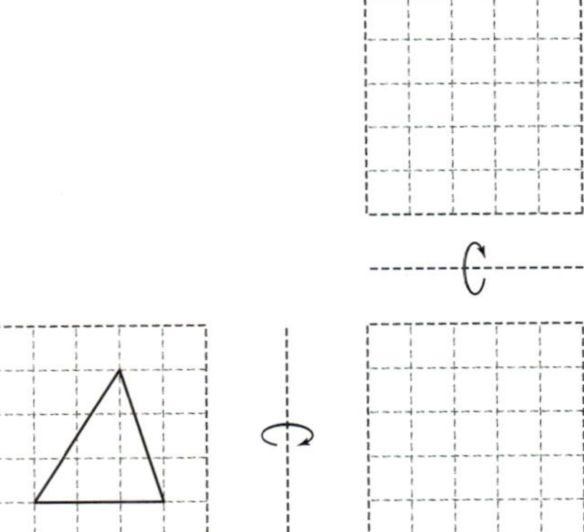

14 보기의 모양으로 밀기를 이용하여 규칙적인 무늬를 만들어 보세요.

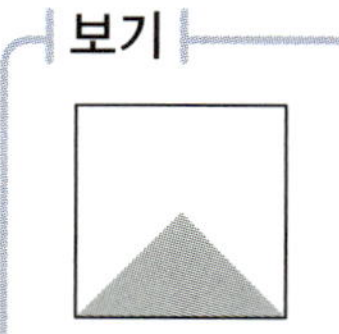

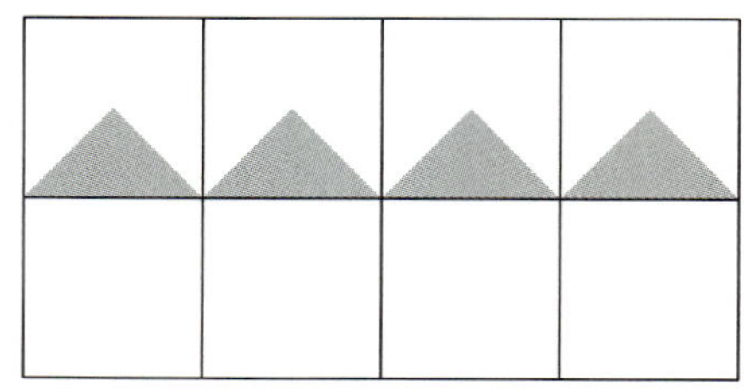

15 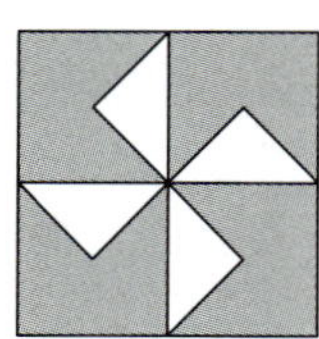 모양을 이용하여 무늬를 만들었습니다. 만든 방법에 ○표 하세요.

밀기   뒤집기   돌리기

16 오른쪽은 왼쪽 모양을 이용하여 만든 규칙적인 무늬입니다. 잘못 말한 사람에 ○표 하세요.

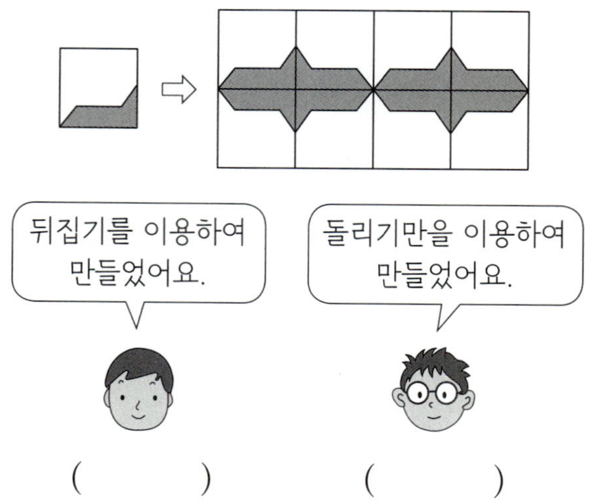

17 어떤 도형을 오른쪽으로 밀었을 때의 도형은 다음과 같습니다. 밀기 전 도형을 그려 보세요.

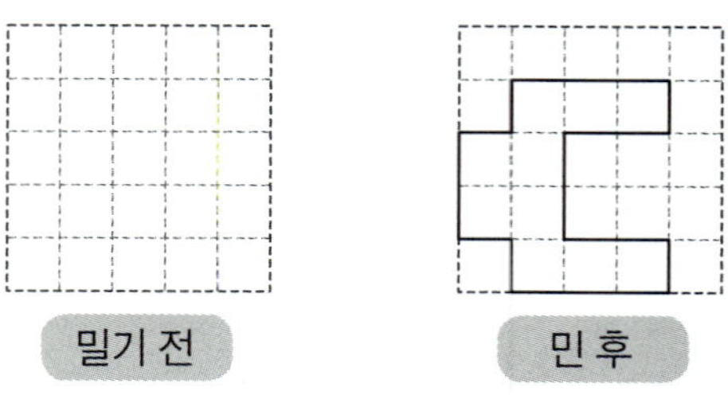

18 정사각형으로 밀기를 이용하여 규칙적인 무늬를 완성해 보세요.

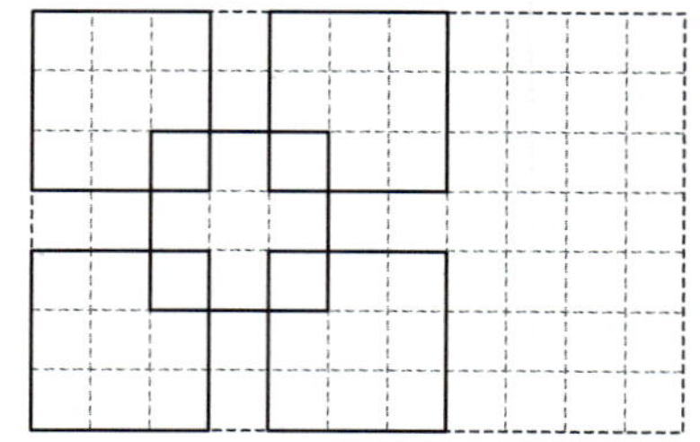

19 왼쪽 도형을 돌려서 오른쪽 도형이 되었을 때 돌린 방향은 어느 것일까요? (   )

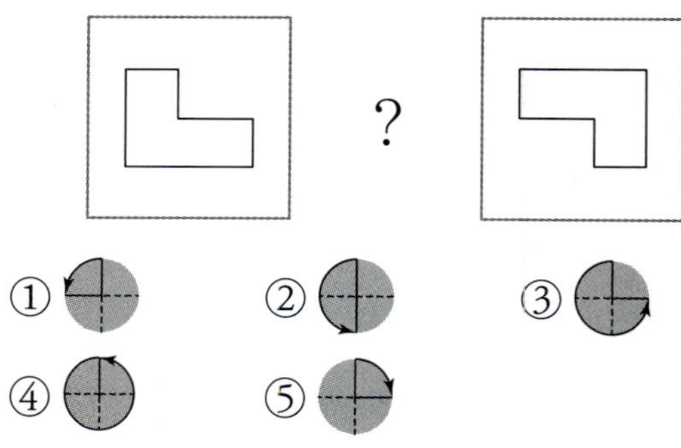

20 도형을 오른쪽으로 2번 뒤집었을 때의 도형을 그려 보세요.

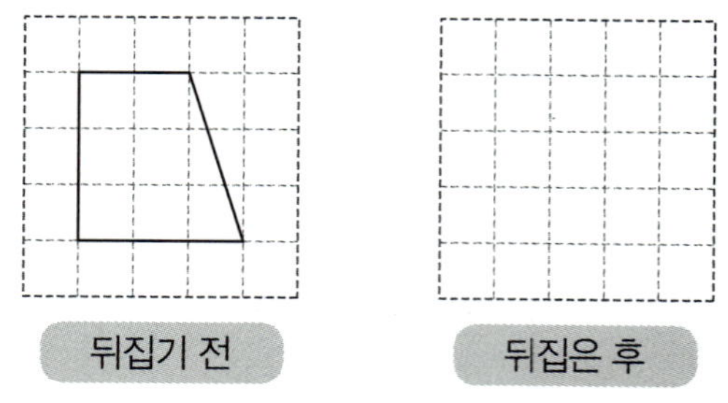

단원평가 3회 — 평면도형의 이동

1 점 ㉮를 오른쪽으로 2 cm, 아래쪽으로 2 cm 이동하면 어느 점에 도착할까요?

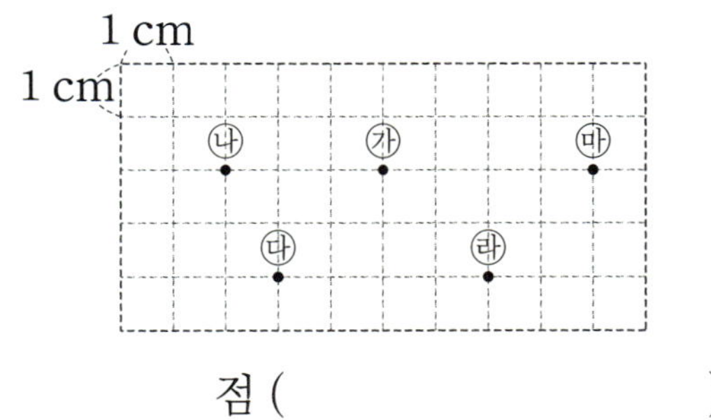

점 (　　　　　)

[2~3] 보기 의 도형을 아래쪽으로 뒤집었을 때의 도형에 ○표 하세요.

2    

(　　　) (　　　)

3  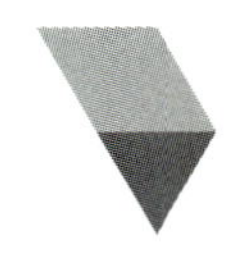 

(　　　) (　　　)

4 점을 어떻게 이동했는지 바르게 설명한 것을 찾아 기호를 써 보세요.

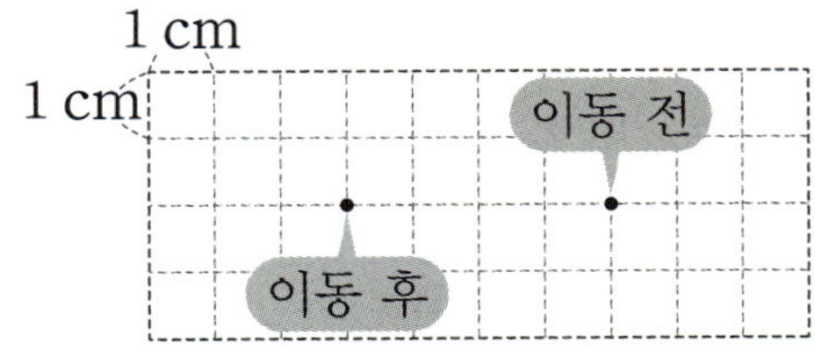

㉠ 점을 오른쪽으로 4 cm 이동했습니다.
㉡ 점을 왼쪽으로 4 cm 이동했습니다.

(　　　　　)

5 도형을 왼쪽으로 6 cm 밀었을 때의 도형을 그려 보세요.

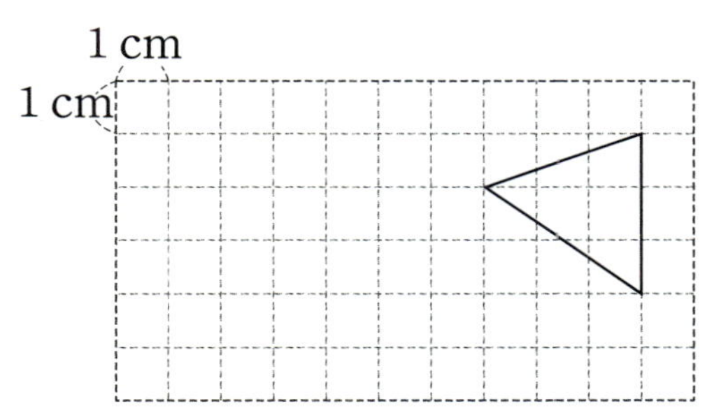

[6~7] 도형을 주어진 방향으로 주어진 각도만큼 돌렸을 때의 도형을 그려 보세요.

6 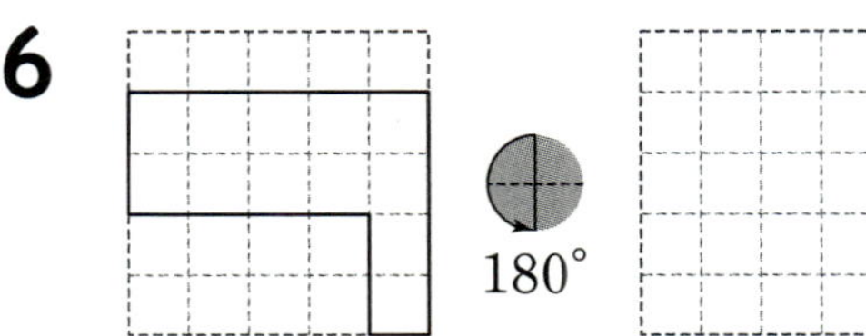

7 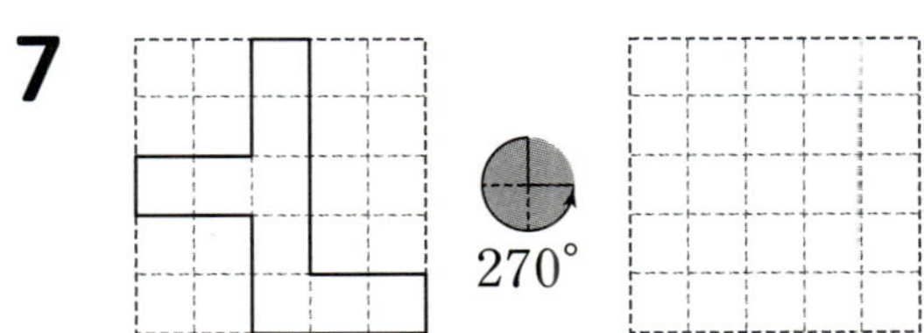

8 왼쪽으로 뒤집었을 때의 도형이 처음 도형과 같은 것을 찾아 기호를 써 보세요.

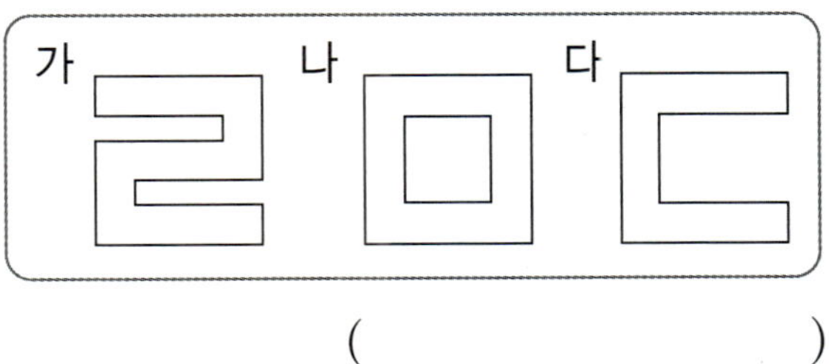

(　　　　　)

9 도형을 보고 알맞은 각도에 ○표 하세요.

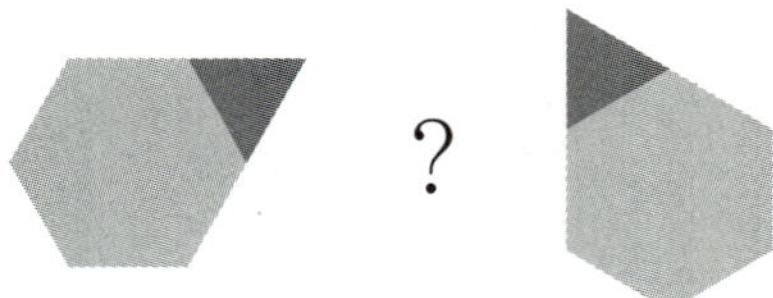

> 왼쪽 도형을 시계 반대 방향으로
> (90°, 180°)만큼 돌리면 오른쪽 도형
> 이 됩니다.

[10~11] 도형을 보고 물음에 답하세요.

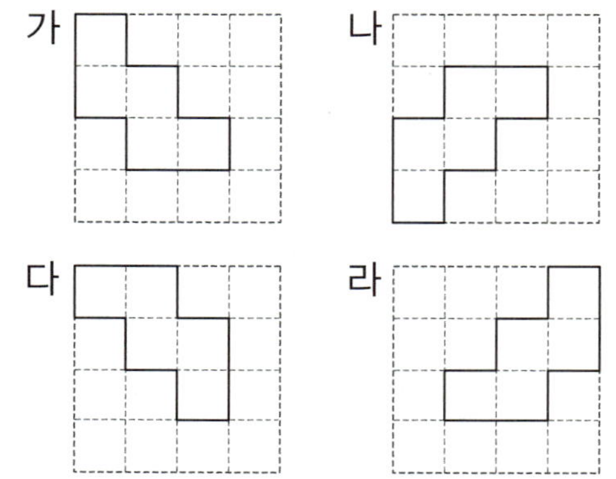

10 가 도형을 오른쪽으로 뒤집었을 때의 도형
을 찾아 기호를 써 보세요.

(   )

11 나 도형을 위쪽으로 뒤집었을 때의 도형을
찾아 기호를 써 보세요.

(   )

12 주어진 방법으로 움직였을 때 모양이 처음
과 같지 <u>않은</u> 것을 찾아 기호를 써 보세요.

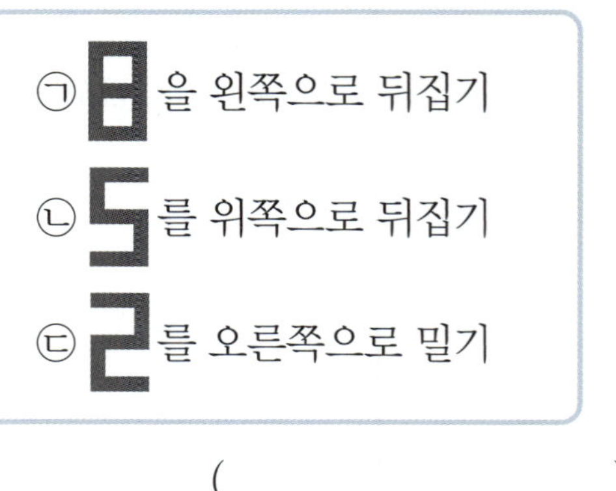

(   )

[13~14] 왼쪽 글자를 시계 반대 방향으로 얼마만
큼 돌리면 오른쪽 모양이 되는지 위에 화
살표를 나타내 보세요.

13 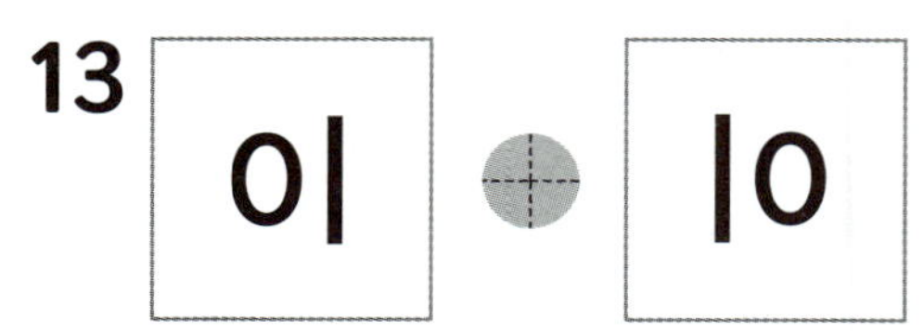

14 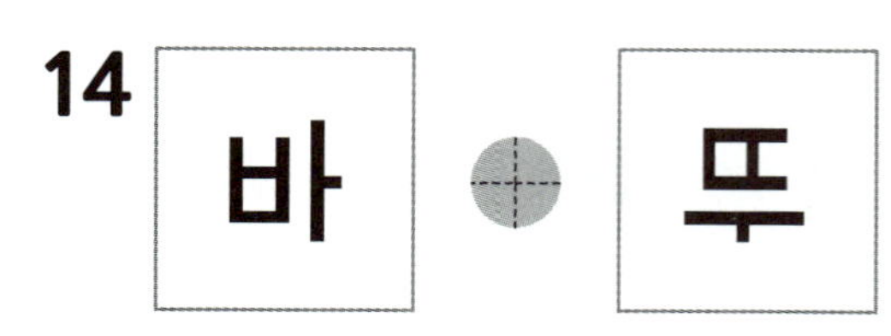

15 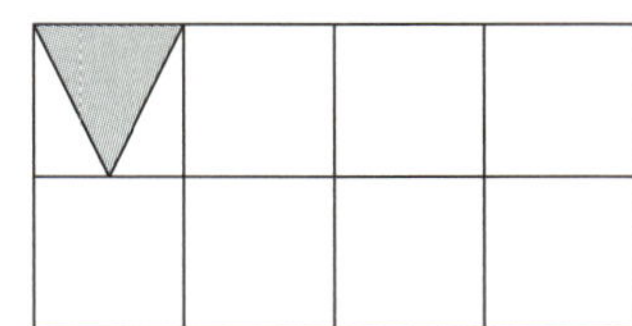 모양으로 밀기, 뒤집기, 돌리기를 이용하여 규칙적인 무늬를 만들어 보세요.

16 │보기│에서 알맞은 말을 골라 □ 안에 써넣어 무늬를 만든 규칙을 설명해 보세요.

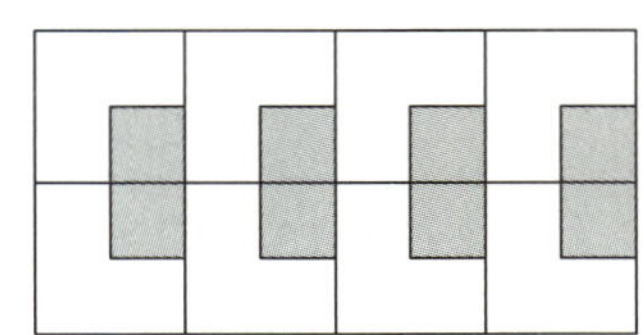

┌ 보기 ┐

위쪽, 아래쪽, 왼쪽, 오른쪽,

밀기, 뒤집기, 돌리기

규칙 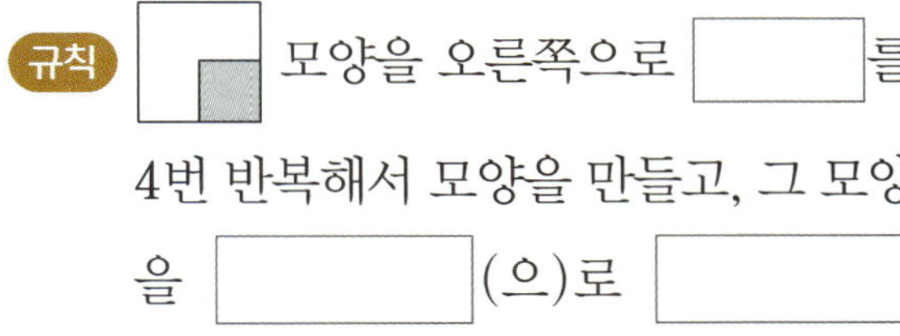 모양을 오른쪽으로 □를

4번 반복해서 모양을 만들고, 그 모양

을 □ (으)로 □

하여 만들었습니다.

서술형

17 오른쪽 도형은 왼쪽 도형을 어떻게 움직인 것인지 방법을 설명해 보세요.

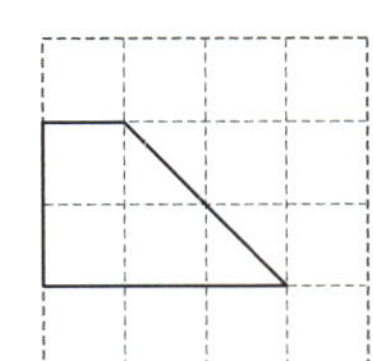 ? 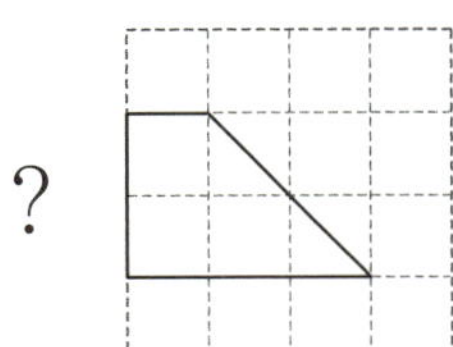

방법 ___________________

____

18 모양 조각으로 밀기를 이용하여 정사각형을 완성하려고 합니다. 빈칸에 알맞은 조각을 찾아 기호를 써 보세요.

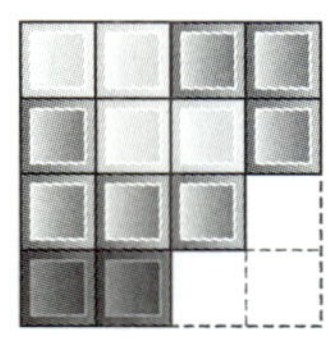

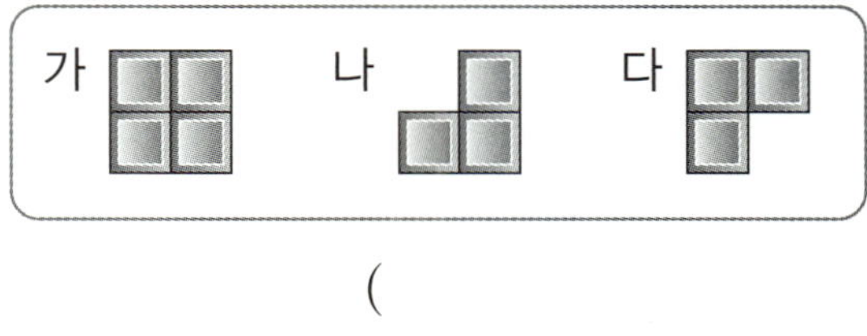

(   )

19 왼쪽 도형을 어떻게 돌려야 오른쪽 도형이 되는지 바르게 나타낸 사람은 누구인지 구하세요.

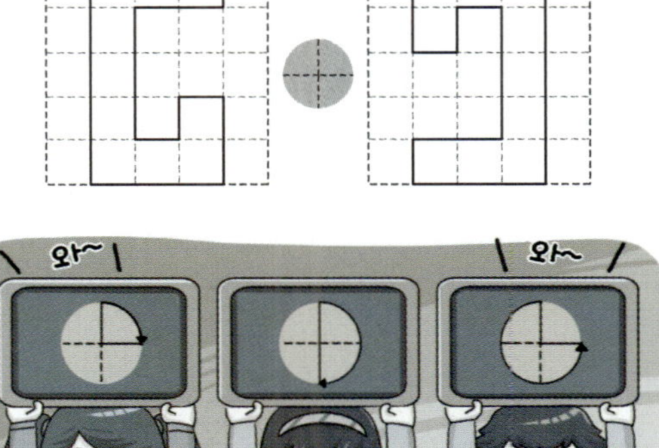

(   )

20 도형을 오른쪽으로 한 번 뒤집고 시계 방향으로 180°만큼 2번 돌렸을 때의 도형을 그려 보세요.

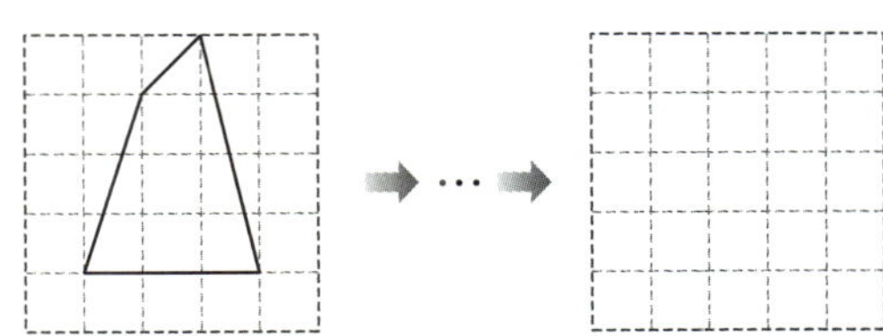

1 점 ㄱ을 아래쪽으로 3 cm 이동했을 때의 위치에 점 ㄴ을 표시해 보세요.

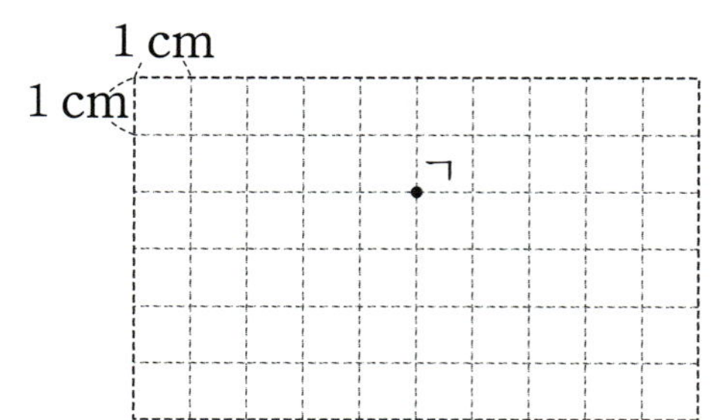

2 도형을 움직인 방법을 설명해 보세요.

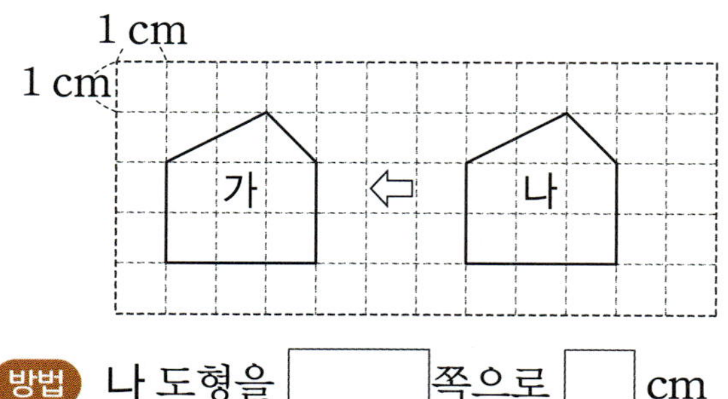

방법 나 도형을 ☐ 쪽으로 ☐ cm 밀면 가 도형이 됩니다.

3 도형을 왼쪽으로 3 cm 밀었을 때의 도형을 그려 보세요.

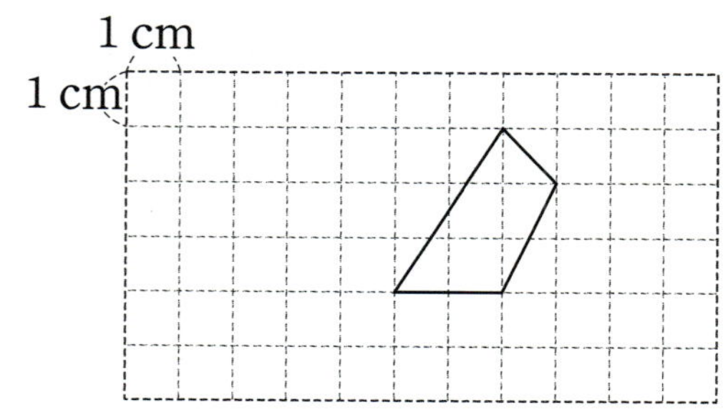

〔4~5〕 도형을 주어진 방향으로 뒤집었을 때의 도형을 그려 보세요.

4   **5**

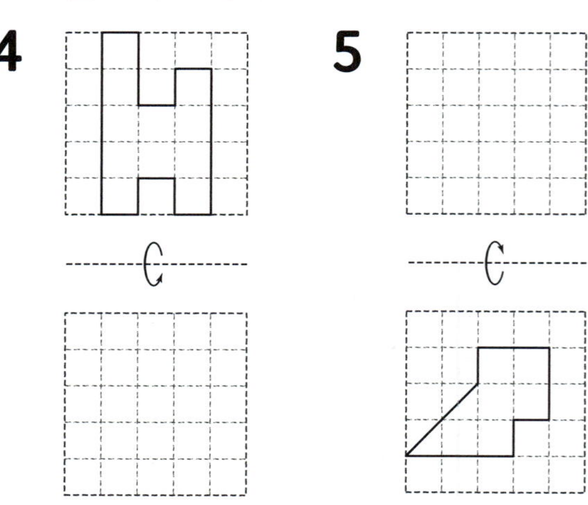

〔6~7〕 도형을 보고 알맞은 말이나 각도에 ◯표 하세요.

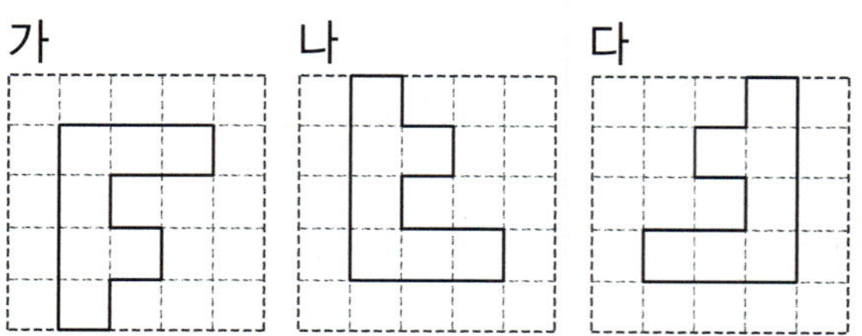

6 나 도형은 가 도형을 (왼쪽 , 아래쪽)으로 뒤집기 한 것입니다.

7 다 도형은 가 도형을 시계 방향으로 (180° , 270°)만큼 돌린 것입니다.

8 윤정이가 뒤집기에 대해 바르게 말했으면 ○표, **틀리게** 말했으면 ×표 하세요.

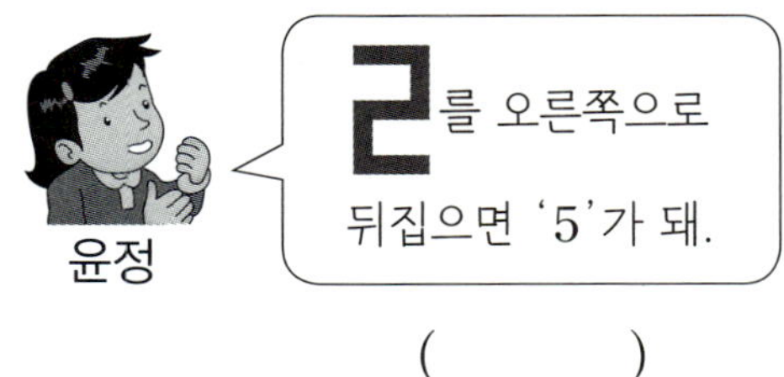

(   )

9 왼쪽 도형을 돌려서 오른쪽 도형이 되었습니다. 돌린 방향을 찾아 기호를 써 보세요.

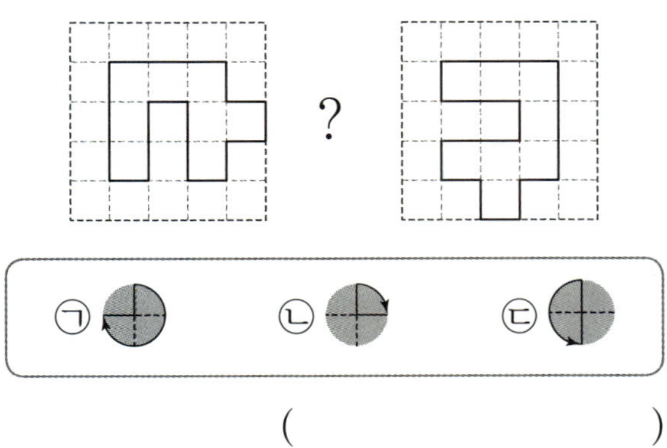

(   )

10 오른쪽으로 뒤집었을 때 처음 숫자와 같은 모양이 되는 것을 찾아 기호를 써 보세요.

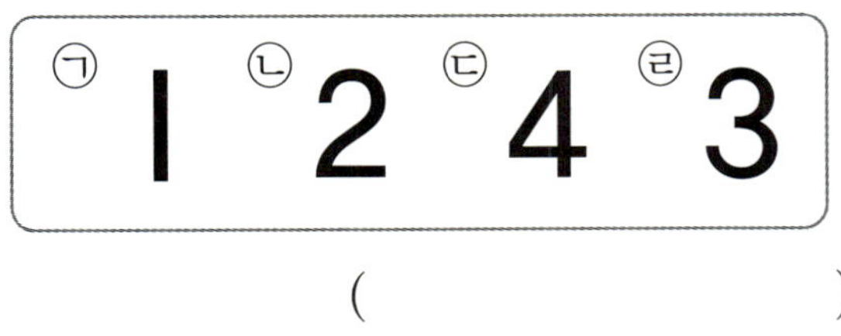

(   )

11 도장을 새길 때에는 뒤집기를 이용합니다. 나은이의 이름이 다음과 같이 찍히려면 도장에 어떻게 새겨야 하는지 그려 보세요.

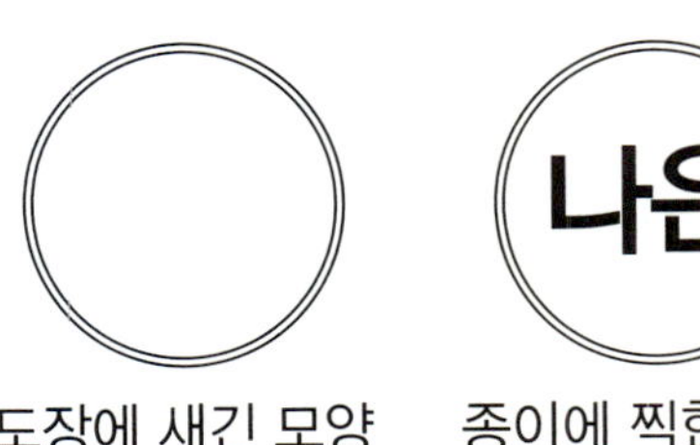

도장에 새긴 모양   종이에 찍힌 모양

12 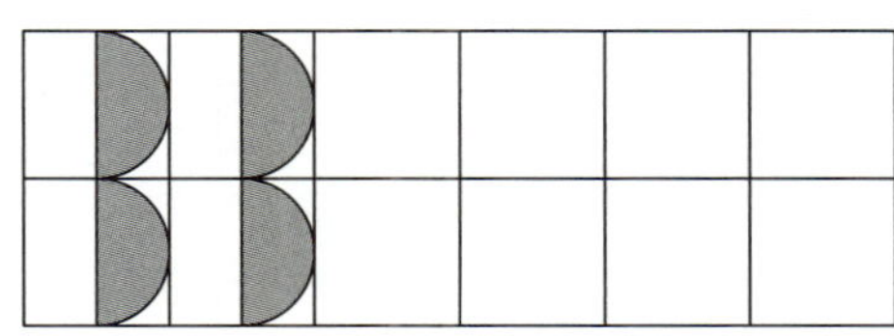 모양으로 밀기를 이용하여 규칙적인 무늬를 만들어 보세요.

13 한 가지 모양으로 밀기를 이용하여 규칙적인 무늬를 만든 것을 찾아 기호를 써 보세요.

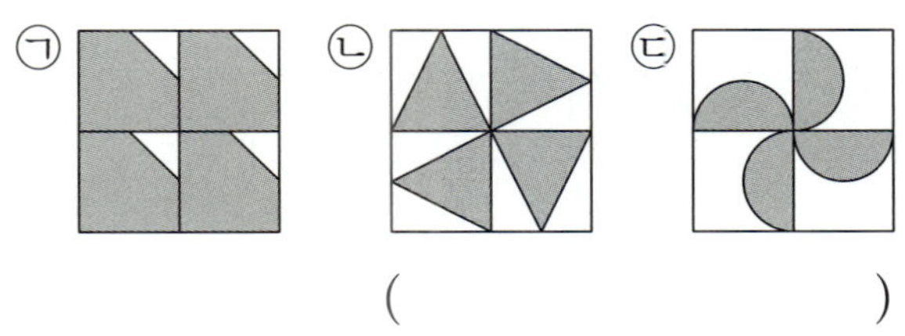

(   )

14 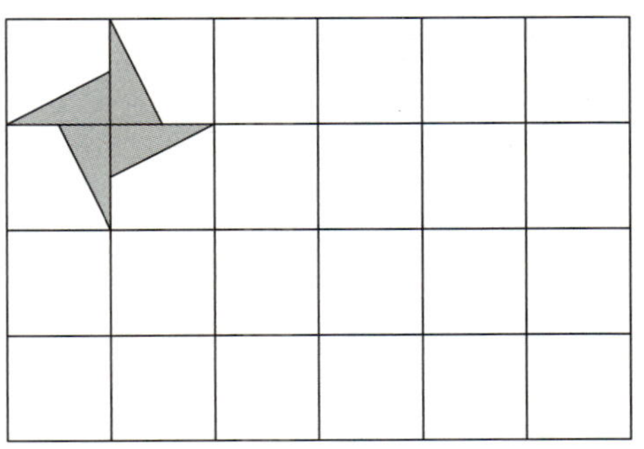 모양으로 돌리기를 이용하여 규칙적인 무늬를 만들어 보세요.

15 오른쪽은 어떤 도형을 시계 반대 방향으로 180°만큼 돌렸을 때의 도형입니다. 돌리기 전 도형을 그려 보세요.

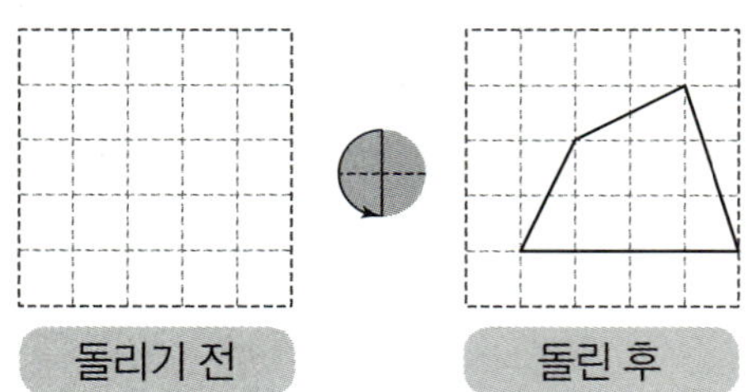

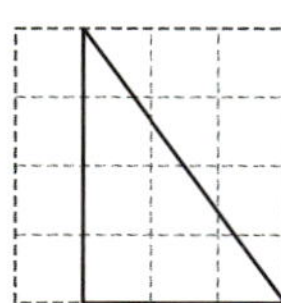

돌리기 전 　　　　 돌린 후

16 오른쪽 도형을 돌렸을 때 나 올 수 <u>없는</u> 도형을 찾아 기호 를 써 보세요.

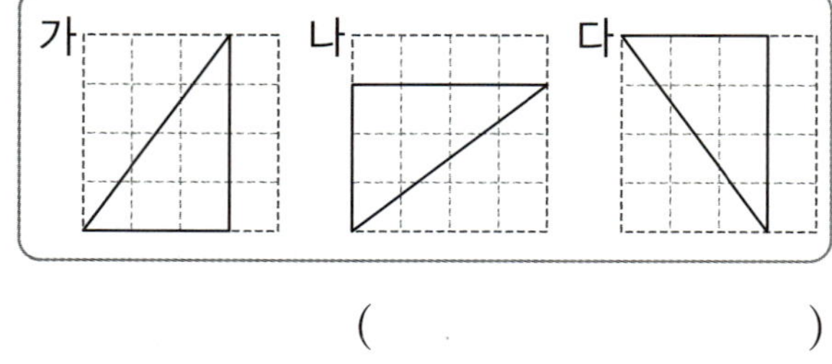

가　　　　나　　　　다

(　　　　　　　　　)

17 오른쪽 도형은 왼쪽 도형을 어떻게 움직인 것인지 방법을 설명해 보세요.

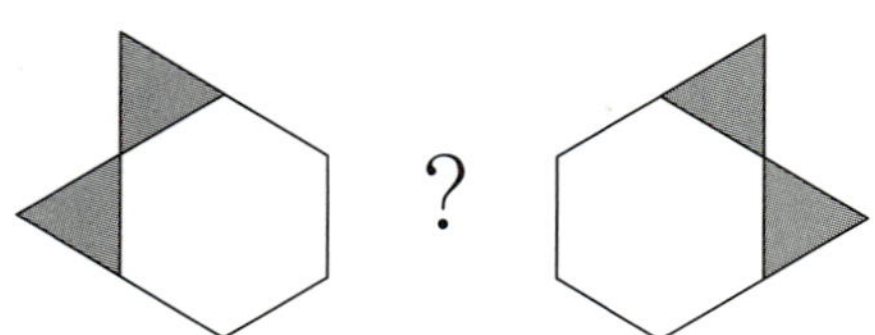

방법 ___________________________

____

____

18 모양 조각으로 뒤집기를 이용하여 정사각 형을 완성하려고 합니다. 빈칸에 알맞은 조각을 찾아 기호를 써 보세요.

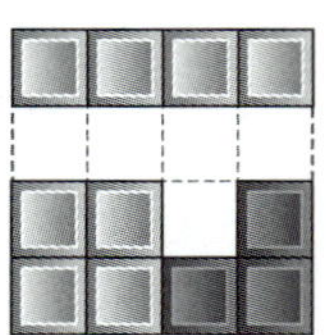

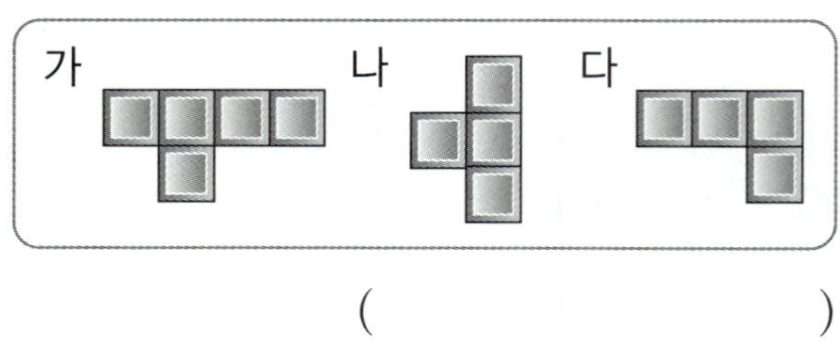

가　　　　　나　　　　다

(　　　　　　　　　)

19 보기 와 같은 방법으로 처음 도형을 보고 움직였을 때의 도형을 그려 보세요.

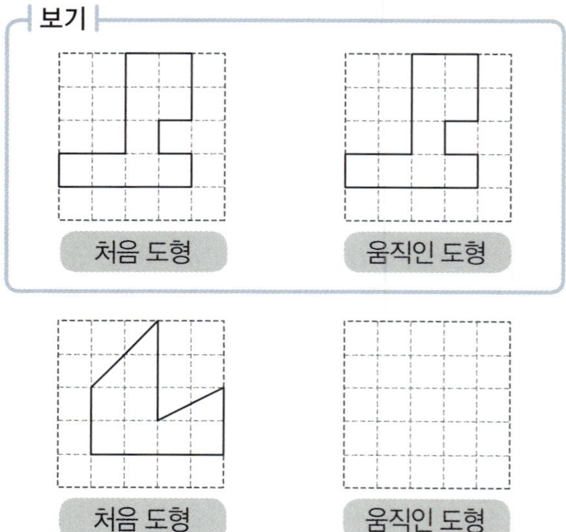

보기

처음 도형　　　　　움직인 도형

처음 도형　　　　　움직인 도형

20 두 자리 수를 시계 방향으로 180°만큼 돌 렸을 때 만들어지는 수와 돌리기 전 수의 차를 구하세요.

(　　　　　　　　　)

 **단원평가** 5회 **평면도형의 이동**

〔1~2〕 그림을 보고 물음에 답하세요.

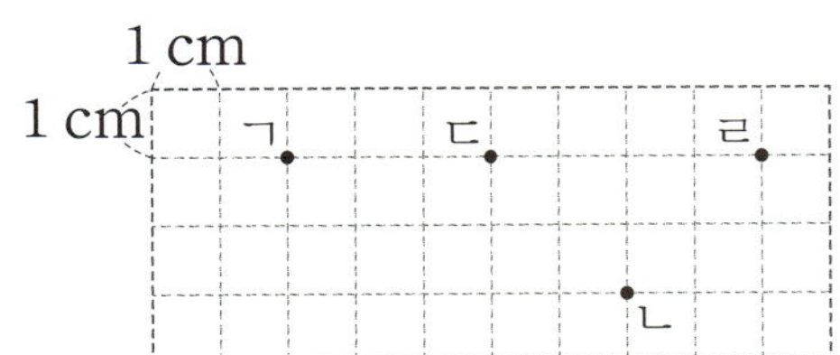

1 □ 안에 알맞은 수나 말을 써넣으세요.

점 ㄱ이 점 ㄹ에 도착하려면 □ 쪽으로 □ cm 이동해야 합니다.

2 잘못 말한 친구의 이름을 써 보세요.

서정: 점 ㄴ을 왼쪽으로 2 cm, 위쪽으로 2 cm 이동하면 점 ㄷ에 도착해.
민정: 점 ㄴ을 오른쪽으로 2 cm, 위쪽으로 1 cm 이동하면 점 ㄹ에 도착해.

( )

3 도형을 오른쪽으로 4 cm 밀고 아래쪽으로 2 cm 밀었을 때의 도형을 그려 보세요.

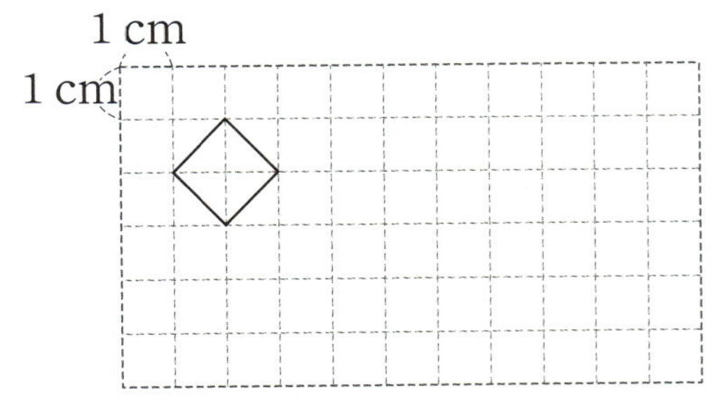

〔4~5〕 도형을 보고 물음에 답하세요.

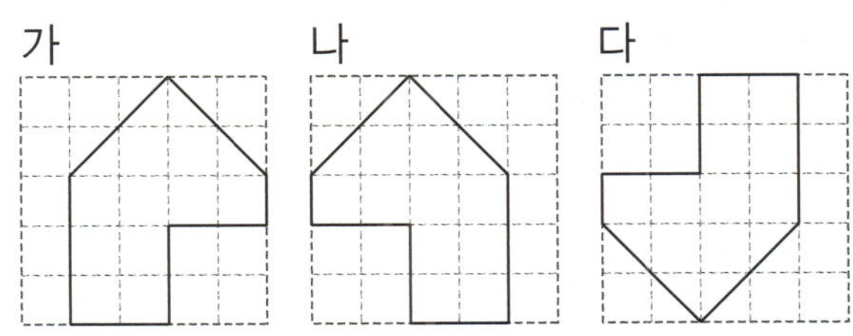

4 나 도형을 오른쪽으로 뒤집었을 때의 도형을 찾아 기호를 써 보세요.

( )

5 가 도형을 시계 반대 방향으로 180°만큼 돌렸을 때의 도형을 찾아 기호를 써 보세요.

( )

〔6~7〕 도형을 보고 물음에 답하세요.

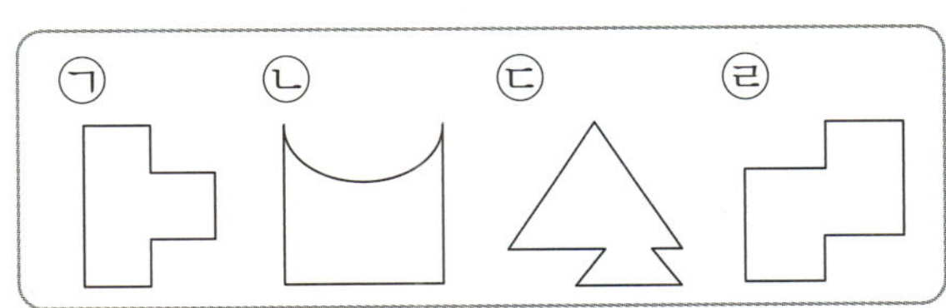

6 왼쪽 또는 오른쪽으로 뒤집었을 때 처음 도형과 같은 것을 찾아 기호를 써 보세요.

( )

7 시계 방향으로 180°만큼 돌렸을 때 처음 도형과 같은 것을 찾아 기호를 써 보세요.

( )

8 도형을 주어진 방향으로 주어진 각도만큼 돌렸을 때의 도형을 찾아 선으로 이어 보세요.

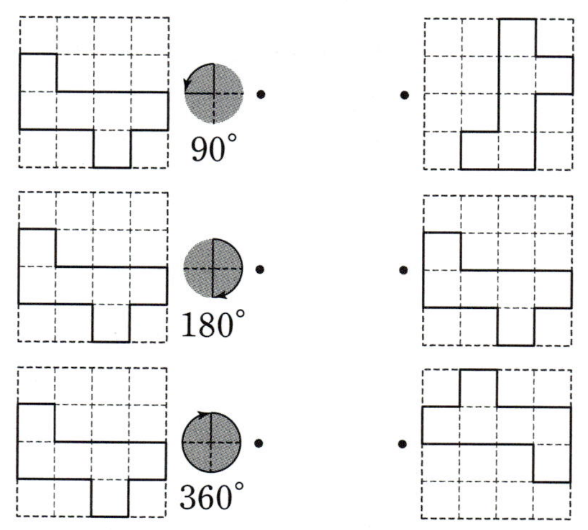

9 무늬를 만든 방법을 찾아 기호를 써 보세요.

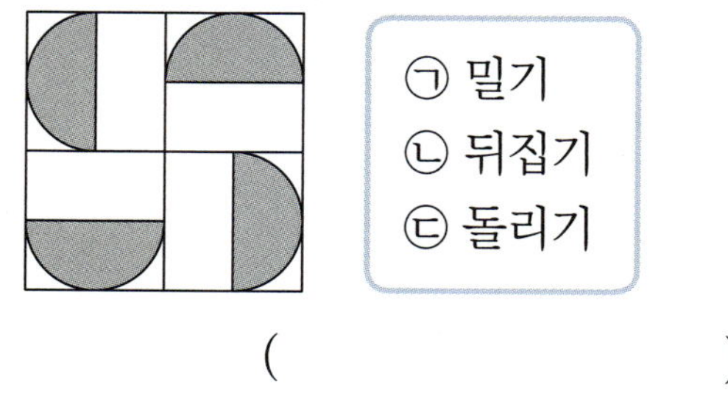

(   )

10 왼쪽 도형을 돌려서 오른쪽 도형이 되었습니다. 돌린 방향을 찾아 기호를 써 보세요.

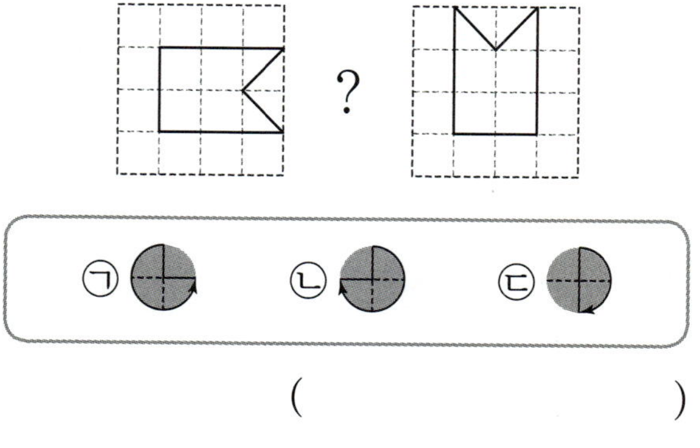

(   )

[11~12] 오른쪽은 어떤 도형을 시계 방향으로 90°만큼 돌렸을 때의 도형입니다. 돌리기 전 도형을 그려 보세요.

11

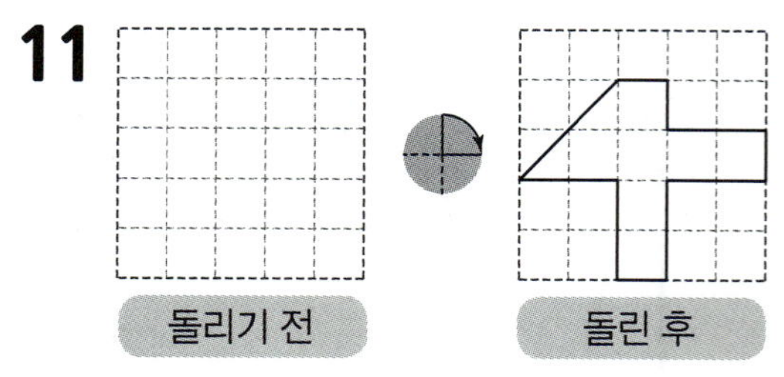

12

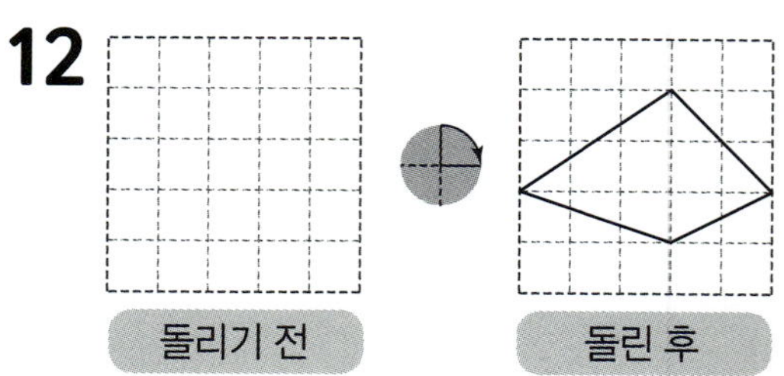

13 돌리기를 이용하여 다음과 같은 규칙적인 무늬를 만들 수 있는 모양을 찾아 기호를 써 보세요.

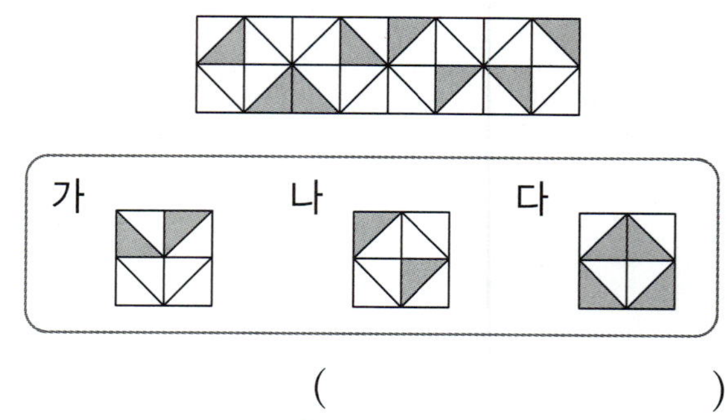

(   )

14 모양을 이용하여 규칙적인 무늬를 만들었습니다. 무늬를 만든 규칙을 찾아 써 보세요.

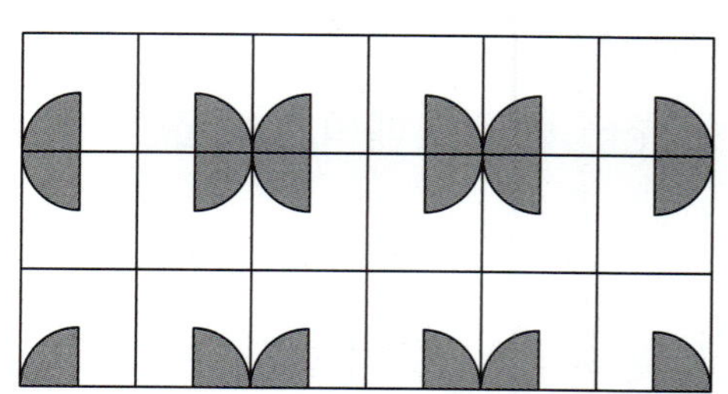

규칙 ___________________________

15 아래쪽으로 뒤집었을 때의 모양과 시계 방향으로 180°만큼 돌렸을 때의 모양이 모두 처음과 같은 것을 찾아 기호를 써 보세요.

( )

16 주어진 도형을 아래쪽으로 2번 뒤집고 시계 반대 방향으로 90°만큼 4번 돌렸을 때의 도형을 그려 보세요.

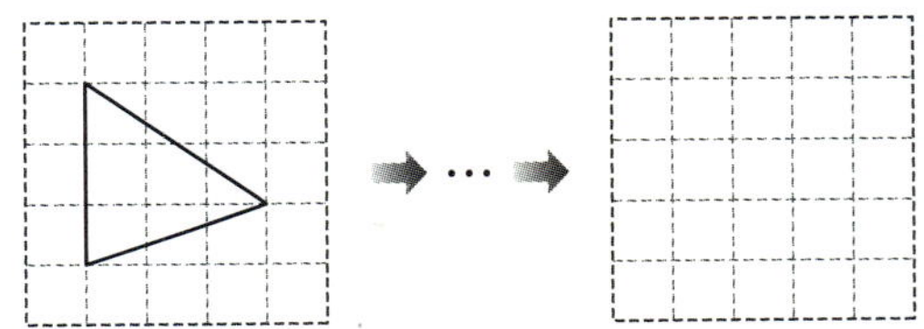

17 오른쪽 도형을 움직였을 때의 모양이 <u>다른</u> 하나는 어느 것일까요? ( )

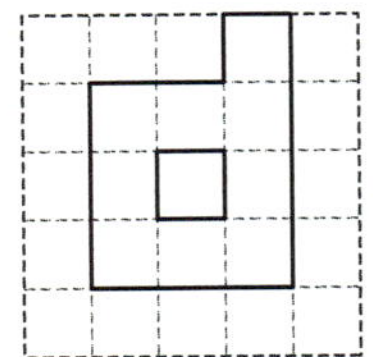

① 와 같이 돌렸을 때의 도형

② 아래쪽으로 뒤집은 뒤 왼쪽으로 뒤집었을 때의 도형

③ 왼쪽으로 2번 뒤집었을 때의 도형

④ 와 같이 2번 돌렸을 때의 도형

⑤ 와 같이 돌렸을 때의 도형

18 글자를 시계 방향으로 180°만큼 돌렸을 때 만들어지는 글자를 써 보세요.

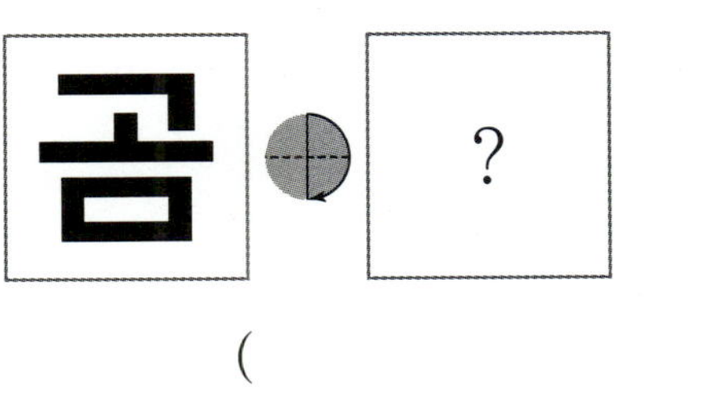

( )

19 어떤 도형을 시계 반대 방향으로 90°만큼 돌렸더니 왼쪽 도형과 같았습니다. 어떤 도형을 아래쪽으로 뒤집었을 때의 도형을 그려 보세요.

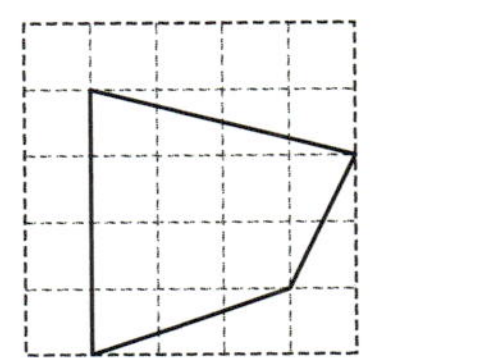

20 오른쪽 수를 아래쪽으로 뒤집었을 때 만들어지는 수와 왼쪽으로 뒤집었을 때 만들어지는 수의 합은 얼마인지 풀이 과정을 쓰고 답을 구하세요.

풀이

답 ___________

1 점 ㄱ을 어떻게 이동하면 점 ㄴ에 도착하는지 설명해 보세요.

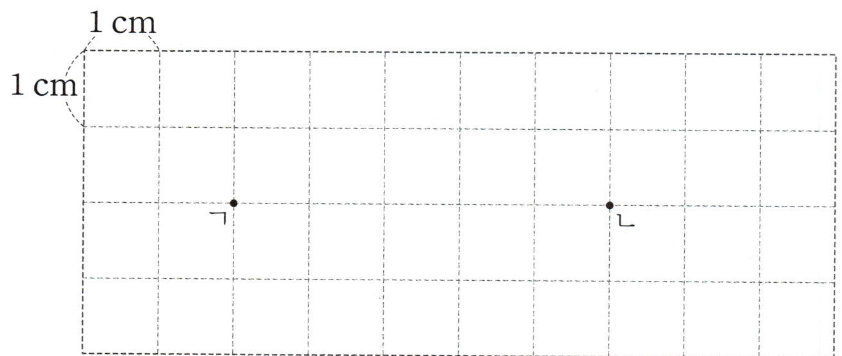

❶ 점 ㄱ을 왼쪽, 오른쪽, 위쪽, 아래쪽 중 어느 쪽으로 이동해야 할까요?

(   )

❷ 점 ㄱ의 이동 방법을 설명해 보세요.

방법 점 ㄱ을 [ ]쪽으로 [ ] cm 이동해야 합니다.

2 왼쪽 도형을 돌려서 오른쪽 도형이 되었습니다. 돌린 방향을 찾아 기호를 써 보세요.

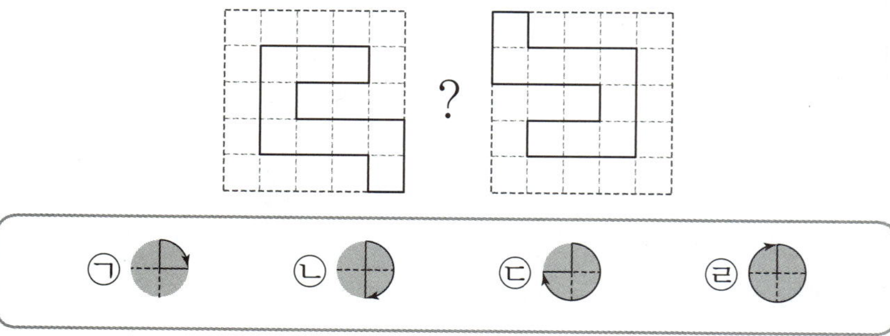

❶ 위쪽 부분이 어느 쪽으로 이동하였을까요?

(   )

❷ 왼쪽 부분이 어느 쪽으로 이동하였을까요?

(   )

❸ 돌린 방향을 찾아 기호를 써 보세요.

(   )

3 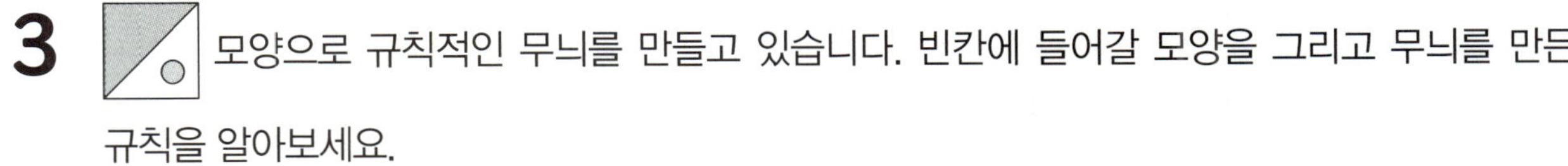 모양으로 규칙적인 무늬를 만들고 있습니다. 빈칸에 들어갈 모양을 그리고 무늬를 만든 규칙을 알아보세요.

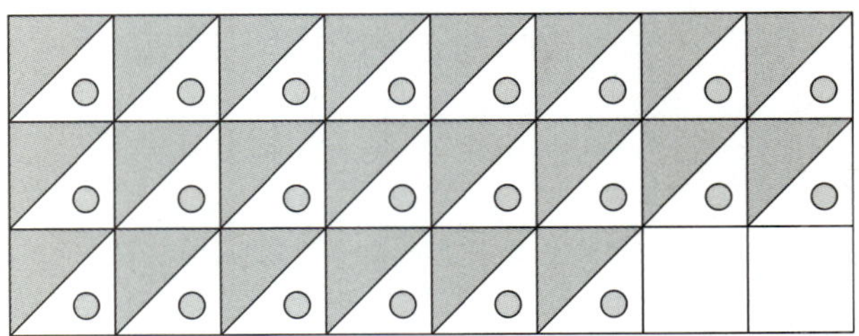

❶ 무늬를 만든 규칙에 따라 빈칸에 알맞은 모양을 그려 보세요.

❷ 무늬를 만든 규칙을 찾아 알맞은 말에 ○표 하세요.

> **규칙** 주어진 모양으로 (밀기 , 뒤집기)를 이용하여 규칙적인 무늬를 만들었습니다.

4 세 자리 수가 적힌 카드를 시계 방향으로 180°만큼 돌렸을 때 만들어지는 수와 돌리기 전 수의 차를 구하세요.

❶ 주어진 카드에 적힌 수는 무엇일까요?

(   )

❷ 주어진 카드를 시계 방향으로 180°만큼 돌렸을 때 만들어지는 수는 무엇일까요?

(   )

❸ ❶과 ❷의 수의 차를 구하세요.

(   )

점수

1 점 ㄱ이 점 ㄴ에 도착하도록 이동하는 방법을 설명해 보세요.

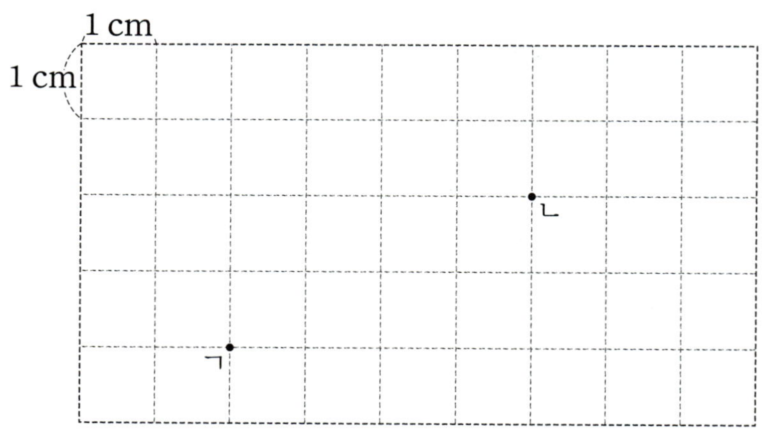

방법 ______________________________

____

____

어떻게 풀까요?

점 ㄱ이 선을 따라 어느 방향으로 몇 cm를 이동해야 하는지 알아봅니다.

2 왼쪽 도형을 돌려서 오른쪽 도형이 되었을 때 돌린 방향을 찾아 기호를 쓰려고 합니다. 풀이 과정을 쓰고 답을 구하세요.

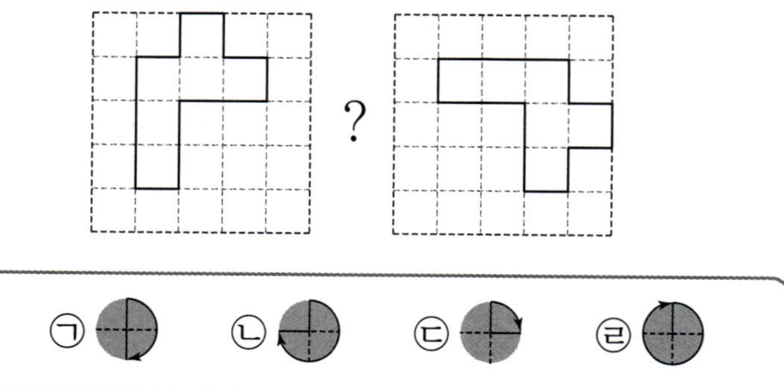

풀이

답 ______________________________

어떻게 풀까요?

위쪽 부분과 오른쪽 부분이 어느 쪽으로 이동했는지 알아봅니다.

3 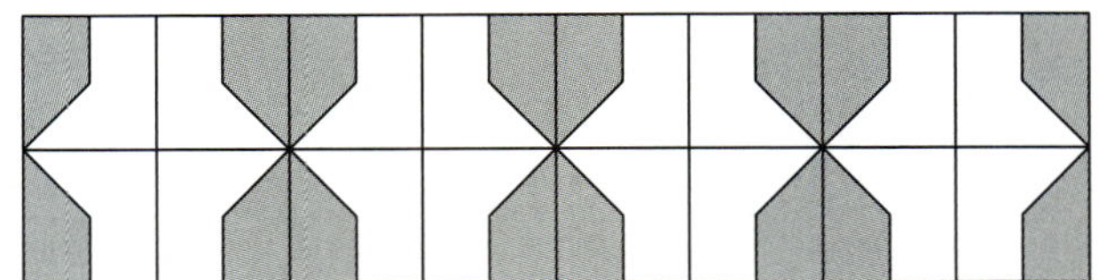 모양으로 규칙적인 무늬를 만들었습니다. 무늬를 만든 규칙을 찾아 써 보세요.

규칙 ____

____

____

____

4 세 자리 수가 적힌 카드를 오른쪽으로 뒤집었을 때 만들어지는 수와 뒤집기 전 수의 합은 얼마인지 풀이 과정을 쓰고 답을 구하세요.

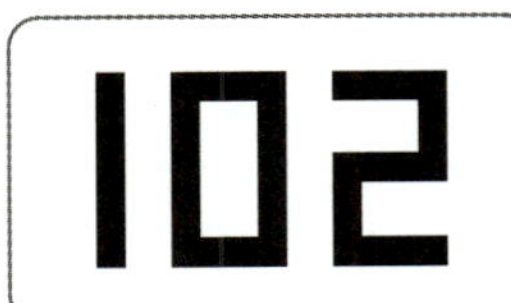

풀이

답 ____

1 도형을 주어진 방향으로 뒤집었을 때의 도형을 찾아 기호를 써 보세요.

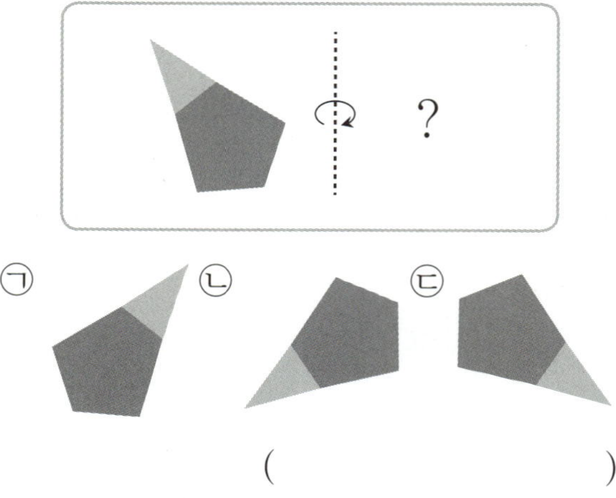

( )

2 ㉮ 도형을 시계 반대 방향으로 90°만큼 돌렸을 때의 도형을 찾아 기호를 써 보세요.

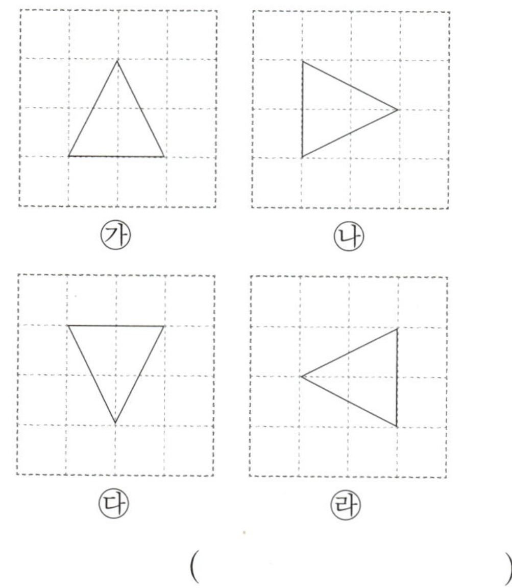

( )

3 ㉯ 도형은 ㉮ 도형을 오른쪽으로 몇 cm 밀어서 이동한 것일까요?

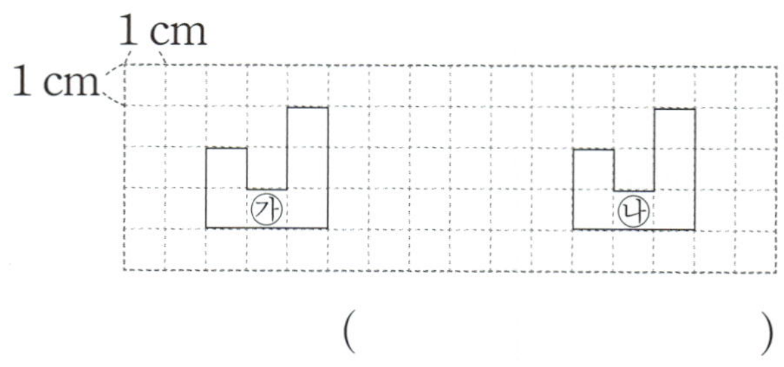

( )

4 주어진 도형을 오른쪽으로 뒤집고 시계 반 대 방향으로 180°만큼 돌렸을 때의 도형 을 찾아 기호를 써 보세요.

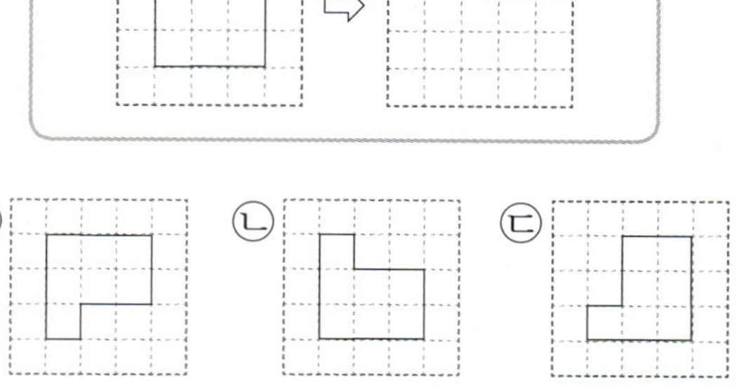

( )

5 주어진 수와 주어진 수를 왼쪽으로 뒤집었 을 때의 수의 차는 얼마인지 구하세요.

( )

5
단원
막대그래프

개념정리 막대그래프

개념 ① 막대그래프 알아보기

- **막대그래프**: 조사한 자료의 수량을 막대 모양으로 나타낸 그래프

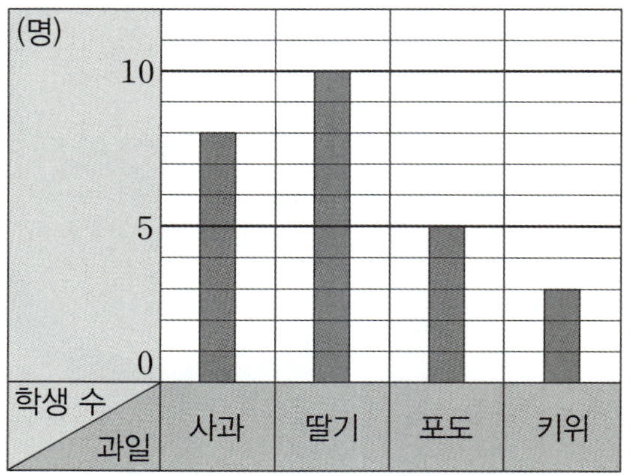

- 가로는 과일을, 세로는 학생 수를 나타냅니다.
- 막대의 길이는 과일을 좋아하는 학생 수를 나타냅니다.
- 세로 눈금 한 칸은 ❶ 명을 나타냅니다.

개념 ② 막대그래프 그리기

- 막대그래프를 그리는 방법
  ① 가로와 세로 중 어느 쪽에 조사한 자료의 수를 나타낼 것인가를 정합니다.
  ② 눈금 한 칸의 크기를 정하고, 조사한 자료의 수 중 가장 큰 수를 나타낼 수 있도록 눈금의 수를 정합니다.
  ③ 조사한 자료의 수만큼 막대를 그립니다.
  ④ 막대그래프에 알맞은 제목을 씁니다.

가고 싶은 나라별 학생 수

나라	미국	스위스	캐나다	합계
학생 수(명)	5	4	2	11

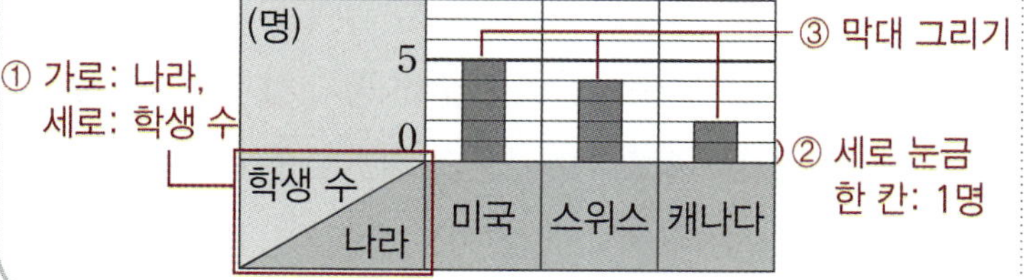

- 막대그래프를 가로로 나타내기
  그래프의 가로와 세로를 바꾸어 막대를 가로로 나타낼 수 있습니다.

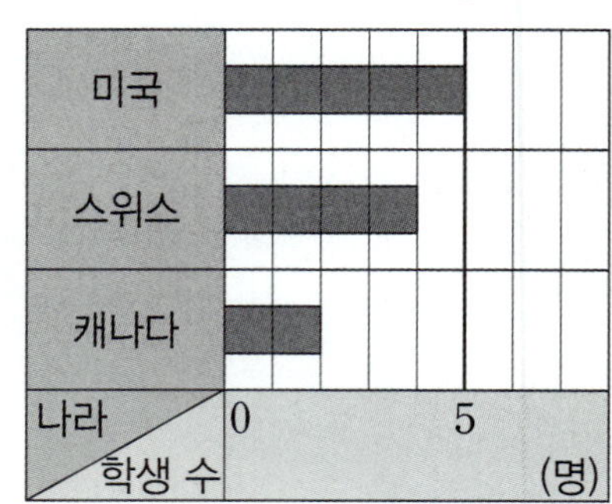

개념 ③ 막대그래프로 자료 해석하기

- 막대그래프에서 알 수 있는 내용

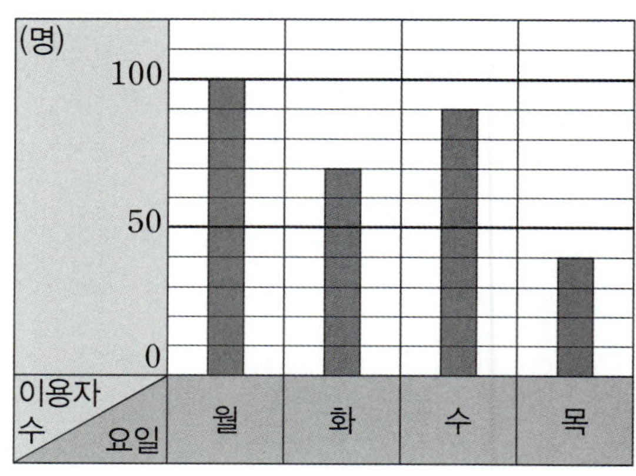

- 세로 눈금 5칸이 50명을 나타내므로 세로 눈금 한 칸은 $50 \div 5 =$ ❷ (명)을 나타냅니다.
- 도서관 이용자 수가 가장 많은 요일은 막대의 길이가 가장 긴 ❸ 요일입니다.
- 도서관 이용자 수가 가장 적은 요일은 막대의 길이가 가장 짧은 ❹ 요일입니다.

| 정답 | ❶ 1 ❷ 10 ❸ 월 ❹ 목

5단원 쪽지시험 1회 막대그래프

스피드 정답 10쪽 | 정답 및 풀이 41쪽

1 조사한 자료의 수량을 막대 모양으로 나타낸 그래프를 무엇이라고 할까요?

( )

〔2~5〕 지원이네 반 학생들이 좋아하는 계절을 조사하여 나타낸 막대그래프입니다. 물음에 답하세요.

좋아하는 계절별 학생 수

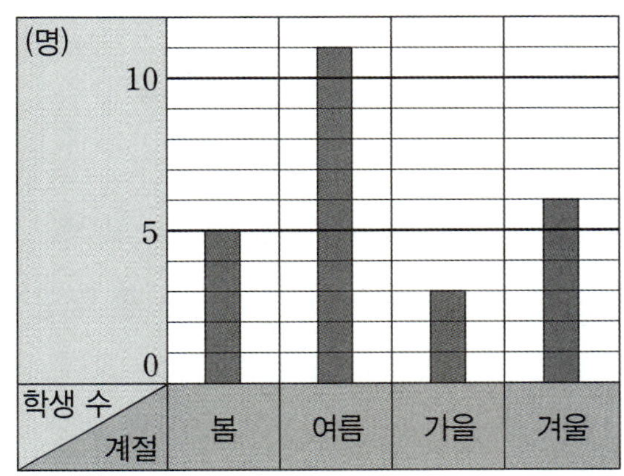

2 막대그래프에서 가로는 무엇을 나타낼까요?

( )

3 막대그래프에서 세로는 무엇을 나타낼까요?

( )

4 세로 눈금 한 칸은 몇 명을 나타낼까요?

( )

5 막대의 길이는 무엇을 나타낼까요?

( )

〔6~10〕 주환이네 반 학생들이 좋아하는 운동을 조사하여 나타낸 표를 보고 막대그래프로 나타내려고 합니다. 물음에 답하세요.

좋아하는 운동별 학생 수

운동	양궁	축구	농구	배드민턴	합계
학생 수(명)	3	8	7	5	23

6 가로에 운동을 나타낸다면 세로에는 무엇을 나타내야 할까요?

( )

7 세로 눈금 한 칸이 학생 1명을 나타낸다면 농구를 좋아하는 학생 수는 몇 칸으로 나타내야 할까요?

( )

8 표를 보고 막대그래프를 완성해 보세요.

좋아하는 운동별 학생 수

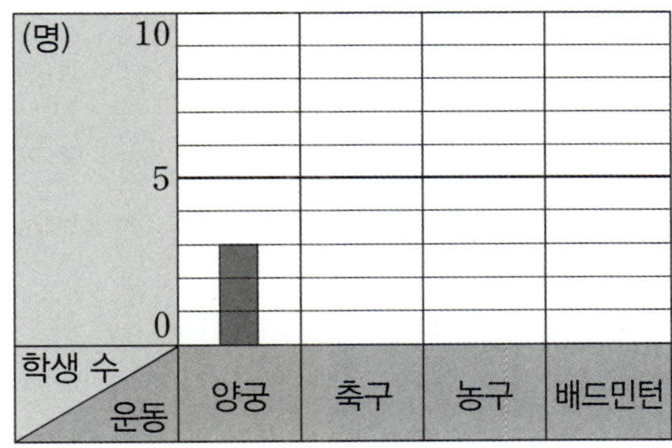

9 가장 많은 학생이 좋아하는 운동을 한눈에 알아보려면 표와 막대그래프 중 어느 것이 더 편리할까요?

( )

10 전체 학생 수를 알아보려면 표와 막대그래프 중 어느 것이 더 편리할까요?

( )

스피드 정답 10쪽 | 정답 및 풀이 41쪽

〔1~5〕 민규네 반 학생들이 즐겨 보는 TV 프로그램을 조사하여 나타낸 막대그래프입니다. 물음에 답하세요.

즐겨 보는 TV 프로그램별 학생 수

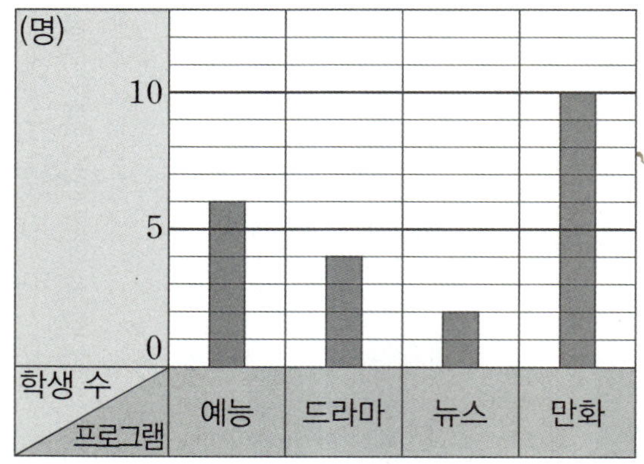

1 드라마를 즐겨 보는 학생은 몇 명일까요?

( )

2 가장 많은 학생이 좋아하는 TV 프로그램은 무엇일까요?

( )

3 가장 적은 학생이 좋아하는 TV 프로그램은 무엇일까요?

( )

4 예능과 드라마를 즐겨 보는 학생 수의 차는 몇 명일까요?

( )

5 뉴스와 만화를 즐겨 보는 학생 수의 합은 몇 명일까요?

( )

〔6~10〕 유진이네 반 학생들이 좋아하는 간식을 조사하여 나타낸 막대그래프입니다. 물음에 답하세요.

좋아하는 간식별 학생 수

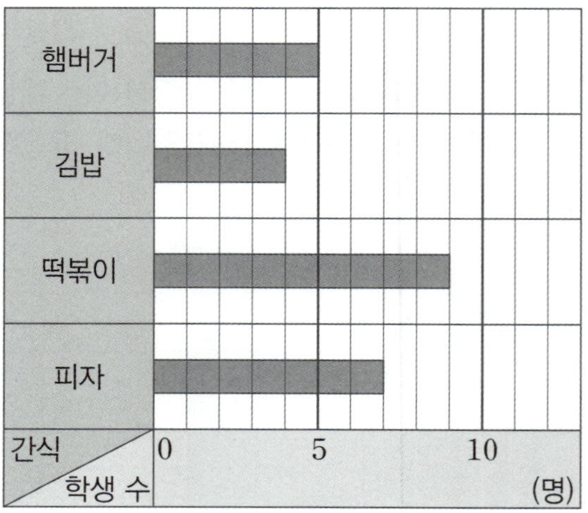

6 햄버거를 좋아하는 학생은 몇 명일까요?

( )

7 가장 많은 학생이 좋아하는 간식은 무엇일까요?

( )

8 가장 적은 학생이 좋아하는 간식은 무엇일까요?

( )

9 김밥과 떡볶이를 좋아하는 학생 수의 합은 몇 명일까요?

( )

10 학예회 날 간식을 한 가지 종류로만 준비한다면 어떤 간식을 준비하면 좋을까요?

( )

단원평가 1회 막대그래프

〔1~4〕 현우네 반 학생들이 좋아하는 과일을 조사하여 나타낸 그래프입니다. 물음에 답하세요.

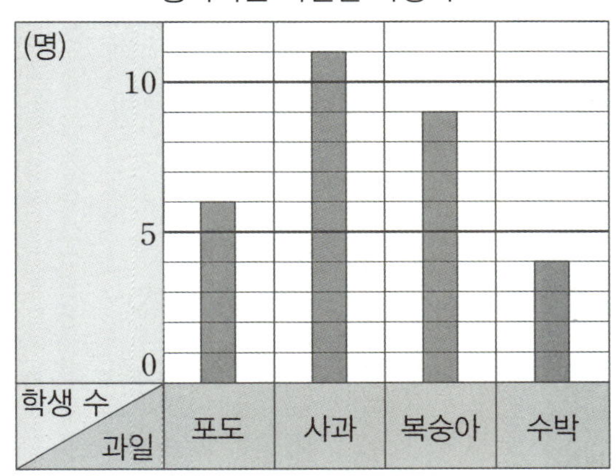

1 위와 같이 조사한 자료의 수량을 막대 모양으로 나타낸 그래프를 무엇이라고 할까요?

(   )

2 복숭아를 좋아하는 학생은 몇 명일까요?

(   )

3 가장 많은 학생이 좋아하는 과일은 무엇일까요?

(   )

4 조사한 학생은 모두 몇 명일까요?

(   )

〔5~7〕 연제네 반 학생들이 좋아하는 아이스크림 맛을 조사하여 나타낸 자료입니다. 물음에 답하세요.

좋아하는 아이스크림 맛

이름	맛	이름	맛	이름	맛
연제	바닐라	민석	초코	은정	바닐라
미주	딸기	윤제	바닐라	예진	초코
아인	딸기	성훈	초코	승현	바닐라
수아	초코	지연	초코	우현	딸기

5 조사한 자료를 보고 표로 나타내 보세요.

좋아하는 아이스크림 맛별 학생 수

맛	초코	딸기	바닐라	합계
학생 수(명)	5			

6 5의 표를 보고 막대그래프로 나타낼 때 학생 수를 적어도 몇 명까지 나타낼 수 있어야 할까요?

(   )

7 5의 표를 보고 막대그래프를 완성해 보세요.

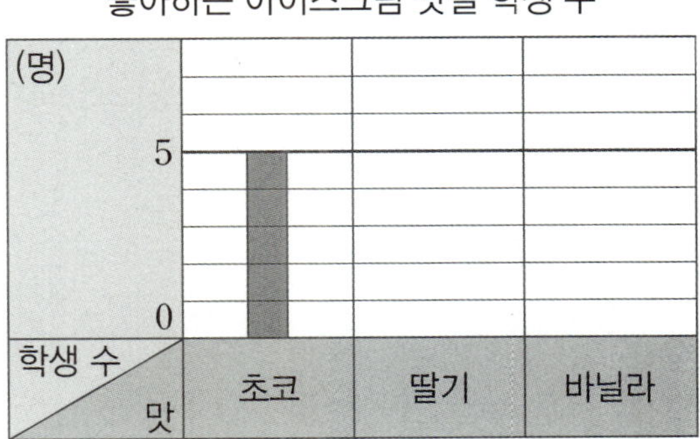

[8~10] 정우네 반에서 체험학습으로 가 보고 싶은 장소를 조사하여 나타낸 막대그래프입니다. 물음에 답하세요.

가 보고 싶은 장소별 학생 수

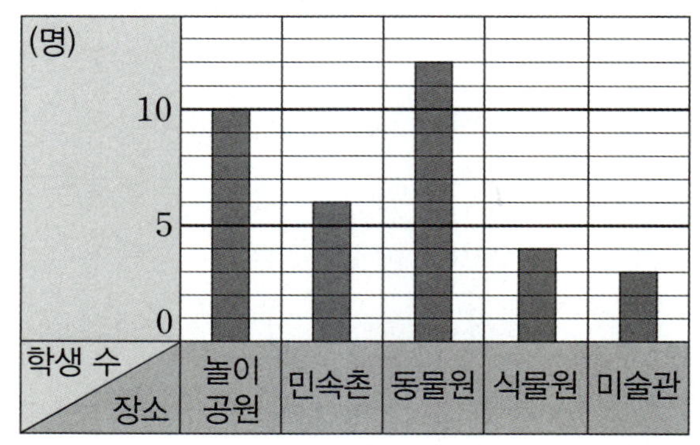

8 가장 많은 학생이 가 보고 싶은 장소는 어디일까요?

( )

9 가장 적은 학생이 가 보고 싶은 장소는 어디이고, 그곳에 가 보고 싶은 학생은 몇 명일까요?

( ),( )

10 가 보고 싶은 학생 수가 미술관의 2배인 장소는 어디일까요?

( )

[11~14] 수현이네 반 학생들이 존경하는 위인을 조사하여 나타낸 표입니다. 물음에 답하세요.

존경하는 위인별 학생 수

위인	이순신	세종대왕	김구	유관순	합계
학생 수(명)	5	9		8	26

11 존경하는 위인이 김구인 학생은 몇 명일까요?

( )

12 표를 보고 막대그래프로 나타내 보세요.

존경하는 위인별 학생 수

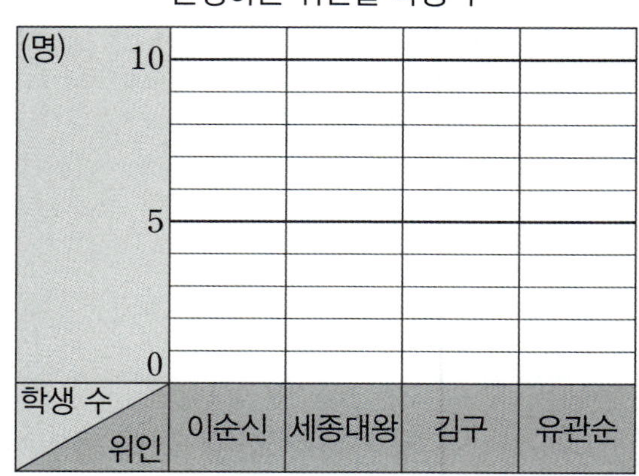

13 가장 많은 학생이 존경하는 위인은 누구일까요?

( )

14 존경하는 위인별 학생 수의 많고 적음을 한눈에 비교하려면 표와 막대그래프 중 어느 것이 더 편리할까요?

( )

[15~17] 민정이네 반 학생들이 학예회에서 연주할 악기를 조사하여 나타낸 표를 보고 막대그래프로 나타내려고 합니다. 물음에 답하세요.

연주할 악기별 학생 수

악기	피아노	바이올린	첼로	리코더	합계
학생 수(명)	9	4	3	6	22

15 가로에 학생 수를 나타낸다면 세로에는 무엇을 나타내야 할까요?

(   )

16 표를 보고 막대그래프로 나타내 보세요.

연주할 악기별 학생 수

피아노									
바이올린									
첼로									
리코더									

악기 학생 수: 0   5   10 (명)

17 피아노를 연주할 학생 수는 첼로를 연주할 학생 수의 몇 배일까요?

(   )

[18~20] 마을별 신문을 보는 가구 수를 조사하여 나타낸 막대그래프입니다. 물음에 답하세요.

마을별 신문을 보는 가구 수

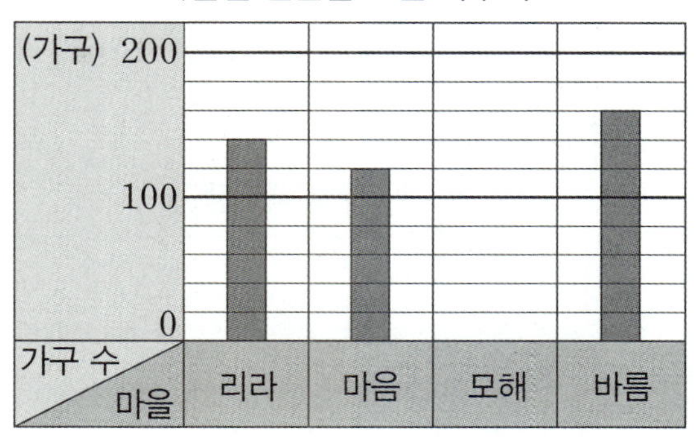

18 신문을 보는 가구 수가 바름 마을은 리라 마을보다 몇 가구 더 많을까요?

(   )

19 네 마을에서 신문을 보는 전체 가구 수가 600가구라면, 모해 마을에서 신문을 보는 가구 수는 몇 가구일까요?

(   )

20 막대그래프에서 마음 마을에서 신문을 보는 사람 수를 알 수 있을까요?

(   )

〔1~3〕 어느 날 세희네 학교 4학년 학생 중 지각생 수를 반별로 조사하여 나타낸 막대그래프입니다. 물음에 답하세요.

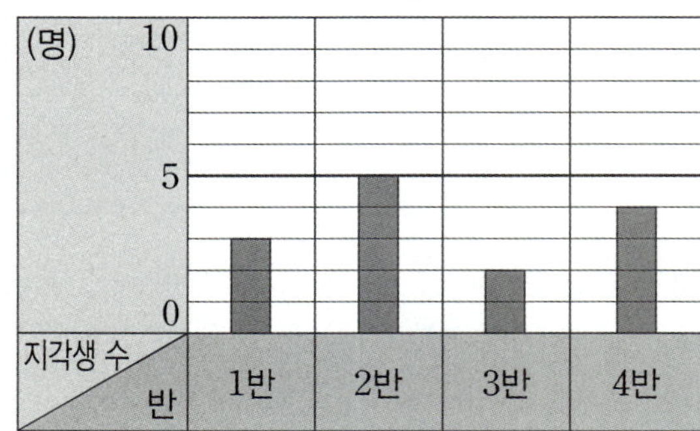

1 막대의 길이는 무엇을 나타낼까요?

( )

2 막대그래프에서 가로는 무엇을 나타낼까요?

( )

3 세로 눈금 한 칸은 몇 명을 나타낼까요?

( )

〔4~7〕 수현이네 반 학생들이 배우고 싶어 하는 악기를 조사하여 나타낸 그래프입니다. 물음에 답하세요.

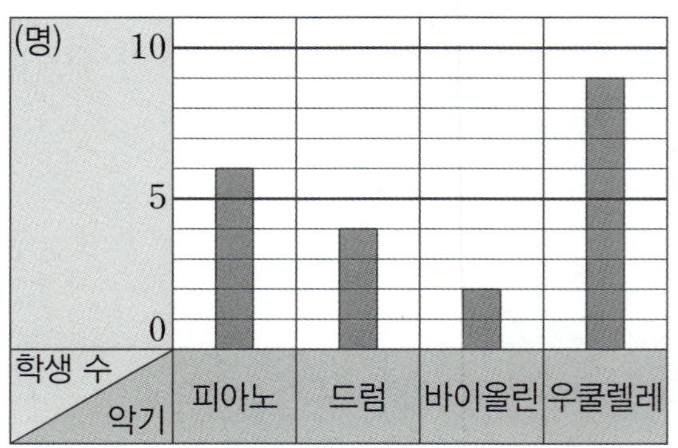

4 막대그래프에서 세로는 무엇을 나타낼까요?

( )

5 가장 많은 학생이 배우고 싶어 하는 악기는 무엇일까요?

( )

6 가장 적은 학생이 배우고 싶어 하는 악기는 무엇일까요?

( )

7 조사한 학생은 모두 몇 명일까요?

( )

〔8~10〕 수빈이네 반 학생들의 혈액형을 조사하여 나타낸 표입니다. 물음에 답하세요.

혈액형별 학생 수

혈액형	A형	B형	O형	AB형	합계
학생 수(명)	10	6	9	2	27

8 표를 보고 막대그래프로 나타내 보세요.

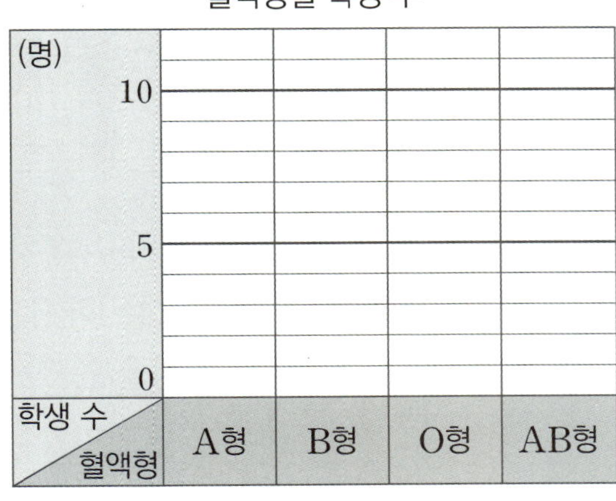

혈액형별 학생 수

9 B형보다 학생 수가 많은 혈액형을 모두 써 보세요.

( )

10 조사한 전체 학생 수를 알기 쉬운 것은 표와 막대그래프 중 어느 것일까요?

( )

〔11~14〕 지나네 반 학생들이 좋아하는 채소를 조사하여 나타낸 자료입니다. 물음에 답하세요.

좋아하는 채소

이름	채소	이름	채소	이름	채소
지나	오이	인성	양파	수진	당근
태영	당근	희경	오이	선영	당근
이호	가지	지영	당근	주원	오이
희정	오이	혜미	당근	수정	가지
준수	양파	동원	오이	유경	당근

11 조사한 자료를 보고 표로 나타내 보세요.

좋아하는 채소별 학생 수

채소	오이	당근	가지	양파	합계
학생 수(명)					

12 11의 표를 보고 막대그래프로 나타내 보세요.

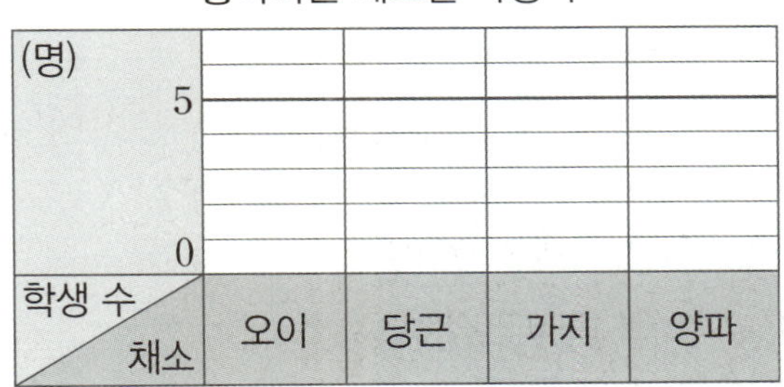

좋아하는 채소별 학생 수

13 좋아하는 채소별 학생 수가 같은 것은 무엇무엇일까요?

( ),( )

14 당근을 좋아하는 학생 수는 가지를 좋아하는 학생 수의 몇 배일까요?

( )

[15~17] 윤석이네 모둠 친구들의 100 m 달리기 기록을 조사하여 나타낸 막대그래프입니다. 물음에 답하세요.

100 m 달리기 기록

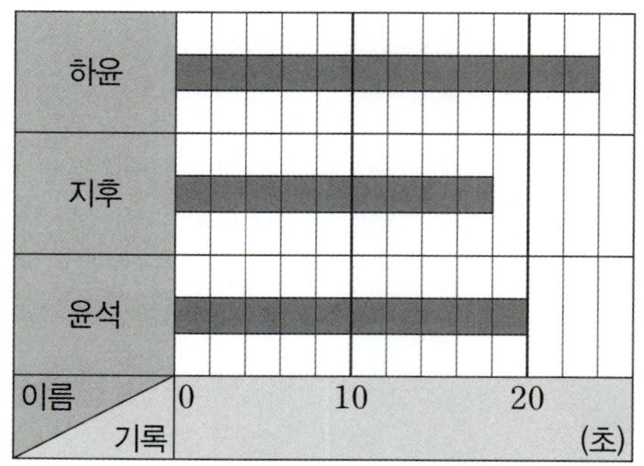

15 가로 눈금 한 칸은 몇 초를 나타낼까요?

(   )

16 기록이 가장 빠른 친구는 누구이며, 100 m 달리기 기록은 몇 초일까요?

(   ), (   )

17 100 m 달리기 기록이 윤석이와 하윤이는 몇 초 차이가 날까요?

(   )

[18~20] 천재 초등학교 4학년 학생 중 안경을 쓴 학생 수를 반별로 조사하여 나타낸 막대그래프입니다. 물음에 답하세요.

안경을 쓴 학생 수

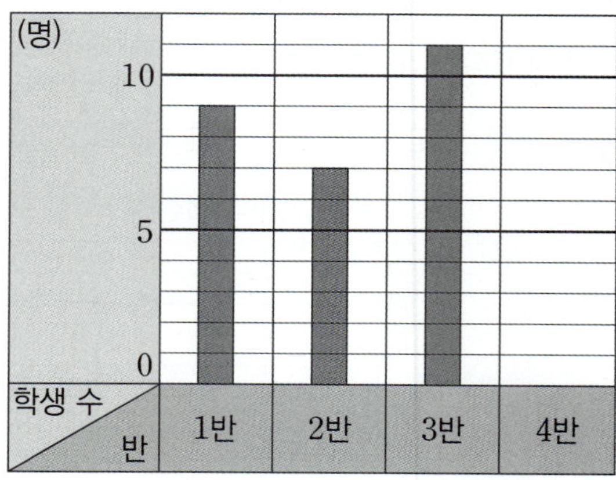

18 1반부터 4반까지 안경을 쓴 학생은 모두 37명입니다. 4반에서 안경을 쓴 학생은 몇 명일까요?

(   )

19 안경을 쓴 학생이 가장 많은 반은 가장 적은 반보다 몇 명 더 많을까요?

(   )

20 안경을 쓴 학생이 적은 반부터 차례대로 써 보세요.

(   )

단원평가 3회 · 막대그래프

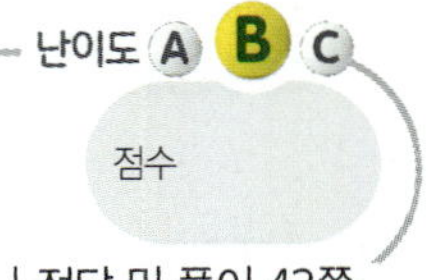

[1~4] 서진이네 반 친구들이 좋아하는 놀이기구를 조사하여 나타낸 막대그래프입니다. 물음에 답하세요.

좋아하는 놀이기구별 학생 수

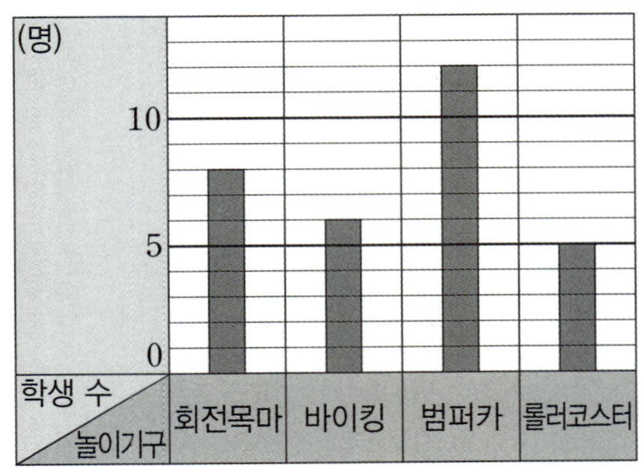

1 가로와 세로는 각각 무엇을 나타낼까요?

가로 (   )

세로 (   )

2 세로 눈금 한 칸은 몇 명을 나타낼까요?

(   )

3 회전목마를 좋아하는 학생은 몇 명일까요?

(   )

4 가장 많은 학생이 좋아하는 놀이기구는 무엇일까요?

(   )

[5~7] 윤수네 반 학생들이 좋아하는 동물을 조사하여 나타낸 표입니다. 물음에 답하세요.

좋아하는 동물별 학생 수

동물	사자	코끼리	호랑이	기린	합계
학생 수(명)	8	4	6	10	

5 조사한 학생은 모두 몇 명일까요?

(   )

6 표를 보고 막대그래프로 나타내 보세요.

좋아하는 동물별 학생 수

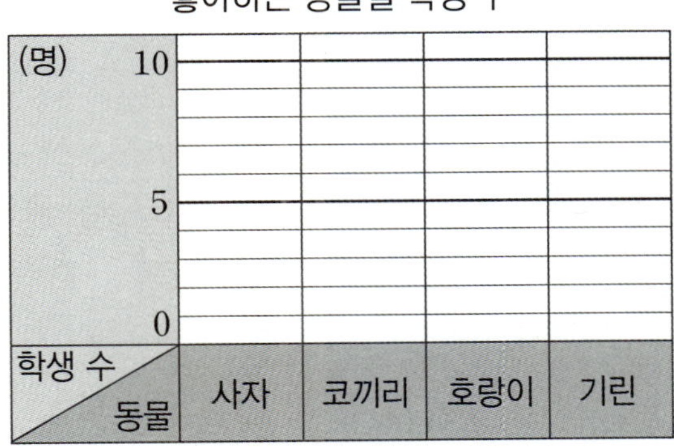

7 좋아하는 학생 수가 코끼리의 2배인 동물은 무엇일까요?

(   )

[8~10] 성희네 반 학생들이 여행하고 싶은 도시를 조사하여 나타낸 표입니다. 물음에 답하세요.

여행하고 싶은 도시별 학생 수

도시	부산	강릉	전주	여수	합계
학생 수(명)	7	5	6	10	

8 조사한 학생은 모두 몇 명일까요?

(   )

9 표를 보고 막대그래프로 나타내 보세요.

여행하고 싶은 도시별 학생 수

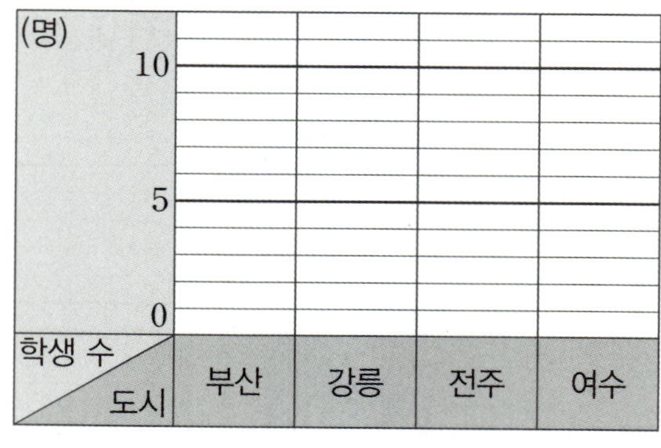

10 가장 많은 학생이 가고 싶은 도시를 알아보려면 표와 막대그래프 중 어느 자료가 한눈에 더 잘 드러날까요?

(   )

[11~14] 혜진이네 모둠 학생들의 몸무게를 조사하여 나타낸 막대그래프입니다. 물음에 답하세요.

학생별 몸무게

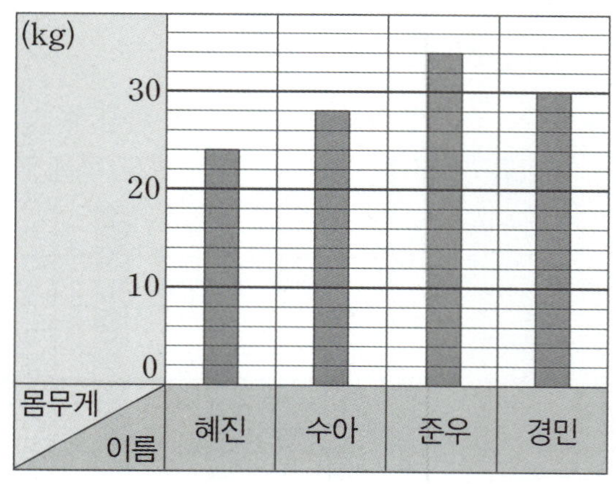

11 세로 눈금 한 칸은 몇 kg을 나타낼까요?

(   )

12 몸무게가 가장 많이 나가는 사람은 누구이고, 몸무게는 몇 kg일까요?

(   ),(   )

13 수아와 경민이가 같이 체중계에 올라가면 몇 kg이 될까요?

(   )

14 혜진이의 몸무게는 동생의 몸무게의 2배입니다. 혜진이 동생의 몸무게는 몇 kg일까요?

(   )

〔15~17〕 민하네 모둠 친구들이 하루 동안 책을 읽은 시간을 조사하여 나타낸 막대그래프입니다. 물음에 답하세요.

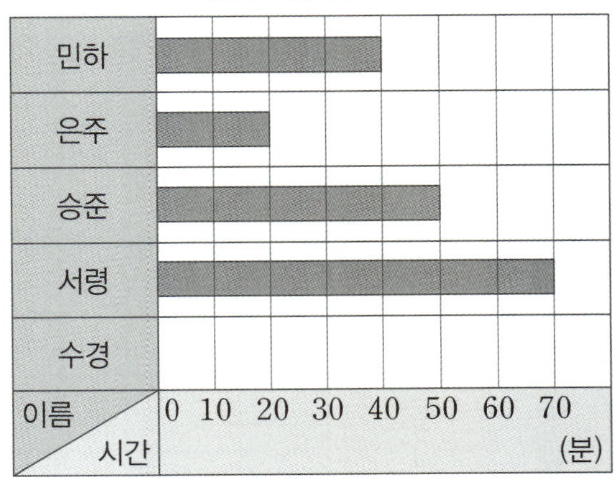

15 수경이가 은주보다 책을 20분 더 길게 읽었다면 수경이가 책을 읽은 시간은 몇 분인지 막대그래프에 나타내 보세요.

16 책을 읽은 시간이 1시간보다 긴 사람은 누구일까요?

(   )

17 책을 읽은 시간이 가장 긴 사람과 가장 짧은 사람의 시간의 차는 몇 분일까요?

(   )

〔18~20〕 윤재네 학교 4학년 학생 수를 반별로 조사하여 나타낸 막대그래프입니다. 물음에 답하세요.

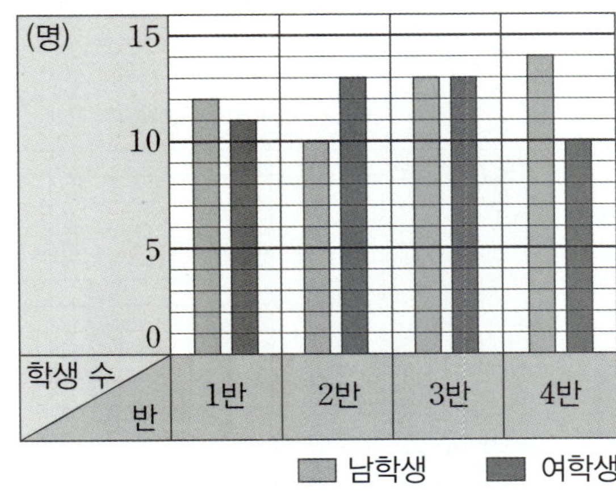

18 학생 수가 가장 많은 반은 몇 반일까요?

(   )

19 남학생 한 명과 여학생 한 명을 짝 지어 팀을 만들려고 합니다. 팀을 가장 많이 만들 수 있는 반은 몇 반일까요?

(   )

20 남학생 수와 여학생 수의 차가 가장 큰 반은 몇 반이고, 몇 명 차이가 나는지 풀이 과정을 쓰고 답을 구하세요.

풀이

답 ________________ , ________________

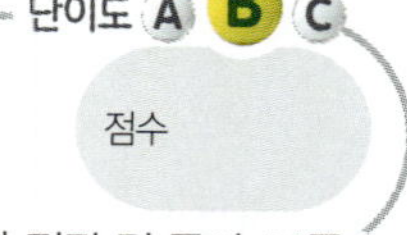

단원평가 4회 막대그래프

5단원

〔1~4〕 주원이네 반 학생들이 태어난 계절을 조사하여 나타낸 막대그래프입니다. 물음에 답하세요.

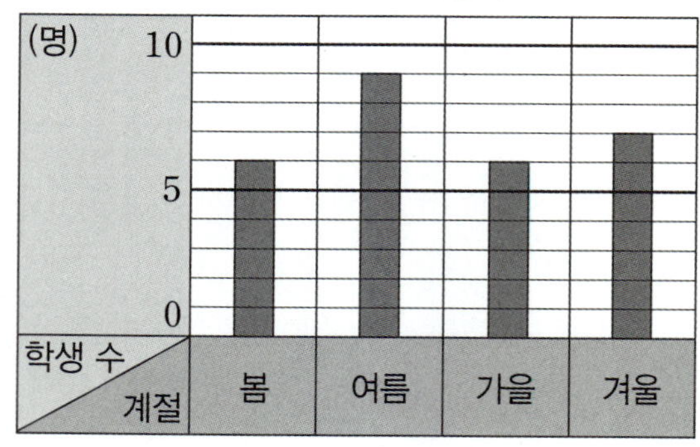

태어난 계절별 학생 수

1 막대그래프에서 가로와 세로는 각각 무엇을 나타낼까요?

가로 (　　　　　　　　　)

세로 (　　　　　　　　　)

2 가장 많은 학생이 태어난 계절은 무엇일까요?

(　　　　　　　　　)

3 태어난 학생 수가 겨울보다 많은 계절은 어느 계절일까요?

(　　　　　　　　　)

4 조사한 학생은 모두 몇 명일까요?

(　　　　　　　　　)

〔5~8〕 병규네 모둠에서 5일 동안 모은 이웃돕기 성금을 조사하여 나타낸 표와 막대그래프입니다. 물음에 답하세요.

요일별 이웃돕기 성금

요일	월	화	수	목	금	합계
성금(원)	600	500	700	900	800	

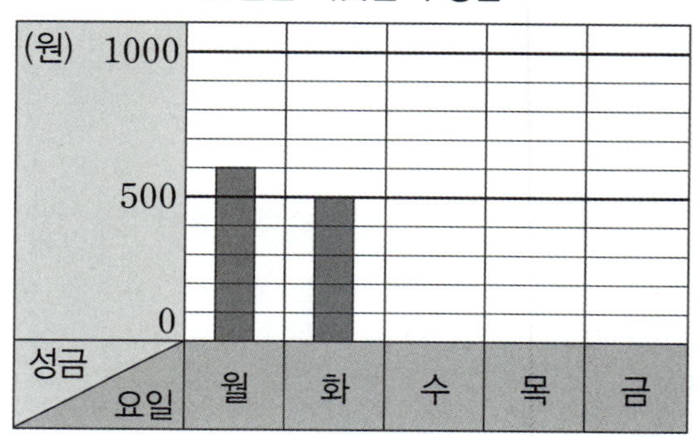

요일별 이웃돕기 성금

5 병규네 모둠에서 5일 동안 모은 이웃돕기 성금은 모두 얼마일까요?

(　　　　　　　　　)

6 세로 눈금 한 칸은 얼마를 나타낼까요?

(　　　　　　　　　)

7 표를 보고 위의 막대그래프를 완성해 보세요.

8 이웃돕기 성금이 가장 많이 모인 요일은 언제일까요?

(　　　　　　　　　)

〔9~11〕 수진이네 반 학생들이 좋아하는 채소를 조사하여 나타낸 자료입니다. 물음에 답하세요.

좋아하는 채소

오이	당근	파프리카	오이
당근	브로콜리	당근	브로콜리
오이	오이	파프리카	오이
파프리카	파프리카	오이	브로콜리

9 조사한 자료를 보고 표로 나타내 보세요.

좋아하는 채소별 학생 수

채소	오이	당근	파프리카	브로콜리	합계
학생 수(명)					

10 9의 표를 보고 막대그래프로 나타내려고 합니다. 가로에 채소를 나타낸다면 세로에는 무엇을 나타내야 할까요?

(   )

11 9의 표를 보고 막대그래프로 나타내 보세요.

좋아하는 채소별 학생 수

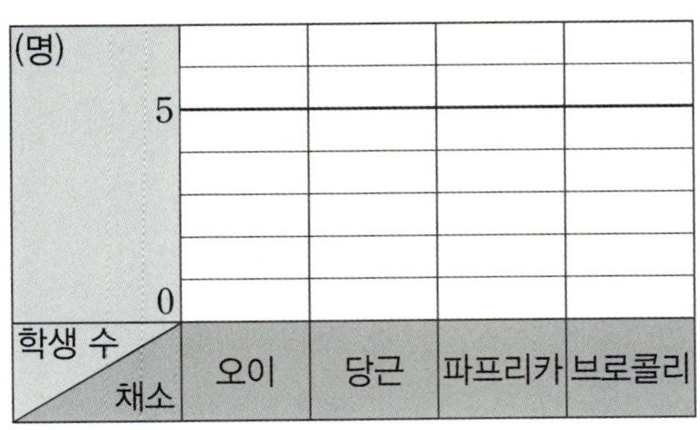

〔12~14〕 어느 날 가게별 음료수 판매량을 조사하여 나타낸 표입니다. 물음에 답하세요.

가게별 음료수 판매량

가게	신성	한진	강남	여진	합계
판매량(병)	13	18	15		60

12 여진 가게의 음료수 판매량은 몇 병일까요?

(   )

13 가로에는 판매량, 세로에는 가게가 나타나도록 가로로 된 막대그래프로 나타내 보세요.

가게별 음료수 판매량

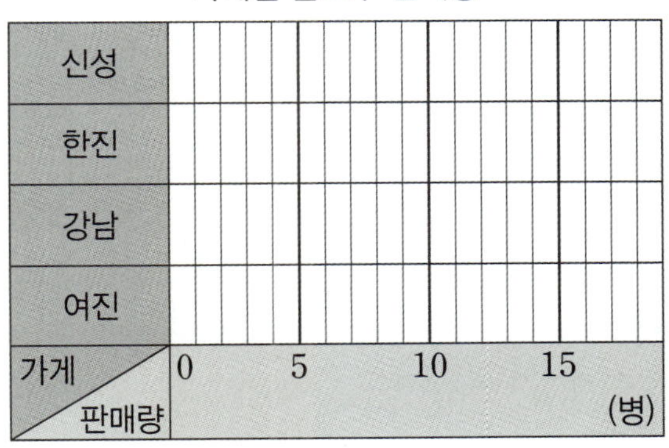

14 음료수 판매량이 가장 많은 가게와 가장 적은 가게의 판매량의 차는 몇 병일까요?

(   )

[15~17] 인영이가 5일 동안 수학 공부를 한 시간을 조사하여 나타낸 막대그래프입니다. 물음에 답하세요.

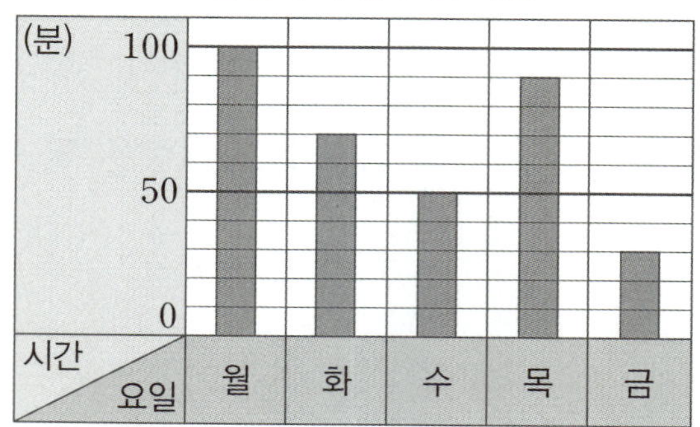

15 인영이가 설명하는 요일은 어느 요일일까요?

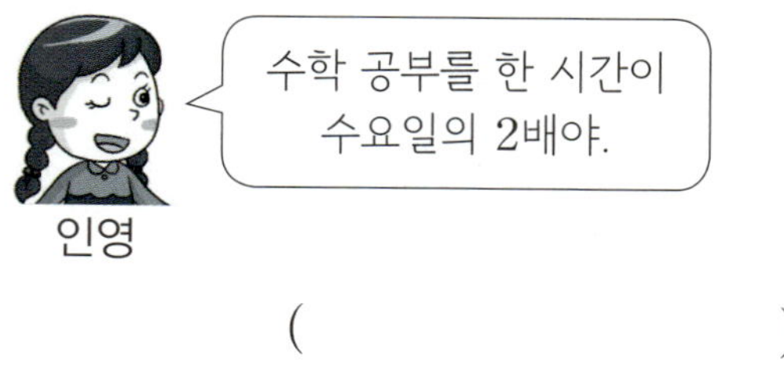

( )

16 수학 공부를 1시간보다 길게 한 요일을 모두 써 보세요.

( )

17 5일 동안 인영이가 수학 공부 한 시간은 모두 몇 시간 몇 분일까요?

( )

18 보나네 모둠 친구들이 어느 날 운동한 시간을 조사하여 나타낸 막대그래프입니다. 상훈이가 35분 동안 운동을 했다면 막대그래프에 몇 칸으로 나타내야 할까요?

( )

[19~20] 지난달 4학년의 반별 지각생 수를 조사하여 나타낸 막대그래프입니다. 물음에 답하세요.

19 지각생 수가 여학생보다 남학생이 더 많은 반을 모두 써 보세요.

( )

20 지난달 지각생 수가 가장 많은 반은 몇 반인지 풀이 과정을 쓰고 답을 구하세요.

풀이

답 _______________

단원평가 5회 막대그래프

[1~4] 근우네 반 학생들이 좋아하는 과목을 조사하여 나타낸 막대그래프입니다. 물음에 답하세요.

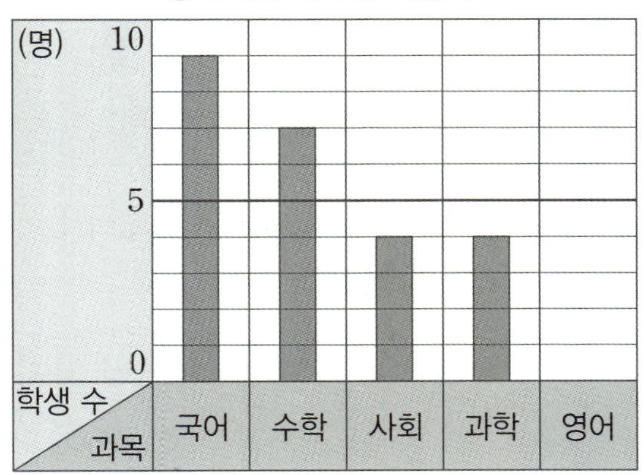

좋아하는 과목별 학생 수

1 막대그래프에서 가로와 세로는 각각 무엇을 나타낼까요?

가로 (   )

세로 (   )

2 근우네 반이 모두 30명이라면 영어를 좋아하는 학생은 몇 명일까요?

(   )

3 가장 많은 학생이 좋아하는 과목은 무엇일까요?

(   )

4 좋아하는 과목의 학생 수가 사회와 같은 과목은 무엇일까요?

(   )

[5~8] 준호네 반 학생들이 좋아하는 색깔을 붙임 딱지를 붙여 조사한 자료입니다. 물음에 답하세요.

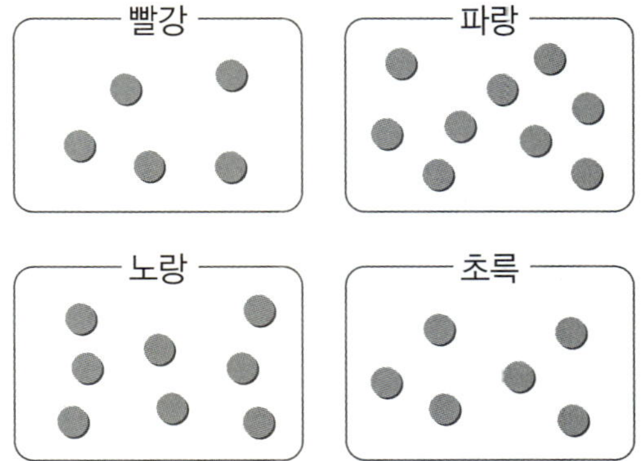

5 자료를 보고 표로 나타내 보세요.

좋아하는 색깔별 학생 수

색깔	빨강	파랑	노랑	초록	합계
학생 수(명)					

6 세로에 학생 수를 나타낸다면 가로에는 무엇을 나타내야 할까요?

(   )

7 5의 표를 보고 막대그래프로 나타내 보세요.

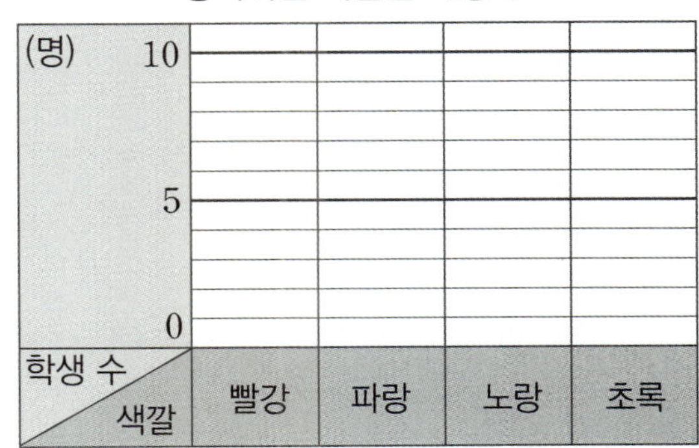

좋아하는 색깔별 학생 수

8 조사한 전체 학생 수를 알아보는 데 막대그래프와 표 중 어느 것이 더 편리할까요?

(   )

〔**9~11**〕 현정이네 마을에서 일주일 동안 버려진 쓰레기 양을 조사하여 나타낸 표입니다. 물음에 답하세요.

일주일 동안 버려진 종류별 쓰레기 양

종류	음식물	종이류	병류	플라스틱류	합계
쓰레기 양(kg)	28	20	14		78

9 버려진 플라스틱류는 몇 kg일까요?

(   )

10 표를 보고 막대그래프로 나타내 보세요.

일주일 동안 버려진 종류별 쓰레기 양

음식물	
종이류	
병류	
플라스틱류	

종류 / 쓰레기 양   0   10   20   30 (kg)

11 버려진 쓰레기의 양이 많은 것부터 차례대로 써 보세요.

(   )

〔**12~14**〕 윤서네 학교 운동회 종목별 참가할 수 있는 학생 수를 조사하여 나타낸 막대그래프입니다. 물음에 답하세요.

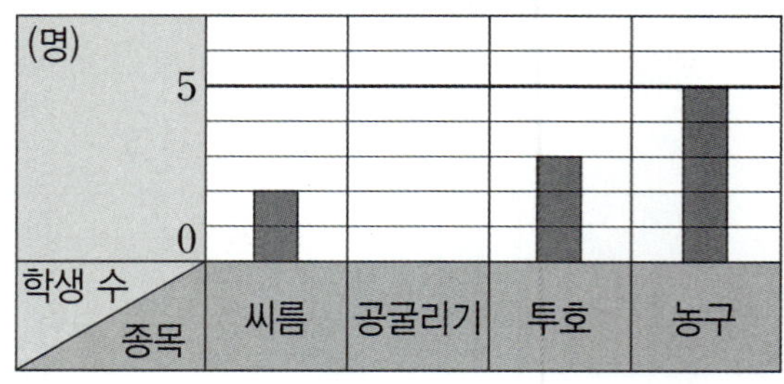

12 참가할 수 있는 학생 수가 농구는 투호보다 몇 명 더 많을까요?

(   )

13 공굴리기에 참가할 수 있는 학생 수는 씨름의 2배입니다. 공굴리기에 참가할 수 있는 학생이 몇 명일까요?

(   )

서술형

14 학생 32명이 한 번씩 공굴리기를 하려면 몇 모둠으로 나누어야 하는지 풀이 과정을 쓰고 답을 구하세요.

풀이

답 ___________

〔**15~18**〕선우네 반 학생 44명이 좋아하는 계절을 조사하여 나타낸 막대그래프입니다. 물음에 답하세요.

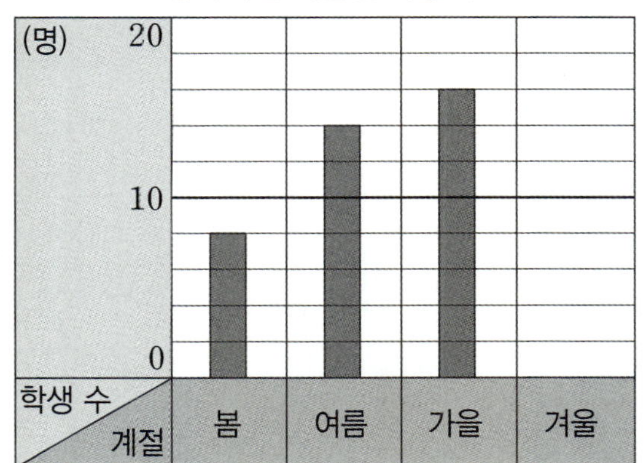

15 봄을 좋아하는 학생은 모두 몇 명일까요?

( )

16 겨울을 좋아하는 학생 수를 구하여 위의 막대그래프를 완성해 보세요.

17 가장 많은 학생이 좋아하는 계절은 무엇일까요?

( )

18 막대그래프를 보고 알 수 있는 사실을 2가지 써 보세요.

① __________________________________

____

② __________________________________

____

19 혜지와 주영이가 3개월 동안 운동한 시간을 조사하여 나타낸 막대그래프입니다. 두 사람이 3개월 동안 운동한 시간의 차는 몇 시간일까요?

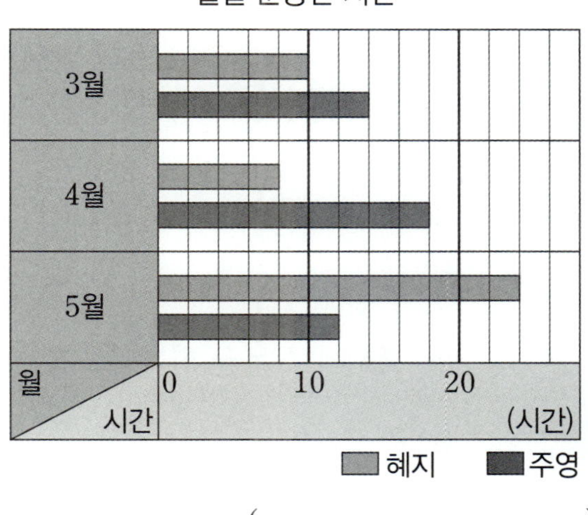

( )

20 4학년 각 반에서 일주일 동안 받은 붙임딱지 수를 조사하여 나타낸 막대그래프입니다. 3반이 받은 붙임딱지 수와 같은 반은 몇 반인지 풀이 과정을 쓰고 답을 구하세요.

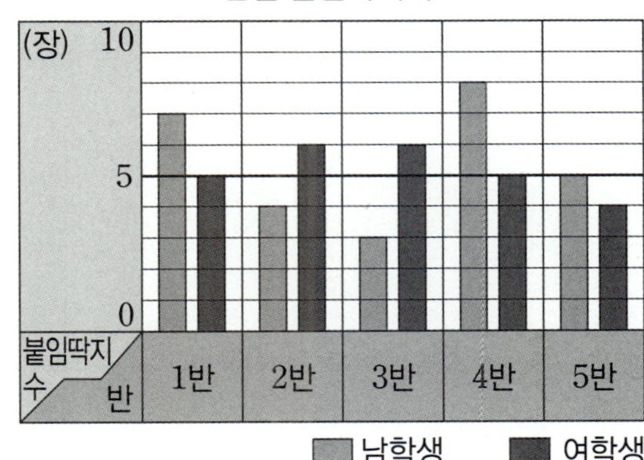

풀이

답 __________________________________

서술형 평가 ❶ 막대그래프

점수

스피드 정답 12쪽 | 정답 및 풀이 46쪽

1 주연이네 반 학생들의 취미를 조사하여 나타낸 막대그래프입니다. 조사한 학생은 모두 몇 명인지 구하세요.

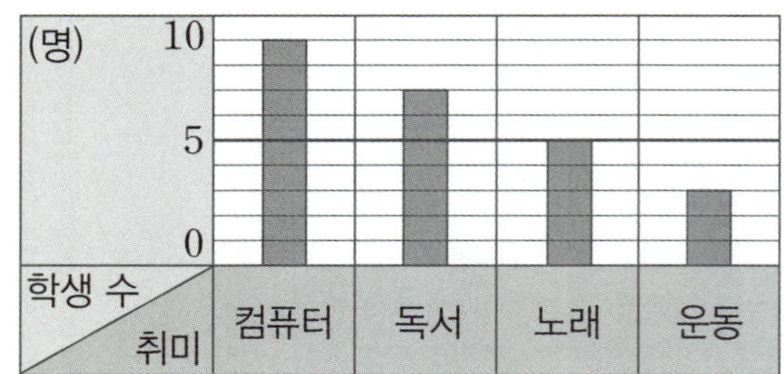

❶ 세로 눈금 한 칸은 몇 명을 나타낼까요?

(   )

❷ 조사한 학생은 모두 몇 명인지 구하세요.

(   )

2 수호네 반 학생 32명이 불국사에서 보고 싶어 하는 유적을 조사하여 나타낸 막대그래프입니다. 다보탑을 보고 싶어 하는 학생은 몇 명인지 구하세요.

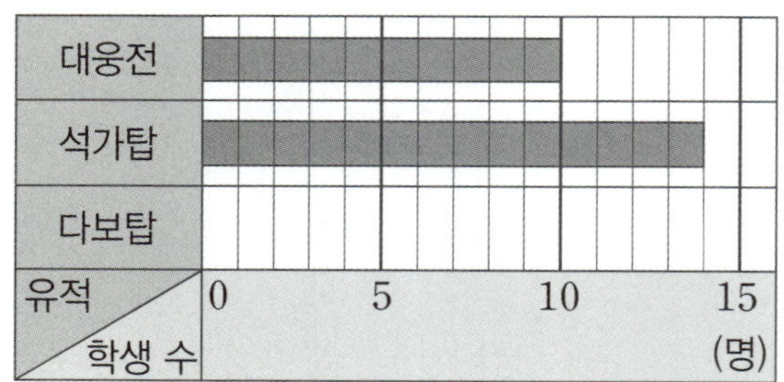

❶ 대웅전과 석가탑을 보고 싶어 하는 학생은 각각 몇 명일까요?

대웅전 (   ), 석가탑 (   )

❷ 다보탑을 보고 싶어 하는 학생은 몇 명인지 구하세요.

(   )

3 마을별 사과 생산량을 조사하여 나타낸 막대그래프의 일부분이 찢어졌습니다. 네 마을의 사과 생산량이 모두 300상자라면 생산량이 가장 많은 마을은 어디인지 구하세요.

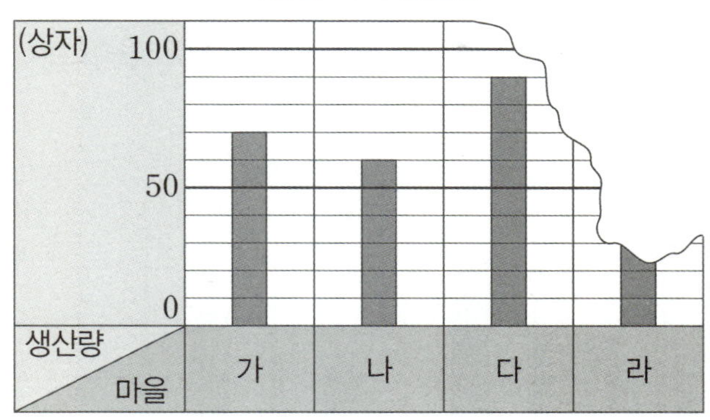

❶ 세로 눈금 한 칸은 몇 상자를 나타낼까요?

(   )

❷ 라 마을의 사과 생산량은 몇 상자일까요?

(   )

❸ 생산량이 가장 많은 마을은 어느 마을일까요?

(   )

4 승민이네 학교에서 안경을 쓴 학생 수를 조사하여 나타낸 막대그래프입니다. 안경을 쓴 학생이 가장 적은 학년은 몇 학년인지 구하세요.

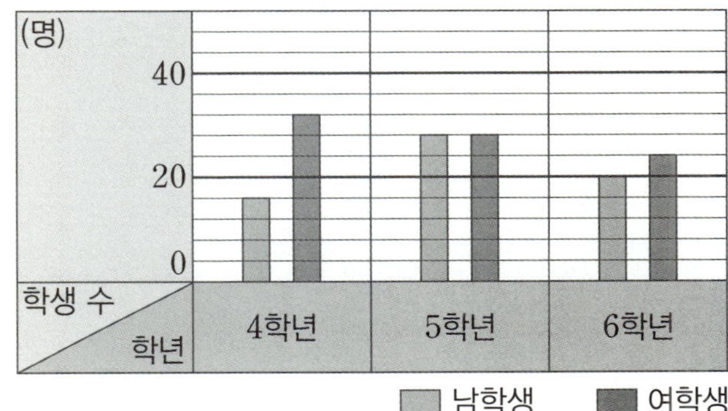

❶ 학년별 안경을 쓴 학생 수는 각각 몇 명일까요?

4학년 (   ), 5학년 (   ), 6학년 (   )

❷ 안경을 쓴 학생이 가장 적은 학년은 몇 학년일까요?

(   )

1 혜정이네 반 학생들이 가고 싶어 하는 체험 학습 장소를 조사하여 나타낸 막대그래프입니다. 조사한 학생은 모두 몇 명인지 풀이 과정을 쓰고 답을 구하세요.

가고 싶어 하는 체험 학습 장소별 학생 수

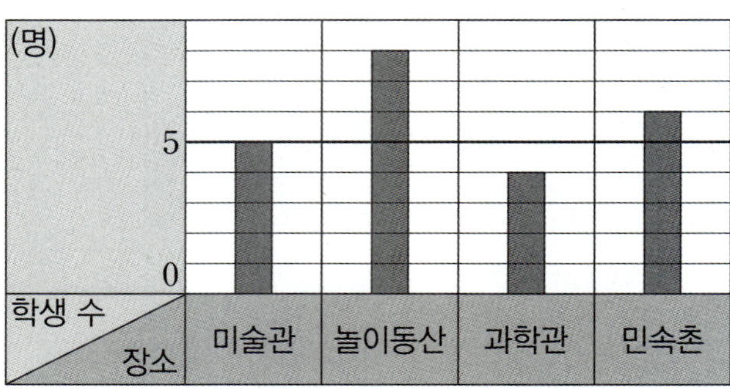

풀이

답 _______________

어떻게 풀까요?

각 막대가 몇 명을 나타내는지 구한 후 합을 구합니다.

2 주하네 반 학생 28명이 좋아하는 운동을 조사하여 나타낸 막대그래프입니다. 축구를 좋아하는 학생은 몇 명인지 풀이 과정을 쓰고 답을 구하세요.

좋아하는 운동별 학생 수

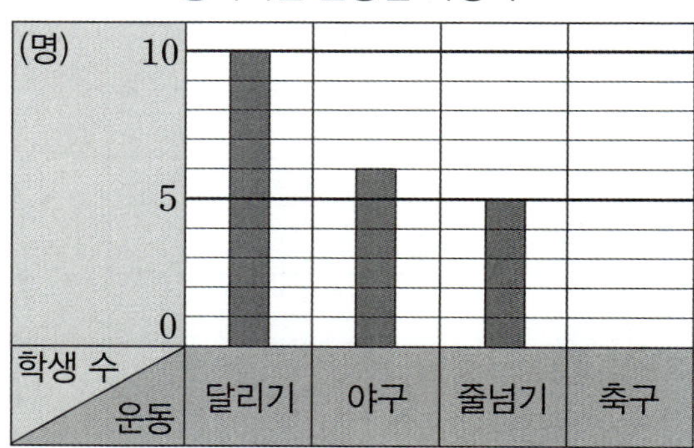

풀이

답 _______________

어떻게 풀까요?

전체 학생 수에서 달리기, 야구, 줄넘기를 좋아하는 학생 수를 뺍니다.

3 상미가 4일 동안 줄넘기를 한 횟수를 조사하여 나타낸 막대그래프의 일부분이 찢어졌습니다. 4일 동안 줄넘기 한 횟수가 모두 240번이라면 줄넘기를 가장 많이 한 요일은 무슨 요일인지 풀이 과정을 쓰고 답을 구하세요.

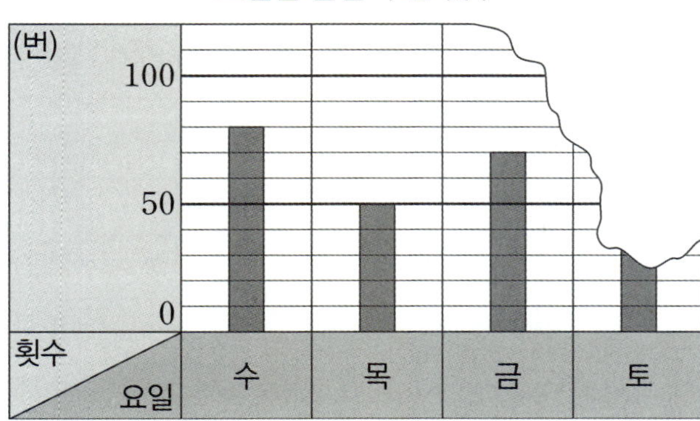

풀이

답 ____________________

어떻게 풀까요?

전체 횟수에서 수요일, 목요일, 금요일에 한 횟수를 빼 토요일에 줄넘기 한 횟수를 구해 봅니다.

4 웅기네 학교에서 고양이를 키우는 학생 수를 조사하여 나타낸 막대그래프입니다. 고양이를 키우는 학생이 가장 많은 학년은 몇 학년인지 풀이 과정을 쓰고 답을 구하세요.

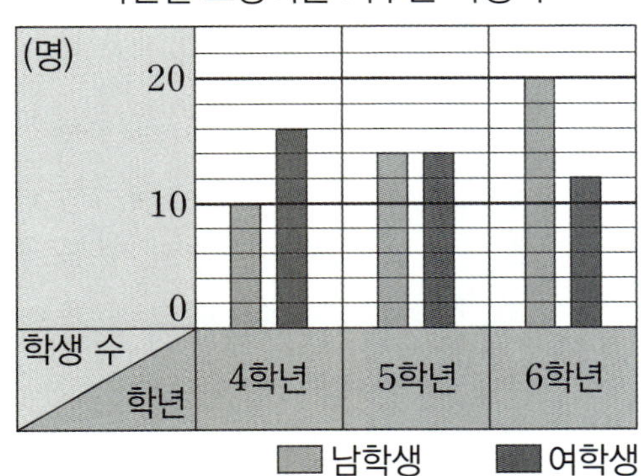

풀이

답 ____________________

어떻게 풀까요?
각 학년별로 고양이를 키우는 남학생 수와 여학생 수를 더한 후 비교합니다.

1 영민이네 반 학생들이 좋아하는 체육 활동을 조사하여 나타낸 막대그래프입니다. 세로 눈금 한 칸은 몇 명을 나타낼까요?

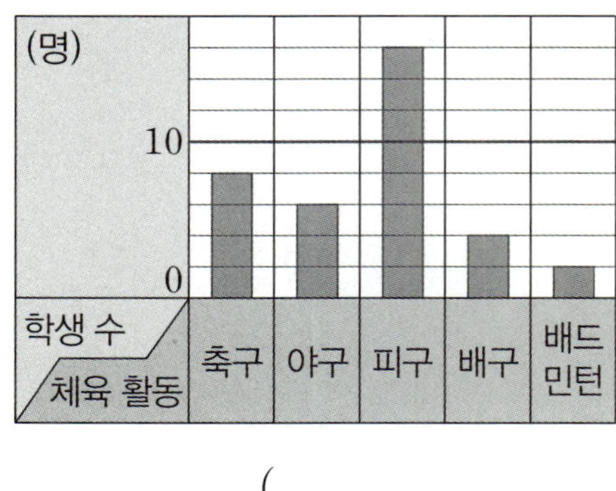

( )

2 어느 식물원에 있는 나무를 조사하여 종류별로 수를 나타낸 막대그래프입니다. 물음에 답하세요.

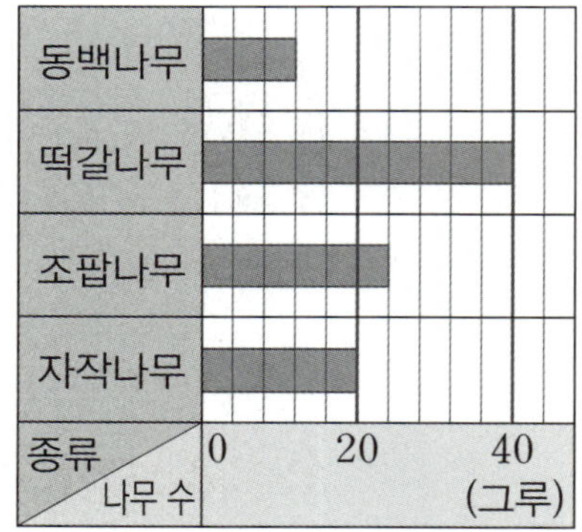

(1) 가로 눈금 한 칸은 몇 그루를 나타낼까요?

( )

(2) 조팝나무는 몇 그루일까요?

( )

3 마을별 감자 생산량을 조사하여 나타낸 막대그래프입니다. 강산 마을과 양지 마을의 감자 생산량의 차는 몇 상자인지 구하세요.

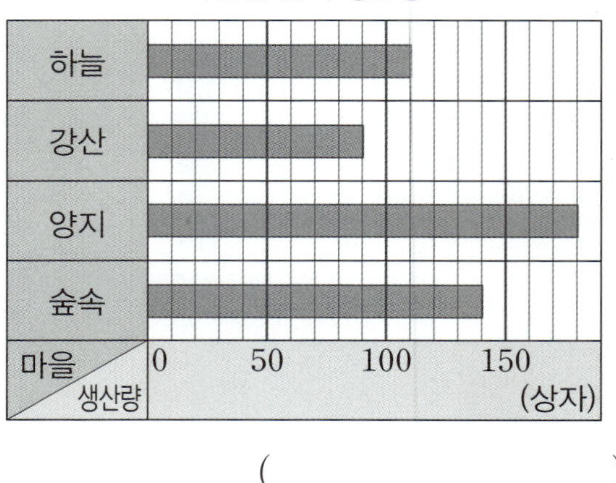

( )

4 조사한 자료를 막대그래프로 나타낼 때 가장 먼저 해야 할 것을 찾아 기호를 써 보세요.

> ㉠ 막대그래프에 알맞은 제목을 붙입니다.
> ㉡ 눈금 한 칸의 크기를 정하고, 조사한 수 중 가장 큰 수를 나타낼 수 있도록 눈금의 수를 정합니다.
> ㉢ 가로와 세로에 무엇을 나타낼지 정합니다.
> ㉣ 조사한 수에 맞도록 막대를 그립니다.

( )

6 단원

규칙 찾기

개념 1 수 배열표에서 규칙 찾기

• 수 배열표에서 규칙 찾기

103	203	303	403	503
113	213	313	413	513
123	223	323	423	523
133	233	333	433	533

• 103부터 시작하여 → 방향으로 100씩 커집니다.
• 103부터 시작하여 ↓ 방향으로 [❶]씩 커집니다.
• 103부터 시작하여 ↘ 방향으로 110씩 커집니다.

개념 2 규칙을 찾아 수로 나타내기

• 모형으로 만든 모양의 배열에서 규칙 찾기

첫째　　둘째　　셋째　　넷째

순서	첫째	둘째	셋째	넷째
모형의 수(개)	1	3	5	[❷]

모형의 수는 1개부터 시작하여 2개씩 늘어나는 규칙입니다.

개념 3 규칙을 찾아 식으로 나타내기

• 사각형으로 만든 모양의 배열에서 규칙을 찾아 식으로 나타내기

첫째　　둘째　　　셋째　　　　넷째

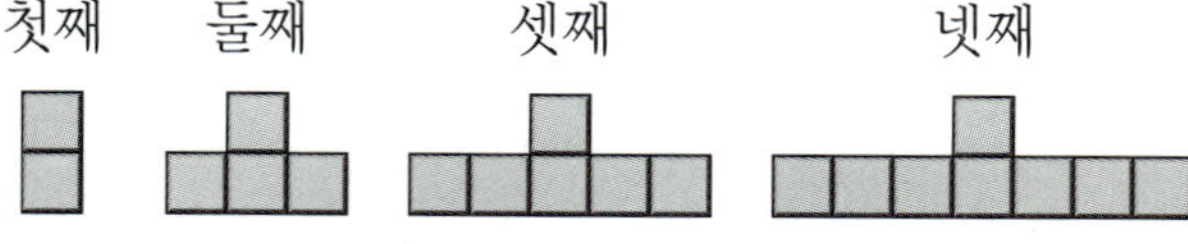

순서	첫째	둘째	셋째	넷째
식	2	2+2	2+2+2	2+2+2+2

다섯째 모양을 만드는 데 필요한 사각형의 수를 식으로 나타내면 $2+2+2+2+2=$ [❸]입니다.

개념 4 덧셈식, 뺄셈식의 배열에서 규칙 찾기

• 덧셈식의 배열에서 규칙 찾기

첫째	$500+300=800$
둘째	$500+1300=1800$
셋째	$500+2300=2800$
넷째	$500+3300=$ [❹]

같은 수에 1000씩 커지는 수를 더하면 계산 결과는 1000씩 커집니다.

개념 5 곱셈식, 나눗셈식의 배열에서 규칙 찾기

• 곱셈식의 배열에서 규칙 찾기

첫째	$1×1=1$
둘째	$11×11=121$
셋째	$111×111=12321$
넷째	$1111×1111=1234321$

• 1이 1개씩 늘어나는 수를 곱하고 있습니다.
• 곱한 결과는 다음 순서가 될 때 자리 수가 2개씩 늘어나고, 가운데 오는 숫자는 그 순서의 숫자가 됩니다.

개념 6 등호를 사용하여 식으로 나타내기

• 등호를 사용하여 식으로 나타내기

$$4+2=5+1$$

• 등호(=)는 두 양(값)이 같다는 것을 나타냅니다.
• 4+2=5+1에서 4+2와 5+1은 같은 양입니다.

| 정답 | ❶ 10 ❷ 7 ❸ 10 ❹ 3800

쪽지시험 1회 규칙 찾기

점수

〔1~3〕 수 배열표를 보고 물음에 답하세요.

111	112	113	114	115
222	223	224	225	226
333	334	335	336	337
444	445	446	447	448

1 ⬜ 부분에서 규칙을 찾아보세요.

규칙 222부터 시작하여 → 방향으로 ⬜씩 커집니다.

2 ⬜(점선) 부분에서 규칙을 찾아보세요.

규칙 114부터 시작하여 ↓ 방향으로 ⬜씩 커집니다.

3 색칠한 수들의 규칙을 찾아보세요.

규칙 111부터 시작하여 ↘ 방향으로 ⬜씩 커집니다.

〔4~5〕 수의 배열에서 규칙을 찾아 빈칸에 알맞은 수를 써넣으세요.

4
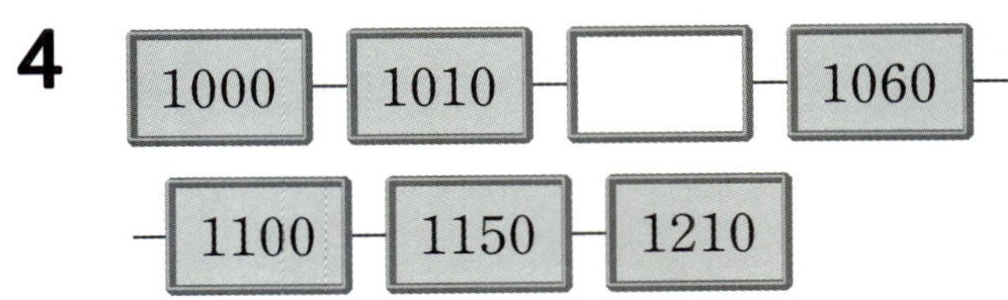

5
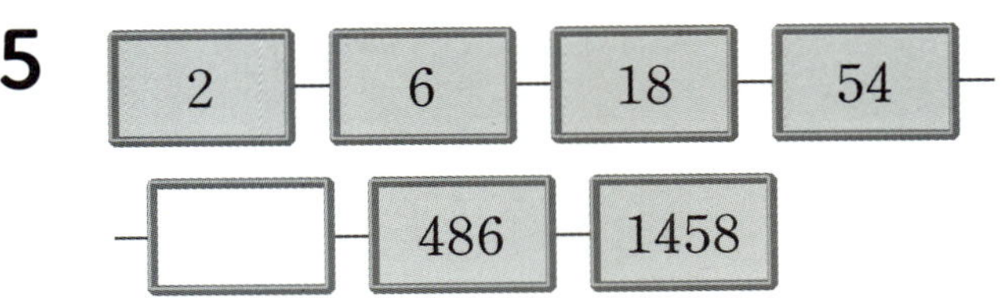

〔6~8〕 사각형으로 만든 모양의 배열을 보고 물음에 답하세요.

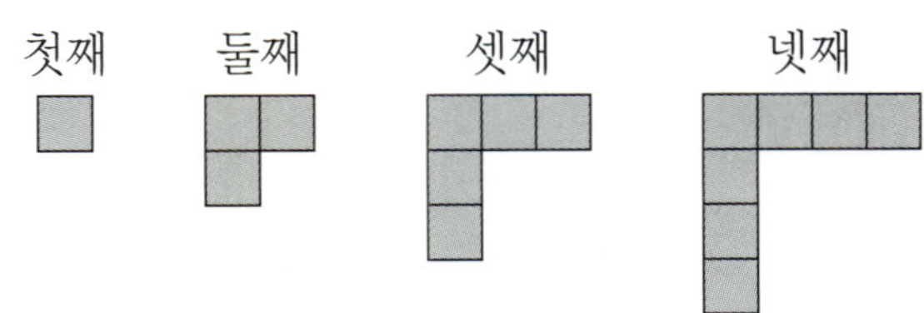

6 사각형의 수를 세어 빈칸에 알맞은 수를 써넣으세요.

순서	첫째	둘째	셋째	넷째
사각형의 수(개)	1	3		

7 모양의 배열에서 규칙을 찾아보세요.

규칙 사각형의 수가 ⬜개씩 늘어납니다.

8 다섯째 모양을 만드는 데 필요한 사각형의 수를 구하세요.

(   )

〔9~10〕 쌓기나무로 만든 모양의 배열을 보고 물음에 답하세요.

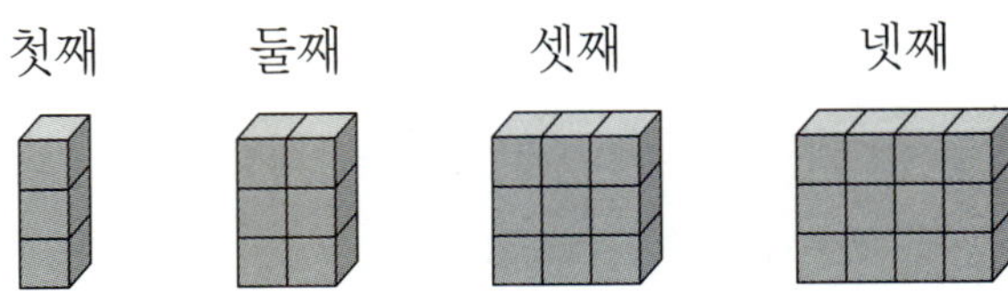

9 모양의 배열에서 규칙을 찾아보세요.

규칙 쌓기나무의 수가 ⬜개씩 늘어납니다.

10 규칙을 찾아 식으로 나타내 보세요.

순서	첫째	둘째	셋째	넷째
식	3×1	3×2	3×⬜	3×⬜

쪽지시험 2회 · 규칙 찾기

6단원

점수

〔1~5〕계산식의 배열을 보고 물음에 답하세요.

가

첫째	$1+19=20$
둘째	$2+18=20$
셋째	$3+17=20$
넷째	$4+16=20$

나

첫째	$120-50=70$
둘째	$120-60=60$
셋째	$120-70=50$
넷째	$120-80=40$

1 계산식 가의 배열에서 규칙을 찾아보세요.

(규칙) 1씩 커지는 수에 □씩 작아지는 수를 더하면 계산 결과는 모두 같습니다.

2 계산식 가의 배열에서 규칙을 찾아 다섯째에 알맞은 덧셈식을 써 보세요.

(덧셈식) ___________

3 계산식 나의 배열에서 규칙을 찾아보세요.

(규칙) 같은 수에서 □씩 커지는 수를 빼면 계산 결과는 □씩 작아집니다.

4 계산식 나의 배열에서 규칙을 찾아 다섯째에 알맞은 뺄셈식을 써 보세요.

(뺄셈식) ___________

5 계산식 나의 배열에서 규칙에 따라 계산 결과가 20이 되는 뺄셈식을 써 보세요.

(뺄셈식) ___________

〔6~8〕곱셈식의 배열을 보고 물음에 답하세요.

첫째	$10\times30=300$
둘째	$20\times30=600$
셋째	$30\times30=900$
넷째	$40\times30=1200$

6 곱셈식의 배열에서 규칙을 찾아보세요.

(규칙) □씩 커지는 수에 30을 곱하면 계산 결과는 □씩 커집니다.

7 곱셈식의 배열에서 규칙을 찾아 다섯째에 알맞은 곱셈식을 써 보세요.

(곱셈식) ___________

8 곱셈식의 배열에서 규칙에 따라 계산 결과가 1800이 되는 곱셈식을 써 보세요.

(곱셈식) ___________

9 등호를 바르게 사용한 식에 ○표 하세요.

$12+17=17+13$	$14-6=8$
( )	( )

10 저울의 양쪽 무게가 같도록 □ 안에 알맞은 수를 써넣고, 등호를 사용한 식을 완성해 보세요.

흰 돌: 12개 검은 돌: 9개   흰 돌: 14개 검은 돌: □개

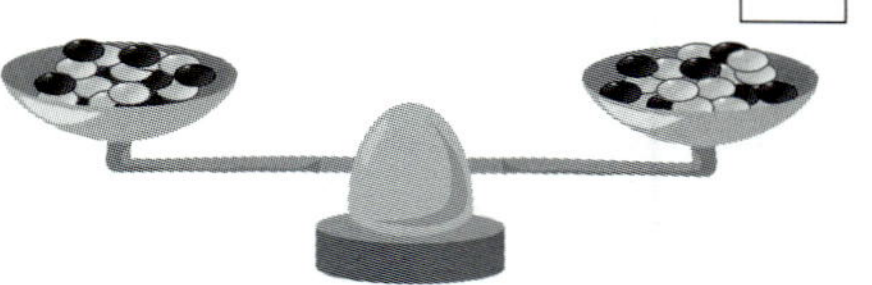

(식) $12+\boxed{}=14+\boxed{}$

단원평가 1회 · 규칙 찾기

난이도 A B C
점수

스피드 정답 13쪽 | 정답 및 풀이 47쪽

[1~3] 수 배열표를 보고 물음에 답하세요.

1001	1101	1201	1301
2001	2101	2201	2301
3001	3101	3201	
4001	4101	4201	4301

1 규칙을 찾아 빈칸에 알맞은 수를 써넣으세요.

2 ▢ 부분에서 규칙을 찾아보세요.

규칙 2001부터 시작하여 → 방향으로 ▢씩 커집니다.

3 색칠한 수들의 규칙을 찾아보세요.

규칙 1001부터 시작하여 ↘ 방향으로 ▢씩 커집니다.

4 수의 배열에서 규칙을 찾아 빈칸에 알맞은 수를 써넣으세요.

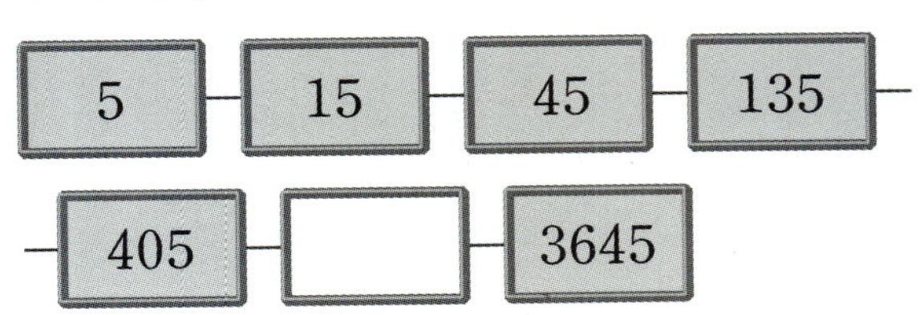

5 등호를 바르게 사용한 식에 ○표 하세요.

$26+34=34+26$

$15=30-16$

6 저울이 어느 한쪽으로 기울어지지 않도록 모형을 올리거나 내렸습니다. ▢ 안에 알맞은 수를 써넣어 저울의 양쪽 무게를 등호를 사용하여 식으로 나타내 보세요.

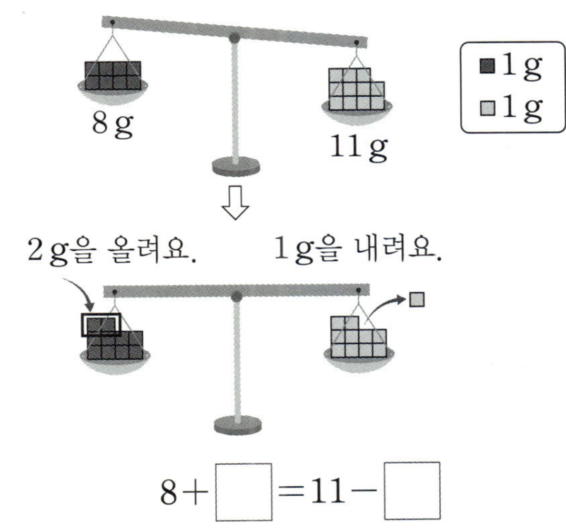

$8+▢=11-▢$

7 삼각형으로 만든 모양의 배열에서 규칙을 찾아 ▢ 안에 알맞은 수를 써넣으세요.

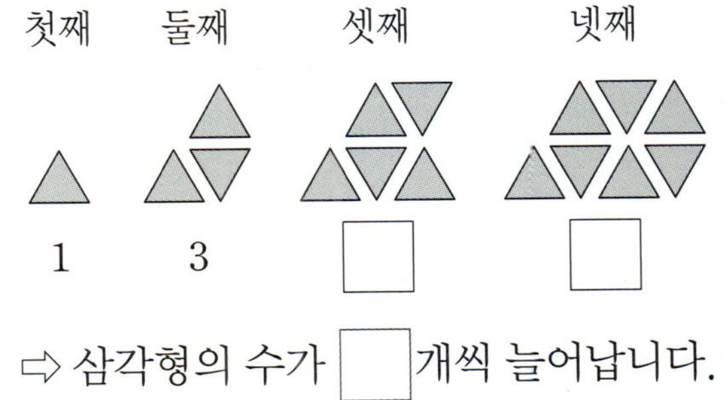

⇨ 삼각형의 수가 ▢개씩 늘어납니다.

[8~9] 원으로 만든 모양의 배열을 보고 물음에 답하세요.

첫째　　둘째　　셋째　　넷째

8 규칙을 찾아 식으로 나타내 보세요.

순서	첫째	둘째	셋째	넷째
식	1	1+2		

9 다섯째 모양을 만드는 데 필요한 원의 수를 구하세요.

(　　　　　　　　)

10 수 배열표의 일부가 찢어졌습니다. 규칙을 찾아 ★에 알맞은 수를 구하세요.

21	31	41	51	61
121	131	141	151	161
221	231	241	251	261
321	331	341	★	
421	431			

(　　　　　　　　)

[11~12] 수 배열표를 보고 물음에 답하세요.

301	303	305	307	309	311
302	304	306	308	310	312

11 □ 안에 알맞은 수를 써넣으세요.

$$301+304=303+\boxed{}$$

12 □ 안에 알맞은 수를 써넣으세요.

$$301+303+305=303\times\boxed{}$$

[13~14] 나눗셈식의 배열을 보고 물음에 답하세요.

첫째	$110\div11=10$
둘째	$1100\div11=100$
셋째	$11000\div11=1000$
넷째	

13 나눗셈식의 배열에서 규칙을 찾아보세요.

규칙　$\boxed{}$배씩 커지는 수를 11로 나누면 계산 결과는 $\boxed{}$배씩 커집니다.

14 나눗셈식의 배열에서 규칙을 찾아 넷째에 알맞은 나눗셈식을 써 보세요.

나눗셈식 ______________________________

```
        1
    2   7  12
  3   8  13  18  23
4  9  14  19  24  29  ㉮
```

15 수 배열표에서 규칙을 찾아보세요.

규칙 → 방향으로 □씩 커집니다.

16 15의 규칙에 따라 ㉮에 알맞은 수를 구하세요.

(   )

17 모형으로 만든 모양의 배열에서 규칙을 찾아 다섯째 모양을 만드는 데 필요한 모형의 수를 구하세요.

첫째   둘째   셋째   넷째

   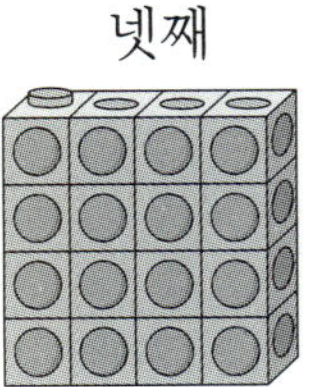

(   )

첫째	$11 \times 11 = 121$
둘째	$11 \times 111 = 1221$
셋째	$11 \times 1111 = 12221$
넷째	$11 \times 11111 = 122221$
다섯째	

18 곱셈식의 배열에서 규칙을 찾아 □ 안에 알맞은 수를 써넣으세요.

규칙 11에 1이 □개씩 늘어나는 수를 곱하면 계산 결과에서 가운데 수는 순서의 숫자만큼 □이/가 반복됩니다.

19 곱셈식의 배열에서 규칙을 찾아 다섯째에 알맞은 곱셈식을 써 보세요.

곱셈식 ______________________________

20 덧셈식의 배열에서 규칙에 따라 계산 결과가 996이 되는 덧셈식을 써 보세요.

첫째	$330 + 111 = 441$
둘째	$330 + 222 = 552$
셋째	$330 + 333 = 663$
넷째	$330 + 444 = 774$

덧셈식 ______________________________

[1~3] 수 배열표를 보고 물음에 답하세요.

2111	2222	2333	2444
3111	3222		3444
4111	4222	4333	4444
5111	5222	5333	5444

1 규칙을 찾아 빈칸에 알맞은 수를 써넣으세요.

2 ☐ 부분에서 규칙을 찾아보세요.

규칙 2333부터 시작하여 ↓ 방향으로 ☐ 씩 커집니다.

3 색칠한 수들의 규칙을 찾아보세요.

규칙 2111부터 시작하여 ↘ 방향으로 ☐ 씩 커집니다.

4 수의 배열에서 규칙을 찾아 빈칸에 알맞은 수를 써넣으세요.

256 — 128 — ☐ — 32
16 — 8 — 4

5 덧셈식이 옳도록 ☐ 안에 들어갈 수 있는 것을 보기에서 모두 골라 써 보세요.

보기
$$29,\ 27,\ 35-8,\ 21+5$$

$$25+2=\boxed{}$$

( )

[6~7] 수수깡으로 만든 모양의 배열을 보고 물음에 답하세요.

첫째　　둘째　　　셋째

6 빈칸에 알맞은 수를 써넣으세요.

순서	첫째	둘째	셋째
수수깡의 수(개)			

7 넷째 모양을 만드는 데 필요한 수수깡의 수를 구하세요.

( )

〔8~9〕수 배열표의 일부가 찢어졌습니다. 물음에
답하세요.

32	34	36	38	40
132	134	136	138	140
332	334	336	338	
632	634	636	★	
1032	1034			

8 색칠한 수들의 규칙을 찾아보세요.

(규칙) 38부터 시작하여 ↓ 방향으로 100,

〔　　　〕, 300, ...씩 커집니다.

9 규칙을 찾아 ★에 알맞은 수를 구하세요.

(　　　　　　　　　　)

〔10~11〕덧셈식의 배열을 보고 물음에 답하세요.

$$200+300=500$$
$$300+400=700$$
$$400+500=900$$
$$\boxed{}$$
$$600+700=1300$$

10 덧셈식의 배열에서 규칙을 찾아보세요.

(규칙) 100씩 커지는 수에 〔　　　〕씩 커지
는 수를 더하면 계산 결과는 200씩
커집니다.

11 덧셈식의 배열에서 규칙을 찾아 빈칸에 알
맞은 덧셈식을 써넣으세요.

〔12~13〕바둑알로 만든 모양의 배열을 보고 물음
에 답하세요.

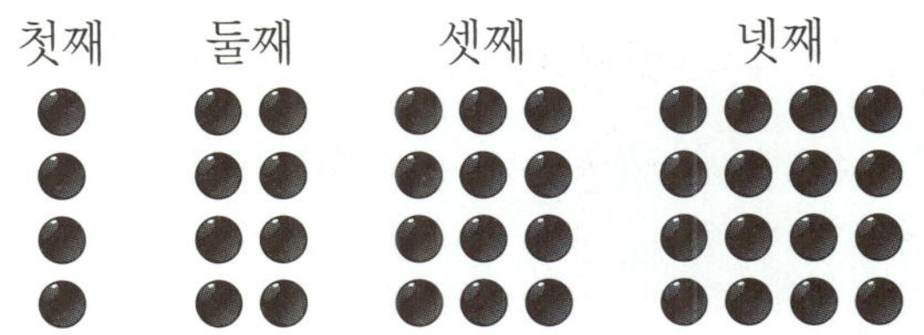

12 규칙을 찾아 식으로 나타내 보세요.

순서	첫째	둘째	셋째	넷째
식	1×4			

13 다섯째 모양을 만드는 데 필요한 바둑알의
수를 구하세요.

(　　　　　　　　　　)

14 나눗셈식의 배열에서 규칙을 찾아 다섯째
에 알맞은 나눗셈식을 써 보세요.

첫째	$110 \div 11 = 10$
둘째	$220 \div 22 = 10$
셋째	$330 \div 33 = 10$
넷째	$440 \div 44 = 10$

(나눗셈식) ________________________

[15~16] 곱셈식의 배열을 보고 물음에 답하세요.

첫째	$10 \times 21 = 210$
둘째	$20 \times 21 = 420$
셋째	$30 \times 21 = 630$
넷째	

15 곱셈식의 배열에서 규칙을 찾아보세요.

규칙 □씩 커지는 수에 21을 곱하면

계산 결과는 □씩 커집니다.

16 곱셈식의 배열에서 규칙을 찾아 넷째에 알맞은 곱셈식을 써 보세요.

곱셈식 ___________________

17 어느 사무실 위치 안내판입니다. □ 안에 알맞은 수를 써넣으세요.

사무실 위치 안내				
5층	501	502	503	504
4층	401	402	403	404

$$501 + 503 = 502 \times \square$$

$$503 + 404 = \square + 403$$

18 3장의 수 카드 중에서 가, 나에 들어갈 수를 찾아 써 보세요.

$$\boxed{2} \quad \boxed{5} \quad \boxed{7}$$

$$\boxed{가} + \boxed{17} = \boxed{19} + \boxed{나}$$

가 ( )

나 ( )

19 엘리베이터 버튼의 수의 배열에서 |보기|와 같이 세 수를 골라 규칙적인 계산식을 만들어 보세요.

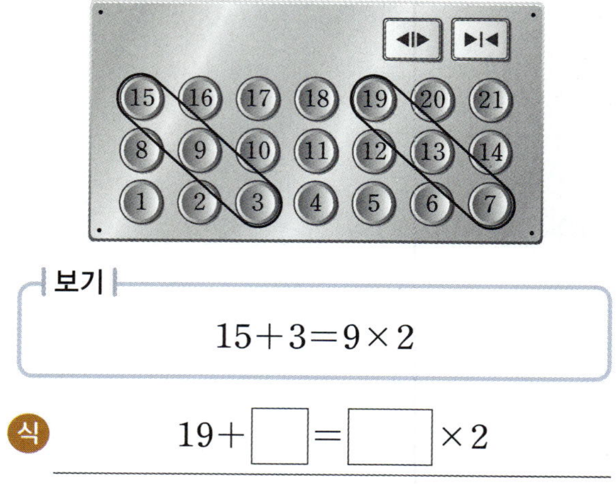

보기

$$15 + 3 = 9 \times 2$$

식 $19 + \square = \square \times 2$

20 계산식의 배열에서 규칙을 찾아 다섯째에 알맞은 계산식을 써넣으세요.

첫째	$200 + 400 - 100 = 500$
둘째	$300 + 400 - 200 = 500$
셋째	$400 + 400 - 300 = 500$
넷째	$500 + 400 - 400 = 500$
다섯째	

단원평가 3회 · 규칙 찾기

[1~2] 수 배열표를 보고 물음에 답하세요.

3002	3102	3202	3302	3402
4002	4102	4202	4302	4402
5002	5102	5202	5302	5402
6002	6102	6202	6302	6402
7002	7102	7202	7302	7402

1 ☐ 부분에서 규칙을 찾아보세요.

규칙 3002부터 시작하여 → 방향으로 ☐ 씩 커집니다.

2 색칠한 수들의 규칙을 찾아보세요.

규칙 3002부터 시작하여 ↘ 방향으로 ☐ 씩 커집니다.

3 원으로 만든 모양의 배열에서 규칙을 찾아 ☐ 안에 알맞은 수를 써넣으세요.

첫째   둘째   셋째   넷째

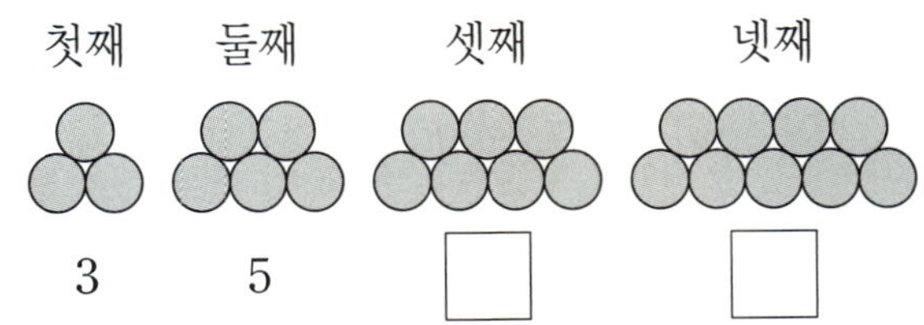

3   5   ☐   ☐

⇨ 원의 수가 ☐ 개씩 늘어납니다.

4 수의 배열에서 규칙을 찾아 빈칸에 알맞은 수를 써넣으세요.

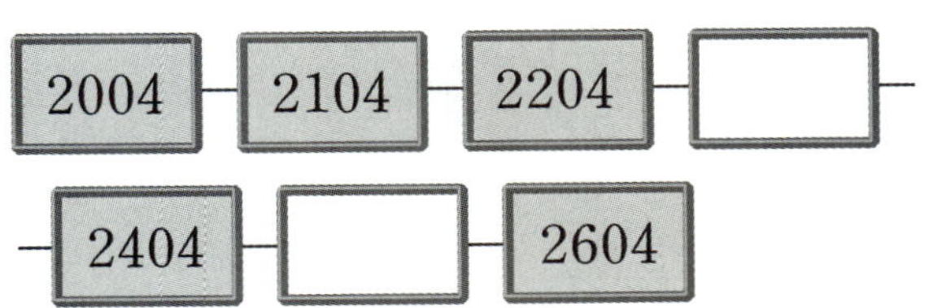

[5~6] 수 배열표의 일부가 찢어졌습니다. 물음에 답하세요.

18	21	24	27	30
218	221	224	227	230
418	421	424	427	430
618	621	624	●	
818	821			

5 색칠한 수들의 규칙을 찾아보세요.

규칙 27부터 시작하여 ↓ 방향으로 ☐ 씩 커집니다.

6 규칙을 찾아 ●에 알맞은 수를 구하세요.

(   )

[7~8] 모형으로 만든 모양의 배열을 보고 물음에 답하세요.

첫째   둘째   셋째   넷째

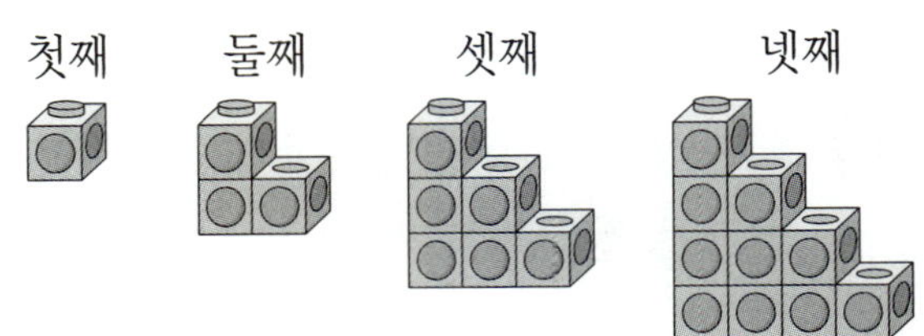

7 모양의 배열에서 규칙을 찾아보세요.

규칙 모형의 수가 2개, ☐ 가, 4개, ...씩 늘어납니다.

8 다섯째 모양을 만드는 데 필요한 모형의 수를 구하세요.

(   )

[9~10] 수 배열표를 보고 물음에 답하세요.

301	303	305	307	309
302	304	306	308	310

9 □ 안에 알맞은 수를 써넣으세요.

$$305+308=307+\boxed{}$$

10 □ 안에 알맞은 수를 써넣으세요.

$$306+308+310=308\times\boxed{}$$

11 뺄셈식의 배열에서 규칙을 찾아 다섯째에 알맞은 뺄셈식을 써 보세요.

첫째	$548-132=416$
둘째	$558-142=416$
셋째	$568-152=416$
넷째	$578-162=416$

뺄셈식 ________________________________

12 등호를 바르게 사용한 것을 찾아 기호를 써 보세요.

> ㉠ $16+15=12+18$
> ㉡ $40-13=41-14$
> ㉢ $19+27=17+28$

(   )

13 곱셈식의 배열에서 규칙을 찾아 □ 안에 알맞은 수를 써넣으세요.

$$7\times108=756$$
$$7\times1008=7056$$
$$7\times10008=70056$$
$$7\times\boxed{}=\boxed{}$$
$$7\times1000008=7000056$$

14 같은 값을 나타내는 두 카드를 찾아 등호를 사용하여 식으로 나타내 보세요.

$12+19$	29	$42-8$
32	$25+6$	22

식 ________________________________

[15~16] 성냥개비로 만든 모양의 배열을 보고 물음에 답하세요.

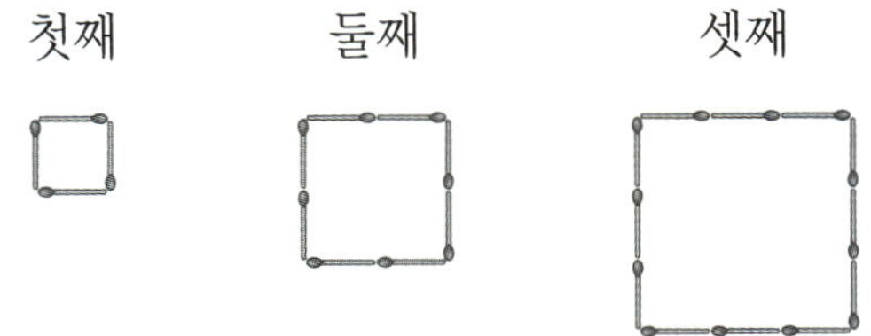

15 규칙을 찾아 식으로 나타내 보세요.

순서	첫째	둘째	셋째
식	1×4		

16 넷째 모양을 만드는 데 필요한 성냥개비의 수를 구하세요.

(   )

17 저울의 양쪽 무게가 같도록 □ 안에 알맞은 수를 써넣고, 등호를 사용한 식을 완성해 보세요.

흰 돌: 17개   흰 돌: □개

검은 돌: 8개   검은 돌: 11개

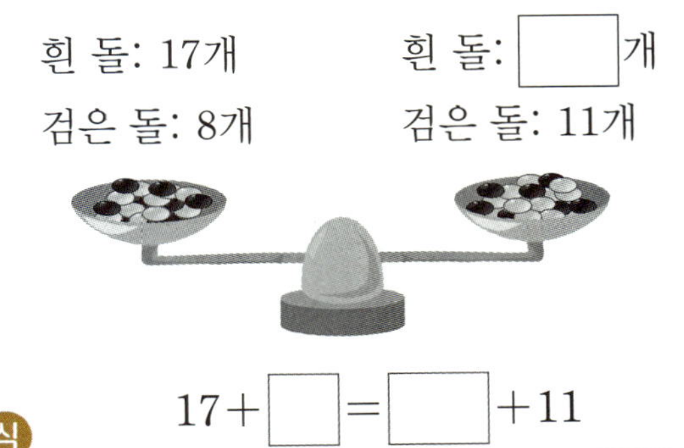

식 $17 + \boxed{} = \boxed{} + 11$

---

18 사각형으로 만든 모양의 배열에서 규칙을 찾아 다섯째 모양을 만드는 데 필요한 사각형은 몇 개인지 풀이 과정을 쓰고 답을 구하세요.

풀이

답 _______________

[19~20] 수 배열표의 일부가 찢어졌습니다. 물음에 답하세요.

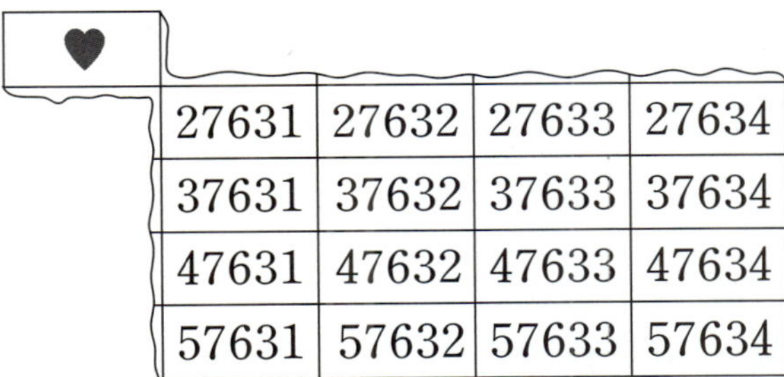

♥			
27631	27632	27633	27634
37631	37632	37633	37634
47631	47632	47633	47634
57631	57632	57633	57634

19 |조건|을 만족하는 규칙적인 수의 배열을 찾아 색칠해 보세요.

┌ 조건 ┐

• 가장 큰 수는 57634입니다.

• ↖ 방향으로 10001씩 작아집니다.

20 규칙을 찾아 ♥에 알맞은 수를 구하세요.

(   )

단원평가 4회 · 규칙 찾기

[1~3] 수 배열표를 보고 물음에 답하세요.

3005	3105	3205	3305	3405
4005	4105	4205	4305	4405
5005	5105	5205	5305	5405
6005	6105	6205		6405
7005	7105	7205	7305	7405

1 규칙을 찾아 빈칸에 알맞은 수를 써넣으세요.

2 ☐ 부분에서 규칙을 찾아보세요.

규칙 3105부터 시작하여 ↓ 방향으로 ☐씩 커집니다.

3 색칠한 수들의 규칙을 찾아보세요.

규칙 3005부터 시작하여 ↘ 방향으로 ☐씩 커집니다.

4 수의 배열에서 규칙을 찾아 빈칸에 알맞은 수를 써넣으세요.

1207	1307	1407		1607

5 수 배열에서 규칙을 찾아 빈칸에 알맞은 수를 써넣으세요.

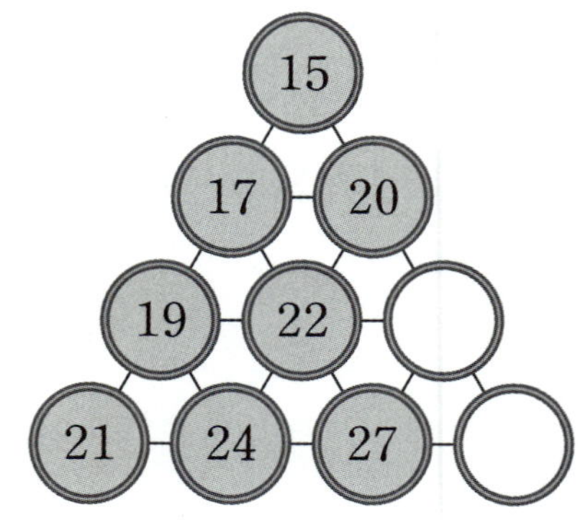

[6~7] 모양의 배열을 보고 물음에 답하세요.

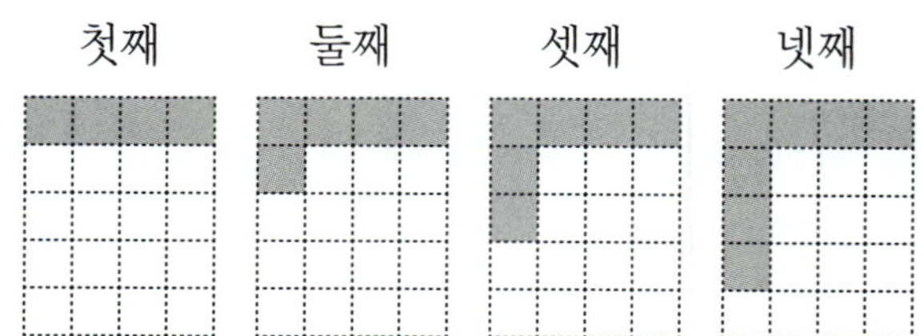

6 모양의 배열에서 규칙을 찾아보세요.

규칙 색칠한 사각형이 왼쪽 아래로 ☐개씩 늘어납니다.

7 다섯째에 알맞은 모양을 그려 보세요.

8 수의 배열에서 규칙을 찾아 빈칸에 알맞은 수를 써넣으세요.

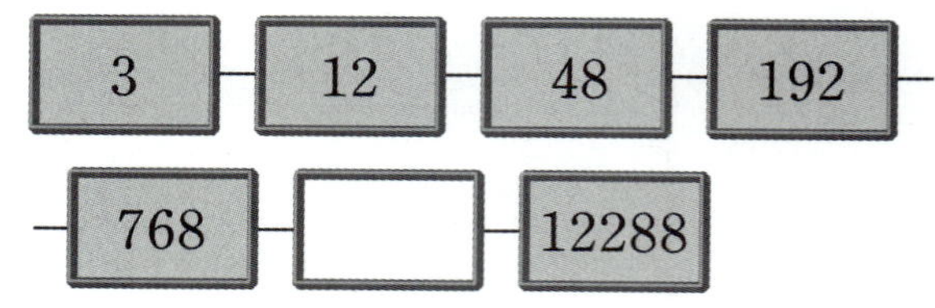

9 □ 안에 알맞은 수를 써넣으세요.

$$13 + \boxed{} = 15 + 8$$

$$57 - 20 = 47 - \boxed{}$$

〔**10~11**〕 곱셈식의 배열을 보고 물음에 답하세요.

$$11 \times 30 = 330$$
$$22 \times 30 = 660$$
$$33 \times 30 = 990$$

$$\boxed{}$$

10 곱셈식의 배열에서 규칙을 찾아보세요.

규칙　11씩 커지는 수에 $\boxed{}$ 을/를 곱하면 계산 결과는 $\boxed{}$ 씩 커집니다.

11 곱셈식의 배열에서 규칙을 찾아 빈칸에 알맞은 곱셈식을 써넣으세요.

12 뺄셈식의 배열에서 규칙에 따라 계산 결과가 68000이 되는 계산식을 써 보세요.

첫째	$33000 - 9000 = 24000$
둘째	$43000 - 8000 = 35000$
셋째	$53000 - 7000 = 46000$
넷째	$63000 - 6000 = 57000$

뺄셈식 ________________________________

〔**13~14**〕 수 배열표를 보고 □ 안에 알맞은 수를 써넣으세요.

501	503	505	507	509
602	604	606	608	610

13 $505 + 608 = 507 + \boxed{}$

14 $505 + 507 + 509 = 507 \times \boxed{}$

15 사각형으로 만든 모양의 배열에서 규칙을 찾아 빈칸에 알맞은 도형을 그리고 □ 안에 알맞은 수를 써넣으세요.

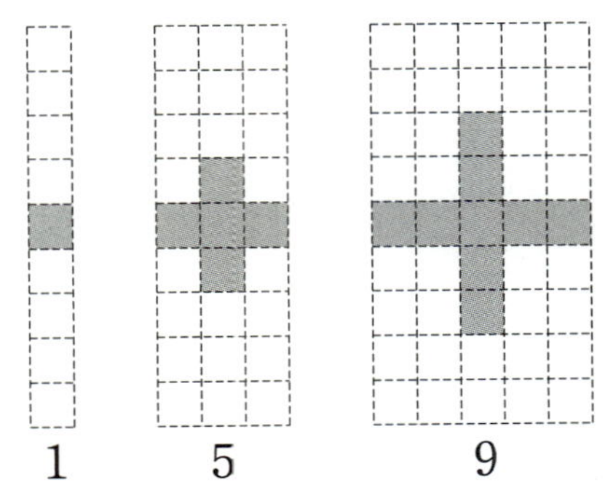

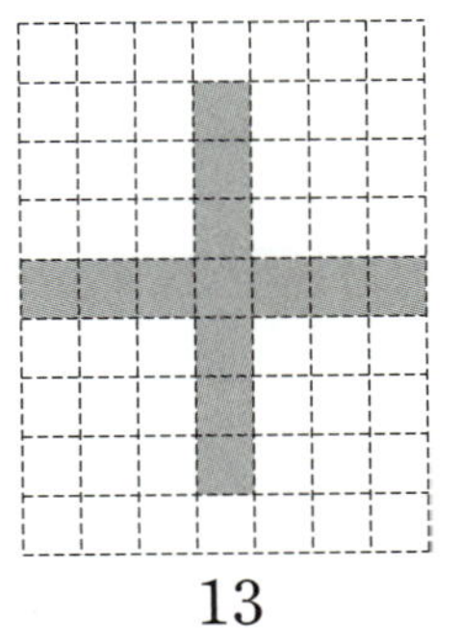

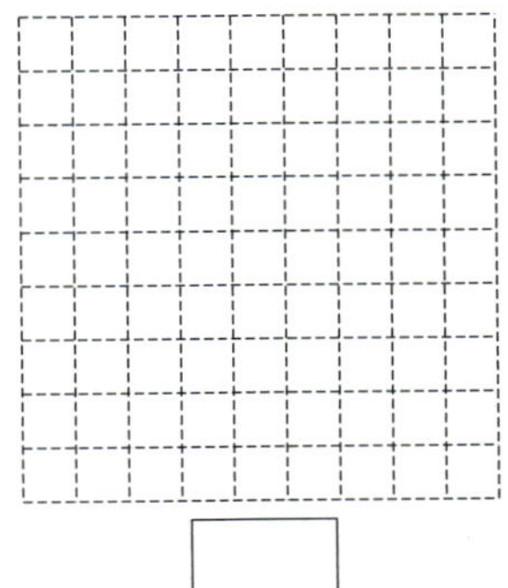

16 저울의 양쪽 무게가 같도록 □ 안에 알맞은 수를 써넣고, 등호를 사용하여 식으로 나타내 보세요.

흰 돌: 17개　　　흰 돌: 15개
검은 돌: □개　　검은 돌: 12개

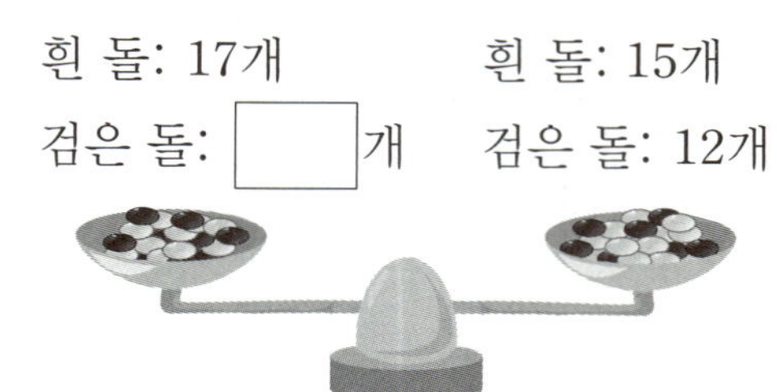

식 ______________________________

17 보기 에서 가, 나에 들어갈 수를 모두 찾아 써 보세요.

보기

| 13 | 6 | 14 | 19 | 21 |

$$46 - 가 = 39 - 나$$

가 (　　　　), 나 (　　　　)
가 (　　　　), 나 (　　　　)

18 계산식의 배열에서 규칙을 찾아 다섯째에 알맞은 계산식을 써넣으세요.

첫째	$1 \times 9 = 10 - 1$
둘째	$11 \times 9 = 100 - 1$
셋째	$111 \times 9 = 1000 - 1$
넷째	$1111 \times 9 = 10000 - 1$
다섯째	

19 바둑알로 만든 모양의 배열에서 규칙을 찾아 다섯째 모양을 만드는 데 필요한 바둑알은 몇 개인지 풀이 과정을 쓰고 답을 구하세요.

첫째　　둘째　　셋째　　넷째

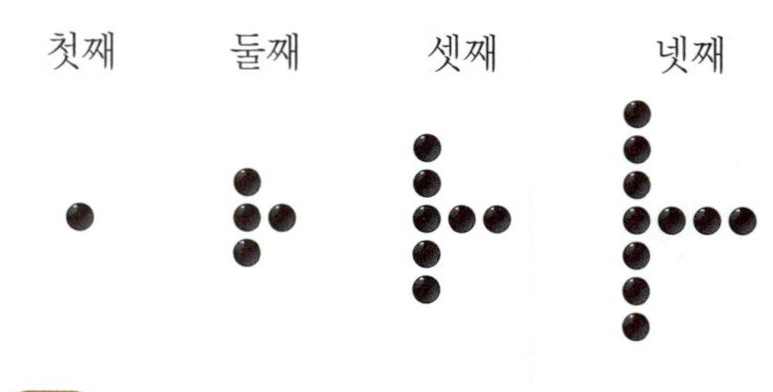

풀이

답 ______________________________

20 달력을 보고 굵은 선 안의 수를 이용하여 규칙적인 계산식을 만들어 보세요.

일	월	화	수	목	금	토
	1	2	3	4	5	6
7	8	9	10	11	12	13
14	15	16	17	18	19	20
21	22	23	24	25	26	27
28	29	30				

계산식 ______________________________

[1~3] 수 배열표를 보고 물음에 답하세요.

2018	2118	2218	2318
3018	3118	3218	3318
4018	4118	●	4318
5018	5118	5218	5318

1 ☐ 부분에서 규칙을 찾아보세요.

규칙 3018부터 시작하여 → 방향으로
☐ 씩 커집니다.

2 색칠한 수들의 규칙을 찾아보세요.

규칙 2018부터 시작하여 ↘ 방향으로
☐ 씩 커집니다.

3 규칙을 찾아 ●에 알맞은 수를 구하세요.

(   )

4 수의 배열에서 규칙을 찾아 빈칸에 알맞은
수를 써넣으세요.

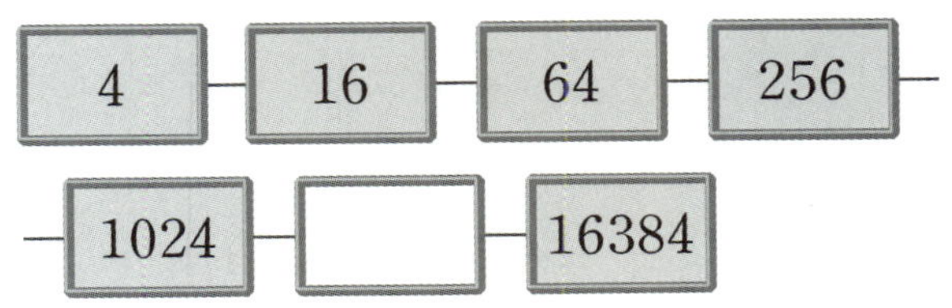

[5~6] 수 배열표의 일부가 찢어졌습니다. 물음에
답하세요.

42	44	46	48	50
142	144	146	148	150
342	344	346	348	
642	644	■	648	
1042	1044			

5 규칙을 찾아 ■에 알맞은 수를 구하세요.

(   )

6 색칠한 수들의 규칙을 찾아보세요.

규칙 __________________________

7 같은 값을 나타내는 두 카드를 선으로 잇고,
등호를 사용하여 식으로 나타내 보세요.

| 25＋17 | | 45－8 |
| 18＋19 | | 51－9 |

식 __________ , __________

8 ☐ 안에 알맞은 수를 써넣으세요.

$$15 + \boxed{} = 10 + 8$$

$$125 - 10 = 145 - \boxed{}$$

9 엘리베이터 버튼의 수의 배열에서 찾을 수 있는 규칙을 1가지만 써 보세요.

규칙 ______________________________

____

10 규칙적인 수의 배열에서 ■, ●에 알맞은 수를 각각 구하세요.

1104	2104	■	4104		
		3204	4204	●	6204

■ (   )

● (   )

11 덧셈식의 배열에서 규칙을 찾아 빈칸에 알맞은 덧셈식은 무엇인지 풀이 과정을 쓰고 답을 구하세요.

$$300 + 300 = 600$$
$$400 + 400 = 800$$
$$500 + 500 = 1000$$

풀이

덧셈식 ______________________________

[12~13] 바둑알로 만든 모양의 배열을 보고 물음에 답하세요.

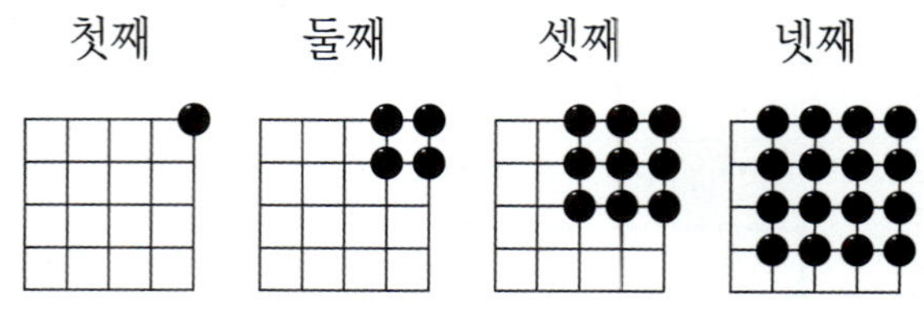

12 바둑알의 수를 쓰고, 규칙을 찾아 식으로 나타내 보세요.

순서	첫째	둘째	셋째	넷째
바둑알의 수(개)	1			
식	1×1			

13 다섯째 모양을 만드는 데 필요한 바둑알의 수를 구하세요.

(   )

14 사각형으로 만든 모양의 배열에서 여덟째에 알맞은 모양을 그려 보세요.

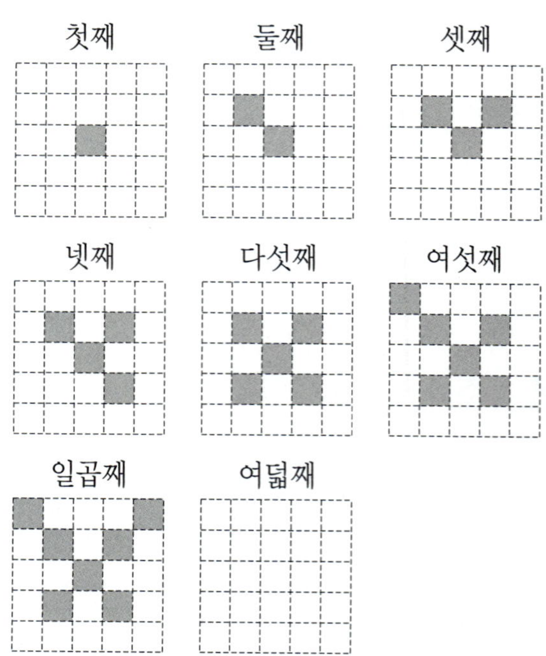

첫째	$1000-200+100=900$
둘째	$1100-300+200=1000$
셋째	$1200-400+300=1100$
넷째	$1300-500+400=1200$
다섯째	

15 규칙을 찾아 다섯째에 알맞은 계산식을 써 넣으세요.

16 규칙에 따라 계산 결과가 1500이 되는 계산식을 써 보세요.

　계산식 ＿＿＿＿＿＿＿＿＿＿＿＿＿＿＿

17 수 배열표에서 규칙을 찾아 빈칸에 알맞은 수를 써넣으세요.

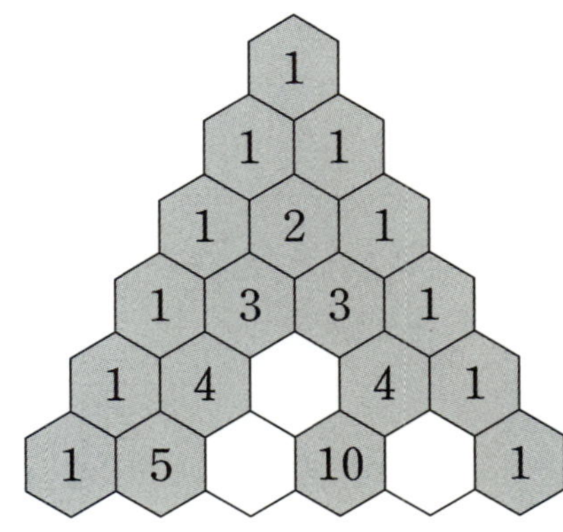

18 주어진 카드를 모두 한 번씩만 사용하여 등호를 사용한 식을 만들어 보세요.

　2　6　－　－　15　＝　19

　식 ＿＿＿＿＿＿＿＿＿＿＿＿＿＿＿

19 나눗셈식의 배열에서 규칙을 찾아 다섯째에 알맞은 나눗셈식을 써넣으세요.

첫째	$111111111\div9=12345679$
둘째	$222222222\div18=12345679$
셋째	$333333333\div27=12345679$
넷째	$444444444\div36=12345679$
다섯째	

20 성냥개비로 만든 모양의 배열에서 규칙을 찾아 다섯째 모양을 만드는 데 필요한 성냥개비의 수를 구하세요.

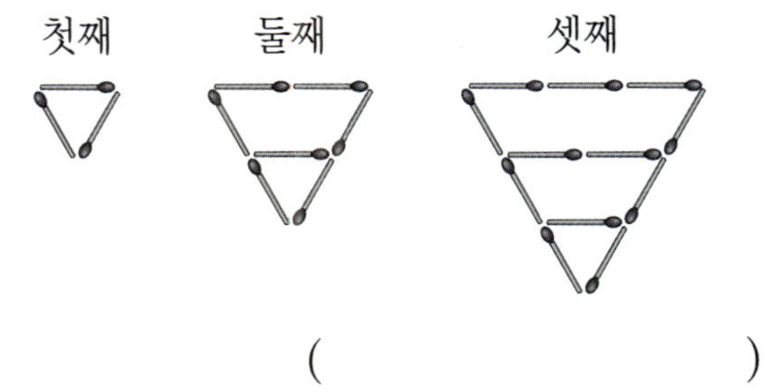

（　　　　　　）

1 수 배열표에서 규칙을 찾아 ■에 알맞은 수를 구하세요.

52	54	56	58	60
152	154	156	158	160
352	354	356	358	360
652	654	656	658	660
1052	1054	1056	■	1060

❶ 수 배열표에서 색칠한 수들의 규칙을 찾아보세요.

규칙

❷ ■에 알맞은 수를 구하세요.

(   )

2 1부터 9까지의 자연수 중 □ 안에 알맞은 수를 써넣어 등호를 사용한 식을 만들려고 합니다. 만들 수 있는 식은 모두 몇 개인지 구하세요.

$$15 + \boxed{} = 9 + \boxed{}$$

❶ 만들 수 있는 식을 모두 찾아 써 보세요.

❷ 만들 수 있는 식은 모두 몇 개일까요?

(   )

3 사각형으로 만든 모양의 배열에서 규칙을 찾아 여섯째 모양의 사각형의 수를 구하세요.

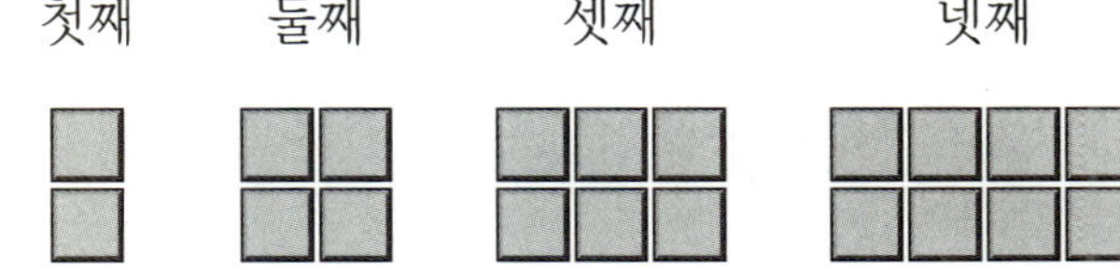

❶ 모양의 배열에서 규칙을 찾아보세요.

규칙 ____

❷ 여섯째 모양을 만드는 데 필요한 사각형은 몇 개일까요?

(   )

4 덧셈식의 배열에서 규칙을 찾아 다섯째에 알맞은 덧셈식을 구하세요.

첫째	$304+105=409$
둘째	$314+115=429$
셋째	$324+125=449$
넷째	$334+135=469$
다섯째	

❶ 덧셈식의 배열에서 규칙을 찾아보세요.

규칙 ____

❷ 다섯째에 알맞은 덧셈식을 써 보세요.

덧셈식 ____

1 수 배열표에서 규칙을 찾아 ▲에 알맞은 수는 얼마인지 풀이 과정을 쓰고 답을 구하세요.

10001	10101	10201	10301	10401
11001	11101	11201	11301	11401
12001	12101	12201	12301	12401
13001	13101	13201	▲	13401

풀이

답 ______________________

어떻게 풀까요?

→ 방향과 ↓ 방향의 규칙을 각각 찾아봅니다.

2 규칙적인 수의 배열에서 규칙을 찾아 ■에 알맞은 수는 얼마인지 풀이 과정을 쓰고 답을 구하세요.

2400	1200	■	300			
		48000	24000	12000	6000

풀이

답 ______________________

어떻게 풀까요?

→ 방향으로 수가 얼마큼씩 커지거나 작아지는지 규칙을 찾아봅니다.

3 성냥개비로 만든 모양의 배열을 보고 다섯째 모양을 만드는 데 필요한 성냥개비는 몇 개인지 풀이 과정을 쓰고 답을 구하세요.

첫째   둘째   셋째   넷째

  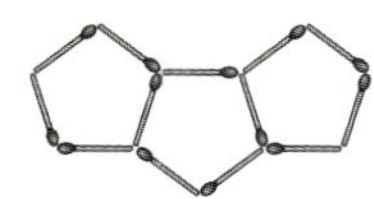 

풀이

답 _______________________

4 나눗셈식 배열에서 규칙을 찾아 다섯째에 알맞은 나눗셈식은 무엇인지 풀이 과정을 쓰고 답을 구하세요.

첫째	$200 \div 2 = 100$
둘째	$400 \div 2 = 200$
셋째	$600 \div 2 = 300$
넷째	$800 \div 2 = 400$
다섯째	

풀이

나눗셈식 _______________________

6 단원

1 □ 안에 알맞은 수를 써넣으세요.

$$73 - 26 = 76 - \boxed{}$$

2 사각형으로 만든 모양의 배열에서 규칙을 찾아 다섯째 모양을 만드는 데 필요한 사각형의 수를 구하세요.

첫째　둘째　　셋째　　　넷째

(　　　　　　　　)

3 수의 배열에서 규칙을 찾아 빈칸에 알맞은 수를 써넣으세요.

$\boxed{1} \Rightarrow \boxed{4} \Rightarrow \boxed{16}$
$\Rightarrow \boxed{64} \Rightarrow \boxed{256} \Rightarrow \boxed{}$

4 달력을 보고 │조건│을 만족하는 수를 찾아 써 보세요.

일	월	화	수	목	금	토
					1	2
3	4	5	6	7	8	9
10	11	12	13	14	15	16
17	18	19	20	21	22	23
24	25	26	27	28	29	30

│조건│
- ⬭ 안에 있는 9개의 수 중에 하나입니다.
- ⬭ 안에 있는 9개의 수의 합을 9로 나눈 몫과 같습니다.

(　　　　　　　　)

5 모형으로 만든 모양의 배열에서 규칙을 찾아보려고 합니다. 여섯째 모양을 만드는 데 필요한 모형의 수는 몇 개인지 구하세요.

첫째　　　둘째　　　셋째　　　넷째

(　　　　　　　　)

단원평가

수학 단원평가

정답 및 풀이

학교 수행평가 완벽 대비

4·1

천재교육

단원평가

스피드 정답

1단원 큰 수

1 10 **2** 10, 1 **3** 23057
4 사만 오천칠십구 **5** 78546
6 3, 9, 6, 4 **7** 30000＋2000＋500＋90＋7
8 80000＋4000＋300＋70＋6
9 26381 **10** 62589

1 (선 연결)
2 2545913
3 3298만 2456, 32982456
4 6017만 5903, 60175903
5 2, 200000 **6** 십만 **7** 천만
8 2000000 **9** ㉢ **10** ㉠

1 100만, 1000만 **2** 1억, 10억
3 4072054000000000
4 153892534000 **5** 1, 4
6 백억 **7** 십조 **8** 700000000
9 5000000000000 **10** ㉢

1 360000, 370000, 390000
2 2650000, 2670000, 2680000
3 55억, 65억, 85억 **4** 100000씩
5 1억씩 **6** < **7** <
8 2545조, 2745조 **9** ㉠ **10** ㉡

1 1000, 100 **2** 29037
3 오만 이천칠십삼 **4** 7000, 600, 4
5 100000(또는 10만) ; 십만
6 4070억 3500만 402, 407035000402
7 조 **8** 6
9 72693740에 ○표 **10** 60000, 60000000
11 < **12** <
13 154257, 174257, 184257
14 8번 **15** ㉢ **16** 2553만
17 ④ **18** 102468 **19** 6, 7, 8, 9
20 66700원

1 10 **2** 152364 **3** 8201, 5946
4 1000만에 ○표, 100만에 ○표 **5** 2, 4
6 80000＋2000＋100＋90＋7
7 ② **8** 95623830 **9** ②
10 50000, 5000000 **11** <
12 < **13** 32624원
14 190조, 1900조
15 5500000, 5600000, 5700000, 5800000
16 100억씩 **17** 1000배
18 302500605
19 36675 **20** 120만 원

1 75836 **2** 사만 오천이십
3 1947356 **4** ㉡
5 293조 4507억 3168만
6 ③ **7** ㉡
8 5, 5000000 ; 4, 400000 ; 7, 70000
9 ㉣ **10** 12억 5만, 22억 5만, 42억 5만

11 10만, 100만 **12** >

13 1000억씩 **14** 화성

15 4번 **16** 1654000

17 예) 십억의 자리 수가 같고 천만의 자리 수를 비교하면 6>5이므로 □ 안에는 4보다 큰 수가 들어갈 수 있습니다.
⇨ □ 안에 들어갈 수 있는 수는 5, 6, 7, 8, 9로 모두 5개입니다. ; 5개

18 73000원 **19** 1060111 **20** ⓒ, ⓛ, ⓐ

16~18쪽 단원평가 4회 풀이는 19쪽에

1 1000 **2** 2065000089

3 5000, 400 **4** 1000억, 100억

5 247500000000, 이천사백칠십오억

6 8 **7** 억, 800000000

8 ④ **9** 6번 **10** ㉠

11 247조, 248조, 250조 **12** ㉠

13 496000, 516000, 526000 **14** ③

15 미국 **16** 219조 **17** 7, 8, 9

18 48765321 **19** 6개월

20 예) 2510억의 10배는 2조 5100억이고 2조 5100억의 10배는 25조 1000억이므로 ㉮에 알맞은 수는 25조 1000억입니다.
; 25조 1000억

19~21쪽 단원평가 5회 풀이는 20쪽에

1 10 **2** 52819 **3** 297306

4 1543, 7000 **5** 십억 **6** ㉡

7 8000000 **8** 4, 40000000000

9 < **10** ( ) (○) **11** 100조씩

12 25041006500000 **13** 백억

14 ㉠, ㉢, ㉡

15 ㉡ ; 예) 1억이 420개인 수입니다.

16 2억 5000만 **17** 656544332211

---

18 예) 백억의 자리 수가 1씩 커지므로 100억씩 뛰어 세었습니다.

2185억 — 2285억 — 2385억
　　　　1번　　　　2번

이므로 2185억에서 100억씩 2번 뛰어 센 수는 2385억입니다. ; 2385억

19 53764 **20** 8, 9

22~23쪽 서술형 평가 ❶ 풀이는 21쪽에

1 ❶ 600000, 40000 ❷ 17640000

2 ❶ 15065000000 ❷ 11, 10 ❸ ㉠

3 ❶ 400000000000 ❷ 40000000
❸ 10000배

4 ❶ 100억 ❷ 100억씩 ❸ 4조 2900억

24~25쪽 서술형 평가 ❷ 풀이는 21쪽에

1 예) ┌ 100억이 10개이면 100000000000
　　├ 10억이 7개이면 7000000000
　　└ 1억이 12개이면 1200000000
⇨ 100000000000+7000000000
　　+1200000000=108200000000
; 108200000000

2 예) 1억이 508개, 1만이 25개인 수는 508억 25만
→ 50800250000
이므로 ㉠과 ㉡은 모두 11자리 수입니다.
⇨ ㉠ 50800250000 > ㉡ 50800189274
　　　　　└── 2>1 ──┘
; ㉠

3 예) ㉠은 십억의 자리 숫자이므로 2000000000을 나타내고, ㉡은 십만의 자리 숫자이므로 200000을 나타냅니다.
⇨ 십억은 십만의 10000배이므로 20억은 20만의 10000배입니다. ; 10000배

4 예) 275억 300만에서 10억씩 거꾸로 4번 뛰어 세면
275억 300만−265억 300만−255억 300만−245억 300만−235억 300만입니다.
⇨ 어떤 수는 235억 300만입니다. ; 235억 300만

5 예 백만의 자리 숫자가 7인 10자리 수는

□□□7□□□□□□ 이고 0은

맨 앞에 올 수 없으므로 십억의 자리에 2를 쓰

고 높은 자리부터 작은 수를 차례대로 씁니다.

⇨ 2007244557 ; 2007244557

26쪽 **오답 베스트 5** 풀이는 21쪽에

1 36070 **2** 264, 294 **3** ㉡

4 **5** 6개

2단원 각도

30쪽 **쪽지시험** 1회 풀이는 22쪽에

1 (○)(　) **2** (○)(　)(△)
3 (○)(　) **4** (　)(○)
5 3, 1, 2 **6** 50
7 110 **8** 80
9 40 **10** 120

31쪽 **쪽지시험** 2회 풀이는 22쪽에

1 예각 **2** 둔각
3 예 50, 50 **4** 예 120, 120
5 70 **6** 180
7 40 **8** 가, 나, 라, 바 ; 다, 마
9 155 **10** 85

32쪽 **쪽지시험** 3회 풀이는 22쪽에

1 180 **2** 360 **3** 30
4 75 **5** 70 **6** 30°
7 70° **8** 90° **9** 110°
10 170°

33~35쪽 **단원평가** 1회 풀이는 23쪽에

1 (　)(○)(　) **2** 가 **3** 65°
4 둔각 **5** 180° **6** 110
7 110°, 150° **8** 165° **9** 39
10 예 100, 100 **11** 170°, 80°
12 25° **13** 70° **14** 65
15 125° **16** 165 **17** 예각
18 연우 **19** 105 **20** 3개

36~38쪽 **단원평가** 2회 풀이는 23~24쪽에

1 (○)(　) **2** 2, 3, 1 **3** 나
4 110° **5** 25°, 70°에 ○표
6 60 **7** 65 **8** 45
9 예 80, 80 **10** 155 **11** ㄴ
12 80° **13** 예

14 2개, 3개 **15** 105 **16** 90
17 ㉠ **18** 45° **19** 125°
20 30°

39~41쪽 **단원평가** 3회 풀이는 24~25쪽에

1 (　)(○) **2** 나 **3** 95°
4 **5** 360
6 55 **7** 80 **8** 15
9 예 100, 100 **10** 100° **11** ㉠, ㉣
12 60 **13** 150° **14** 168°
15 ㉡ **16** 55°
17 예 각의 꼭짓점과 각도기의 중심을 맞추지 않았

습니다.

18 120° **19** 75° **20** 85°

42~44쪽 단원평가 4회 (풀이는 25~26쪽에)

1 ( ) (○) ( ) **2** 90 **3** 60°

4 125 **5** 가, 라 ; 다 ; 나, 마, 바

6 200 **7** 예 55, 55 **8** ㄴ

9 **10** 75° **11** 130 ; 소망

12 80° **13** 60

14 100 **15** ② **16** 70

17 예 사각형의 네 각의 크기의 합은 360°이므로

$75° + 60° + 120° + \square° = 360°$,

$255° + \square° = 360°$

$\Rightarrow \square° = 360° - 255° = 105°$

; 105

18 4개 **19** 50° **20** 360°

45~47쪽 단원평가 5회 (풀이는 26쪽에)

1 ( ) (○) **2** 다, 나, 가 **3** 30°

4 100°에 ○표 **5** 70

6 85°, 65°, 75°, 135° ; 360

7 125° **8** =

9 50° **10** 80

11 70 **12** ㉠, ㉢, ㉣, ㉡

13 185 **14** 45 ; 민수

15 15 **16** 95°

17 예 삼각형의 세 각의 크기의 합은 180°이므로
나머지 한 각의 크기는 $180° - 105° = 75°$입
니다. ; 75°

18 40° **19** ㉣

20 예 180°를 똑같이 5개의 각으로 나누었으므로
(한 각의 크기) = $180° \div 5 = 36°$
각 ㄹㅇㄴ은 각도가 36°인 각 3개로 이루어
진 각이므로 (각 ㄹㅇㄴ) = $36° \times 3 = 108°$입
니다. ; 108°

48~49쪽 서술형 평가 ❶ (풀이는 27쪽에)

1 ❶ ㉠, 100° ❷ ㉡, 35° ❸ 65°

2 ❶ 180° ❷ 60°

3 ❶ 360° ❷ 140°

4 ❶ 95, 85, 90 ❷ 180 ❸ ㉠

50~51쪽 서술형 평가 ❷ (풀이는 27쪽에)

1 예 가장 큰 각은 ㉡이므로 각도를 재어 보면 115°
이고, 가장 작은 각은 ㉠이므로 각도를 재어 보
면 30°입니다.
$\Rightarrow$ 두 각도의 합은 $115° + 30° = 145°$입니다.
; 145°

2 예 삼각형의 세 각의 크기의 합은 180°이므로
㉠ $= 180° - 60° - 70° = 50°$입니다.
; 50°

3 예 사각형의 네 각의 크기의 합은 360°이므로
(나머지 한 각의 크기)
$= 360° - 65° - 110° - 85° = 100°$입니다.
; 100°

4 예 ㉠ $45° + 35° = 80°$ ㉡ $150° - 60° = 90°$
예각은 각도가 0°보다 크고 직각보다 작은 각
이므로 예각은 ㉠ $45° + 35° = 80°$입니다.
; ㉠

5 예 ㉠ $+ 140° = 180°$, ㉠ $= 180° - 140° = 40°$
$130° + $ ㉡ $= 180°$, ㉡ $= 180° - 130° = 50°$
$\Rightarrow$ ㉠ $<$ ㉡이므로 ㉡ $-$ ㉠ $= 50° - 40° = 10°$입
니다.
; 10°

52쪽 오답 베스트 5 (풀이는 27쪽에)

1 125 **2** 177° **3** 150°

4 240° **5** ㉡

3 단원 곱셈과 나눗셈

1 12000 **2** 15000 **3** 630, 6300
4 12840 **5** 9480 **6** 13800
7 (선 연결) **8** ⓒ **9** 은정
10 31500

1 3780, 630, 4410 **2** 13000, 650, 13650
3 19008 **4** 7975 **5** 23556
6 11772 **7** 16146 **8** <
9 ⓒ, ⓛ, ㄱ **10** 7280

1 2 **2** 5, 85, 0 **3** 6, 240, 7
4 7 **5** 9 **6** 4, 2
7 7, 2 **8** < **9** (선 연결)
10 ㄱ

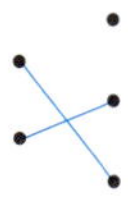

1 9, 252, 2 **2** 4, 112, 3 **3** 5⋯4
4 6⋯13 **5** 6⋯12 **6** 7, 6
7 5, 5 **8** 15 **9** ㄱ
10
$$\begin{array}{r} 8 \\ 17\overline{)142} \\ 136 \\ \hline 6 \end{array}$$

1 15, 23, 115, 115, 0
2 17, 32, 240, 224, 16
3 18 **4** 25⋯5 **5** 17⋯10
6 16, 3 **7** < **8** ⓒ
9 3, 2, 1 **10** 548

1 3 **2** 1304, 13040
3 ⓛ **4** 13×6=78에 ○표
5 21, 34, 7 **6** 5 **7** 34146
8 900×20에 ○표 **9** 7, 2
10 14532 **11** ③ **12** (선 연결)
13
$$\begin{array}{r} 304 \\ \times\ 23 \\ \hline 912 \\ 608 \\ \hline 6992 \end{array}$$
14 > **15** 108
16 ⓒ **17** 14000원
18 19600 m **19** 7자루
20 13송이

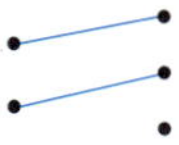

1 12, 12 **2** 1356, 1356 **3** 480, 560 ; 6
4 1548, 5160, 6708 **5** ⓛ, ⓒ, ㄱ
6 13, 167, 135, 32 **7** 6에 ○표
8 13750 **9** 7 **10** 6194
11 6, 1 **12** >
13 35000, 커야에 ○표 **14** 19824
15 ⓛ **16** ㄱ, ⓒ, ⓛ **17** 8330개
18 8760시간 **19** 15대 **20** 6쾌, 14마리

67~69쪽 단원평가 3회 (풀이는 30~31쪽에)

1 72, 72 **2** 133, 152 ; 8 **3** 704, 7040
4 5, 120, 0 **5** 480, 720, 960 ; 2
6 8에 ○표 **7** 3 **8** 46648
9 (선 잇기) **10** ⑤ **11** >
12 25, 12000 **13** $\dfrac{3}{23\overline{)74}}$, 3 **14** ㉠, ㉢, ㉡

$$23\overline{)74}$$
$$\underline{69}$$
$$5$$

15 7595개 **16** 7자루 **17** 8000 mL
18 예) $374 \div 43 = 8 \cdots 30$
 ⇨ 구슬은 8봉지까지 담을 수 있고 남는 구슬
 은 30개입니다.
 ; 8봉지, 30개
19 671 **20** (위부터) 2 ; 8, 9 ; 8 ; 5

70~72쪽 단원평가 4회 (풀이는 31~32쪽에)

1 9000 **2** 10배
3 4, 4 **4** 5, 85, 0
5 3270 ; 2616 ; 2616, 3270, 5886
6 ㉡, ㉠, ㉢ **7** 29520
8 $7 \cdots 15$
9 (위부터) 26100, 10875
10 25, 11 **11** <
12 ㉠ **13** 7315
14 ㉠, ㉢, ㉡ **15** (위부터) 2 ; 6 ; 8, 4
16 28125권
17 예) (볼펜 24자루의 값)
 $= 750 \times 24 = 18000$(원)
 ⇨ (거스름돈) $= 20000 - 18000 = 2000$(원)
 ; 2000원
18 9상자 **19** 7 **20** 3, 85

73~75쪽 단원평가 5회 (풀이는 32~33쪽에)

1 45000 **2** 7920, 1320, 9240
3 3, 180, 0 **4** 4에 ○표
5 5820 **6** 6
7 (선 잇기) **8** 18690
9 18, 16 **10** >
11 ⑤ **12** (선 잇기)
13 예) 장미 91송이를 13송이씩 포장하므로
 $91 \div 13 = 7$(다발)을 포장할 수 있습니다.
 ; 7다발
14 16058개 **15** 4, 0
16 9일, 18쪽
17 예) 운동장에 있는 학생들을 한 줄에 21명씩 세
 우면 $420 \div 21 = 20$(줄)이 됩니다.
 ; 20줄
18 39 **19** 37
20 13720

76~77쪽 서술형 평가❶ (풀이는 33쪽에)

1 ❶ 952, 26, 24752
 ❷ 24752 m
2 ❶ 30일
 ❷ 30, 3780
 ❸ 3780번
3 ❶ 131, 12, 10, 11
 ❷ 10, 11
 ❸ 10상자
4 ❶ 12, 180 ; 180명
 ❷ 180, 20, 9
 ❸ 9줄

1 예 50개씩 700상자를 포장하였으므로
포장한 인형은 모두 $50 \times 700 = 35000$(개)입니다. ; 35000개

2 예 8월은 31일까지 있습니다.
매일 114번씩 31일 동안 윗몸일으키기를 했으므로 8월 한 달 동안 $114 \times 31 = 3534$(번)하게 됩니다. ; 3534번

3 예 $234 \div 15 = 15 \cdots 9$이므로 15상자까지 포장할 수 있고 9개가 남습니다. ; 15개

4 예 (전체 초콜릿 수)$= 25 \times 14 = 350$(개)
⇨ $350 \div 35 = 10$이므로 10명에게 나누어 줄 수 있습니다. ; 10명

5 예 가장 큰 세 자리 수: 765
가장 작은 두 자리 수: 20
⇨ $765 \times 20 = 15300$; 15300

1 ②, ③　　**2** 4650 mL　　**3** ㉁, ㉢, ㉠
4 3840 g　　**5** 2614 cm

4단원 평면도형의 이동

1 ㄹ　　　　　　**2** ㄴ

3
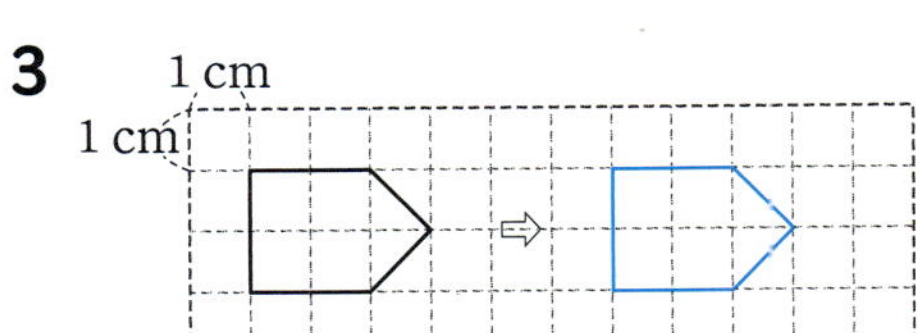

4
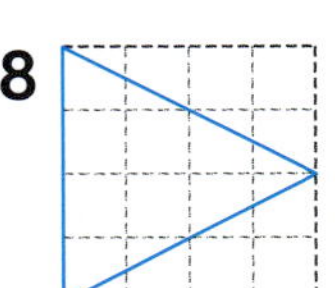

5 변하지 않습니다에 ○표
6 (　)(○)　　　　**7** (○)(　)
8 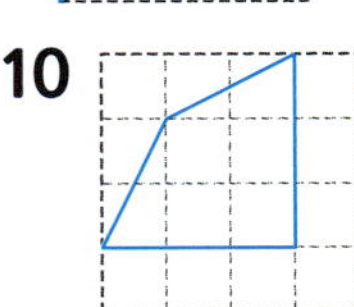　　**9**

10

1 (○)(　)　**2** (　)(○)　**3** (○)(　)

4　　　**5**
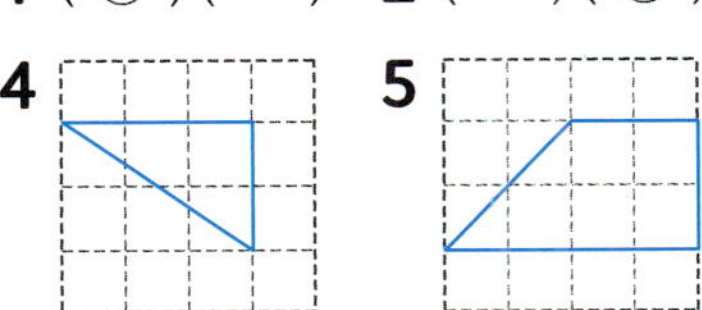

6
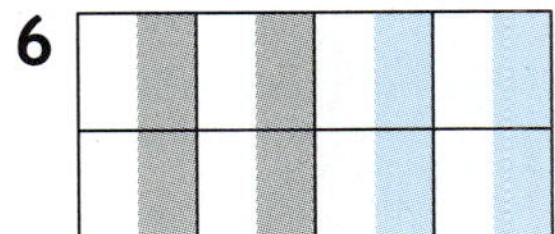

7 예
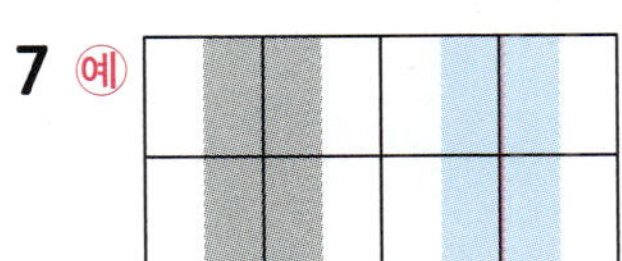

8 예

9
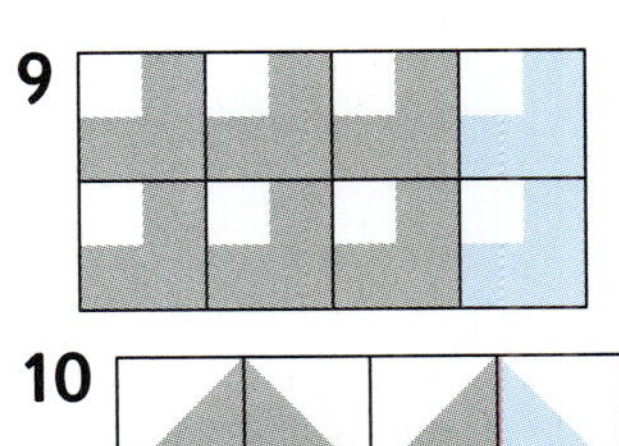

10

85~87쪽 단원평가 1회 _{풀이는 35~36쪽에}

1 사과

2 (◯)(　)(　)

3 (　)(◯)

4 오른, 6

5 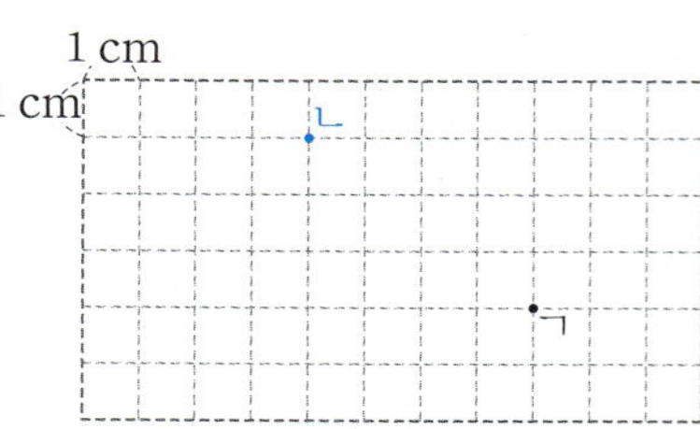

6 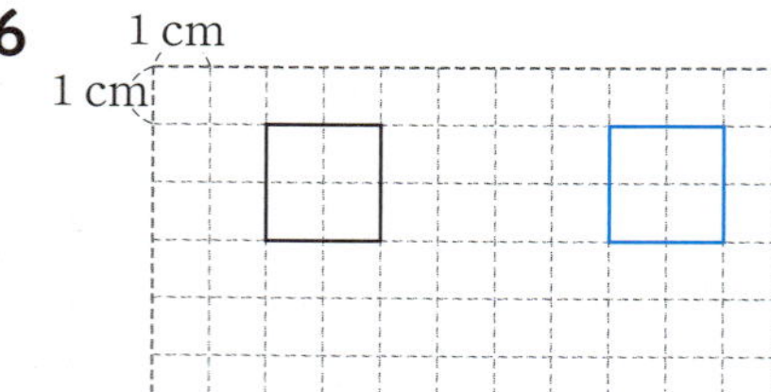

7 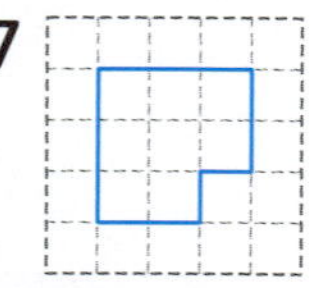 **8** 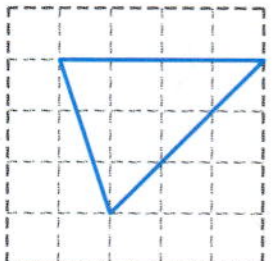

9 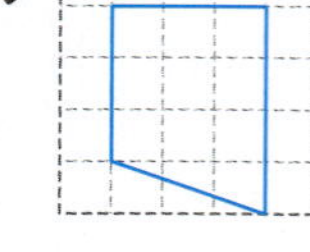

10 (위부터) 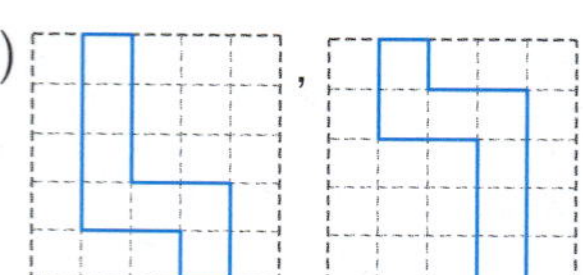

11 ㉢ **12** ㉠

13 6 **14** ②

15 ㉡ **16** 돌리기

17 ⟨예⟩ 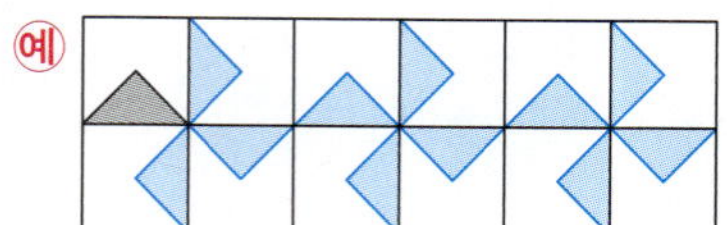

18 ㉡

19 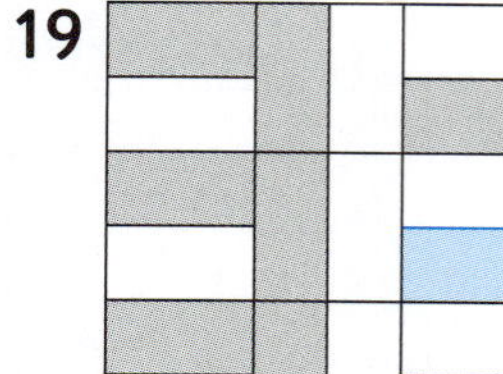

20 유나

88~90쪽 단원평가 2회 _{풀이는 36~37쪽에}

1 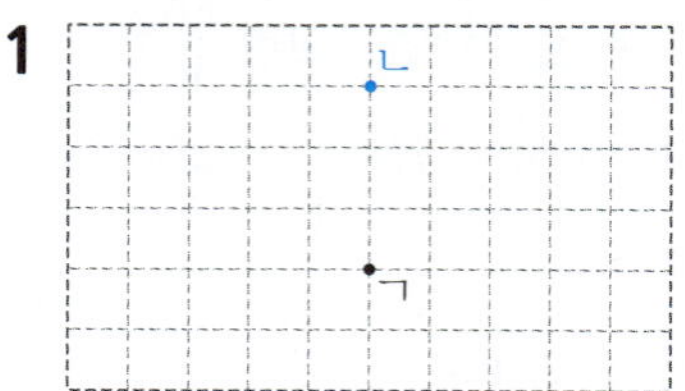

2 4, 위, 2

3 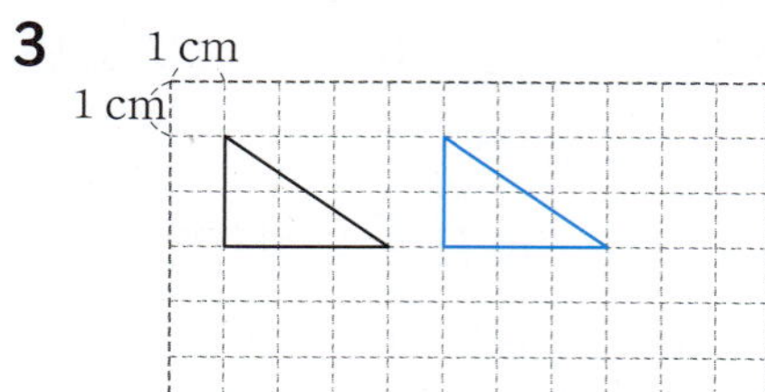

4 (◯)(　) **5** ㉡

6 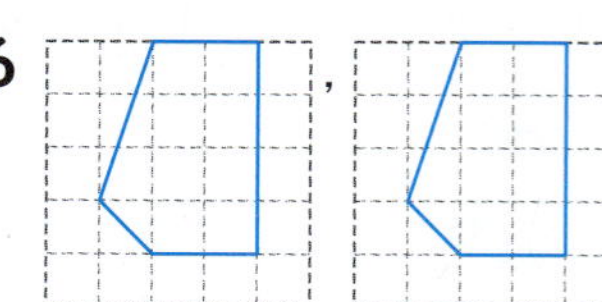 **7** 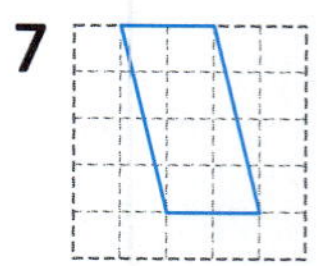

8 나 **9** 다

10 가 **11** 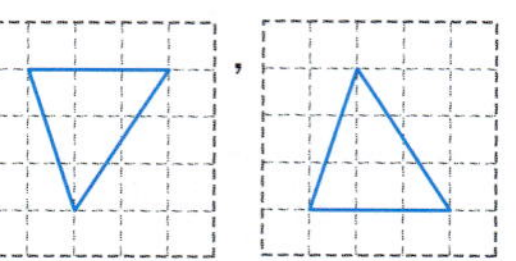

12 ⑤

13 (위부터) 

14

15 돌리기에 ◯표

16 (　)(◯)

17 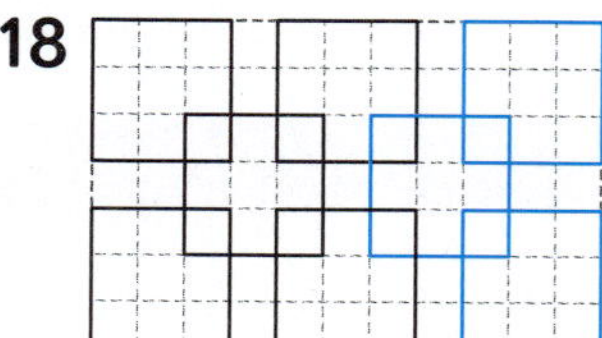

18

19 ② **20** 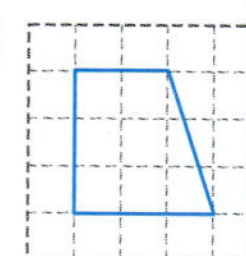

1 라　　　　**2** (◯)(　)

3 (◯)(　)　　**4** ㉡

5 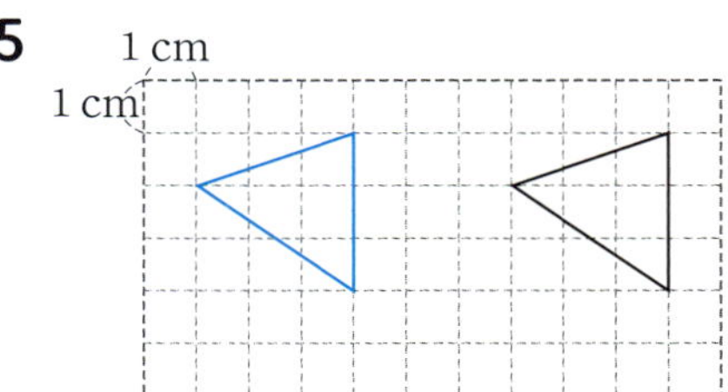

6 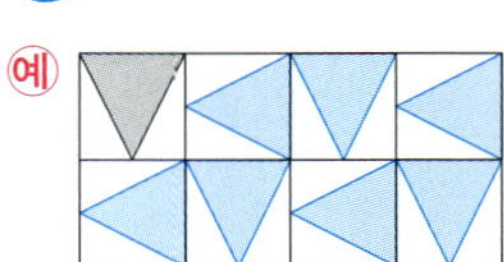　　**7**

8 나　　　　**9** 90°에 ◯표

10 라　　　　**11** 가

12 ㉡　　　　**13** 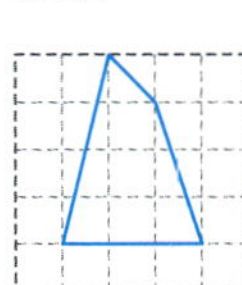

14

15

16 예 밀기, 아래쪽, 뒤집기

17 예 왼쪽 도형을 오른쪽으로 밀면 오른쪽 도형이
됩니다.

18 나

19 윤영

20 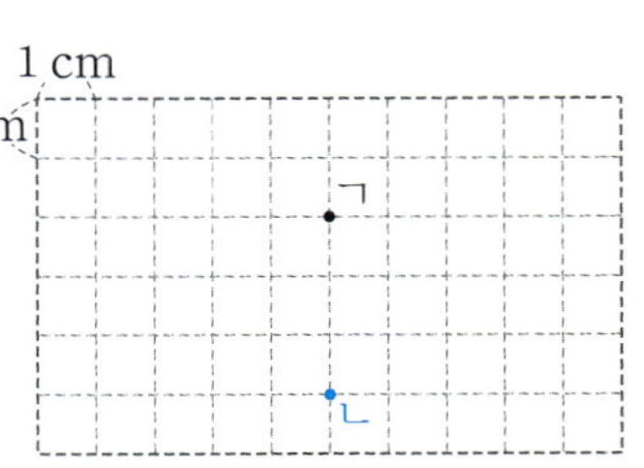

1

2 왼, 6

3 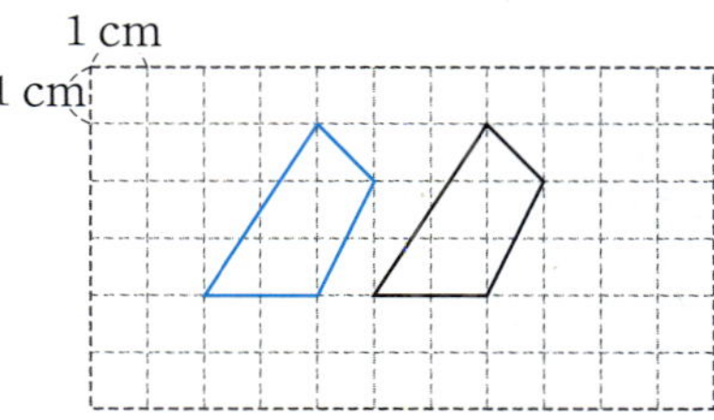

4　　　　　**5**

6 아래쪽에 ◯표　　**7** 180°에 ◯표

8 ◯

9 ㉡

10 ㉠

11 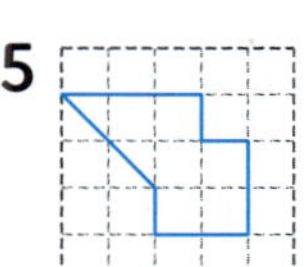

12 

13 ㉠

14 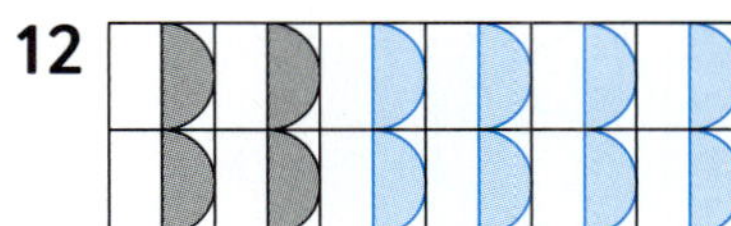

15 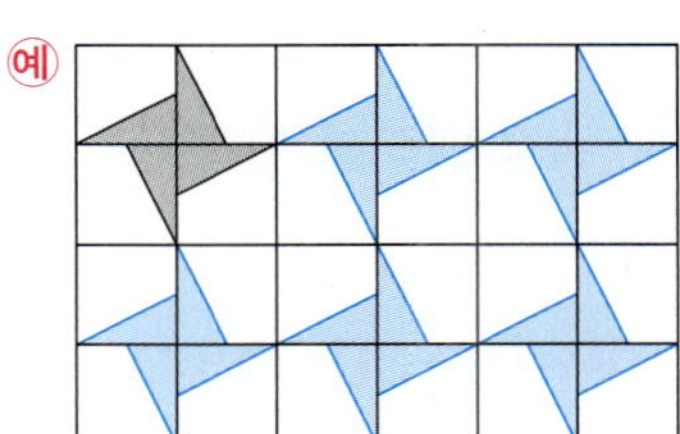

16 가

17 예 왼쪽 도형을 오른쪽으로 뒤집으면 오른쪽 도형
이 됩니다.

18 가

19 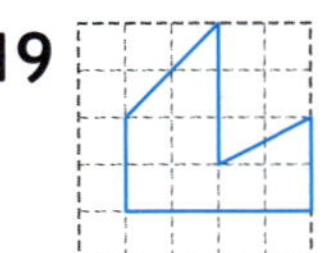

20 27

97~99쪽　단원평가 5회　풀이는 39~40쪽에

1 오른, 7　　　　**2** 민정

3
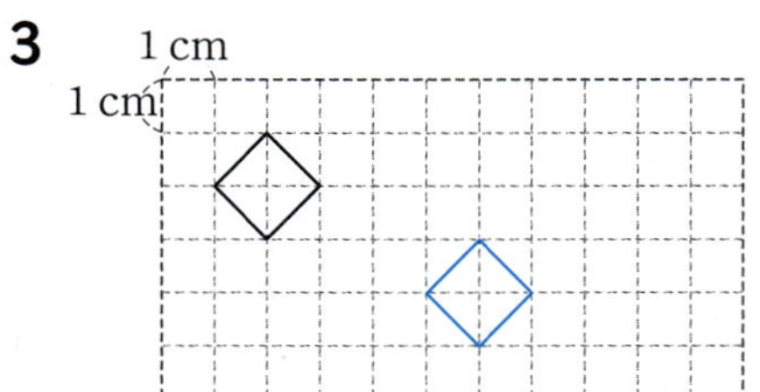

4 가　　**5** 다　　**6** ㉡

7 ㉣　　**8** 　　**9** ㉢

10 ㉡　　**11** 　　**12** 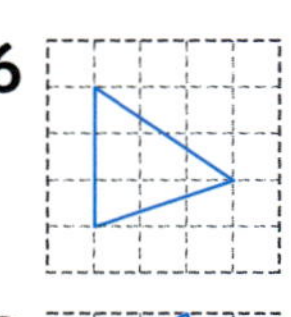

13 나

14 예 주어진 모양을 오른쪽과 아래쪽으로 뒤집기를 반복하여 만든 무늬입니다.

15 ㉢　　**16** 　　**17** ③

18 문　　**19**

20 예 아래쪽으로 뒤집었을 때 만들어지는 수는 19, 왼쪽으로 뒤집었을 때 만들어지는 수는 61입니다. ⇨ 두 수의 합은 19＋61＝80입니다.
; 80

100~101쪽　서술형 평가 ❶　풀이는 40쪽에

1 ❶ 오른쪽　　❷ 오른, 5

2 ❶ 아래쪽　　❷ 오른쪽　　❸ ㉡

3 ❶
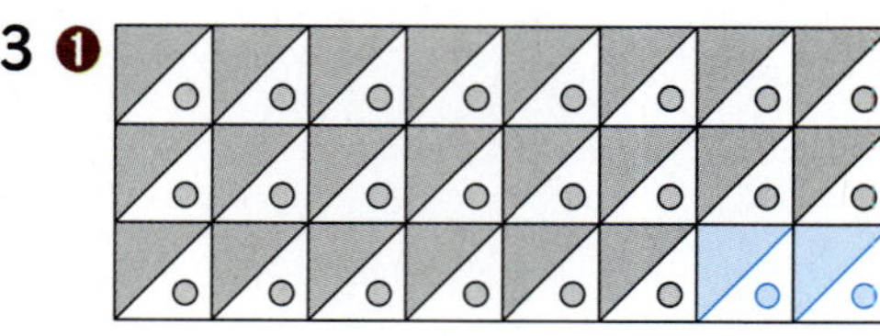

❷ 밀기에 ○표

4 ❶ 925　　❷ 526　　❸ 399

102~103쪽　서술형 평가 ❷　풀이는 40쪽에

1 예 선을 따라 점 ㄱ이 오른쪽으로 4 cm, 위쪽으로 2 cm 이동해야 합니다.

2 예 도형의 위쪽 부분이 오른쪽으로, 오른쪽 부분이 아래쪽으로 이동했으므로 ㉢ 시계 방향으로 90°만큼 돌린 것입니다. ; ㉢

3 예 주어진 모양을 오른쪽으로 뒤집기를 반복해서 모양을 만들고, 그 모양을 아래쪽으로 뒤집기 하여 무늬를 만들었습니다.

4 예 주어진 카드에 적힌 수는 102이고, 카드를 오른쪽으로 뒤집었을 때 만들어지는 수는 501입니다. ⇨ 501＋102＝603 ; 603

104쪽　오답 베스트 5　풀이는 40쪽에

1 ㉠　　**2** ㉣　　**3** 9 cm　　**4** ㉠　　**5** 96

5단원　막대그래프

107쪽　쪽지시험 1회　풀이는 41쪽에

1 막대그래프　　**2** 계절　　**3** 학생 수

4 1명　　　　　**5** 계절별 학생 수

6 학생 수　　　**7** 7칸

8
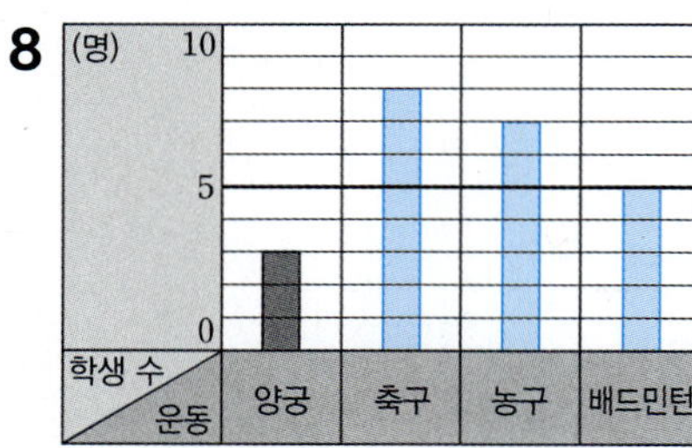

9 막대그래프　　**10** 표

108쪽　쪽지시험 2회　풀이는 41쪽에

1 4명　　**2** 만화　　**3** 뉴스　　**4** 2명

5 12명　　**6** 5명　　**7** 떡볶이　　**8** 김밥

9 13명　　**10** 예 떡볶이

1 막대그래프   **2** 9명   **3** 사과

4 30명   **5** 3, 4, 12   **6** 5명

7 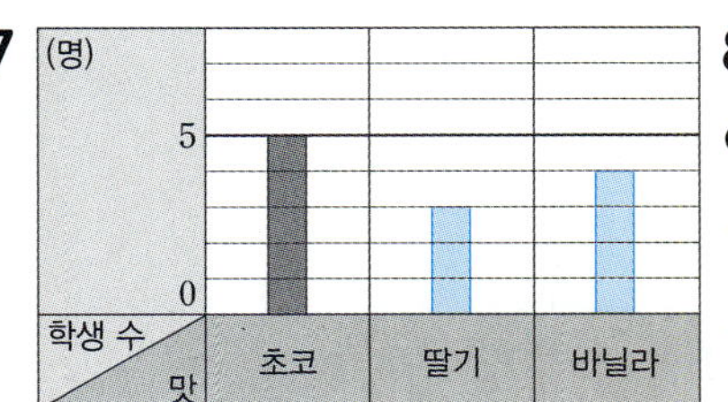

8 동물원

9 미술관, 3명

10 민속촌

11 4명

12 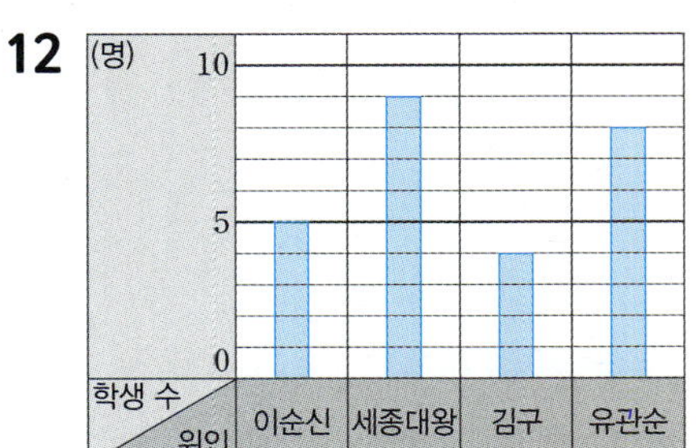

13 세종대왕   **14** 막대그래프   **15** 악기

16 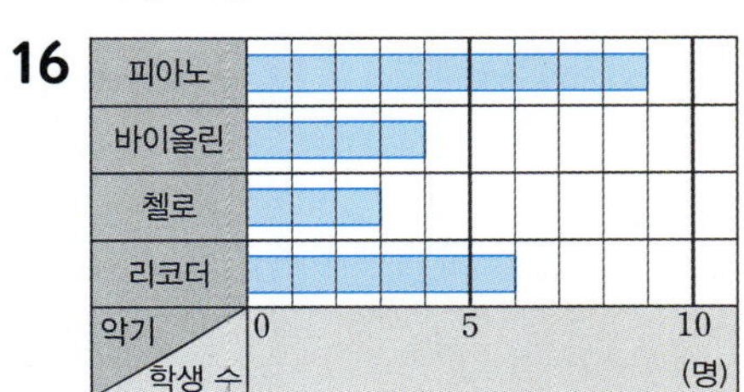

17 3배   **18** 20가구   **19** 180가구

20 알 수 없습니다.

---

1 지각생 수   **2** 반   **3** 1명   **4** 학생 수

5 우쿨렐레   **6** 바이올린   **7** 21명

8 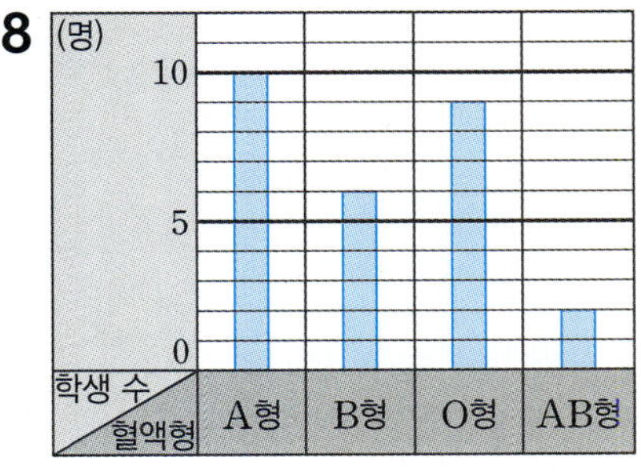

9 A형, O형

10 표

11 5, 6, 2, 2, 15

12 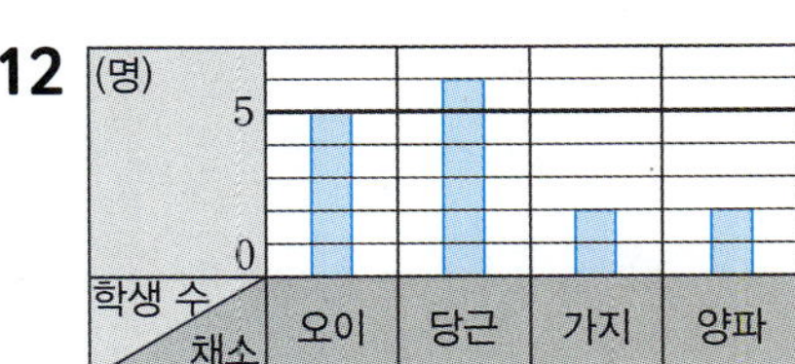

---

13 가지, 양파   **14** 3배   **15** 2초

16 지후, 18초   **17** 4초   **18** 10명

19 4명   **20** 2반, 1반, 4반, 3반

---

1 놀이기구, 학생 수   **2** 1명

3 8명   **4** 범퍼카   **5** 28명

6 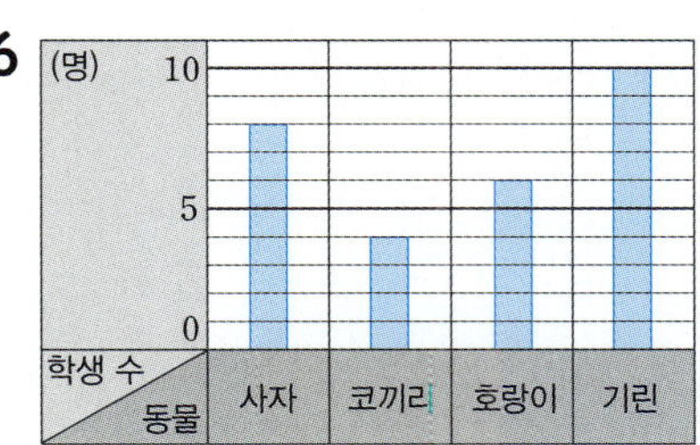

7 사자   **8** 28명

9 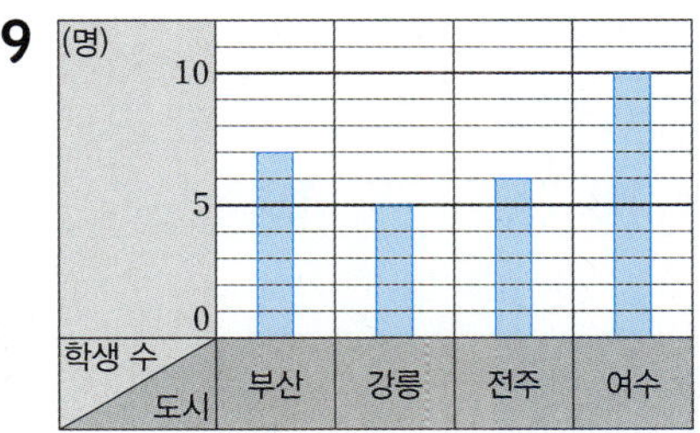

10 막대그래프   **11** 2 kg   **12** 준우, 34 kg

13 58 kg   **14** 12 kg

15 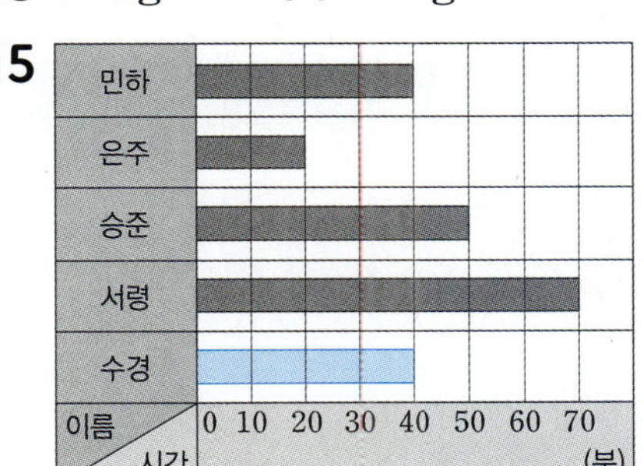

16 서령

17 50분

18 3반

19 3반

20 예 남학생 수와 여학생 수의 차가 가장 큰 반은 두 막대의 길이의 차가 가장 큰 4반입니다. 이때 세로 눈금 한 칸이 1명을 나타내고, 막대의 길이가 4칸 차이가 나므로 4명 차이가 납니다.

; 4반, 4명

---

1 계절, 학생 수   **2** 여름   **3** 여름

4 28명   **5** 3500원   **6** 100원

7 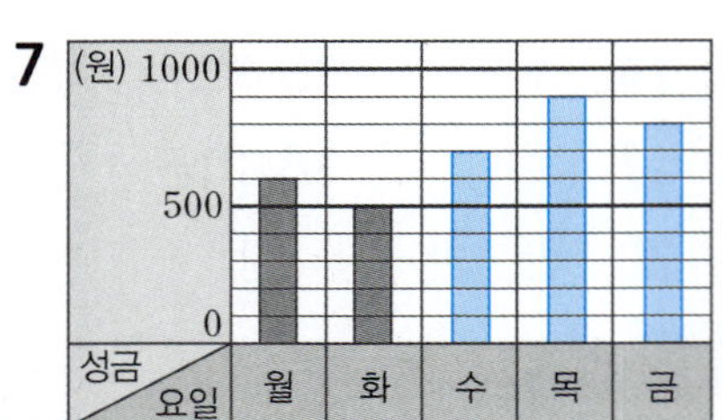

8 목요일

9 6, 3, 4, 3, 16

10 학생 수

11 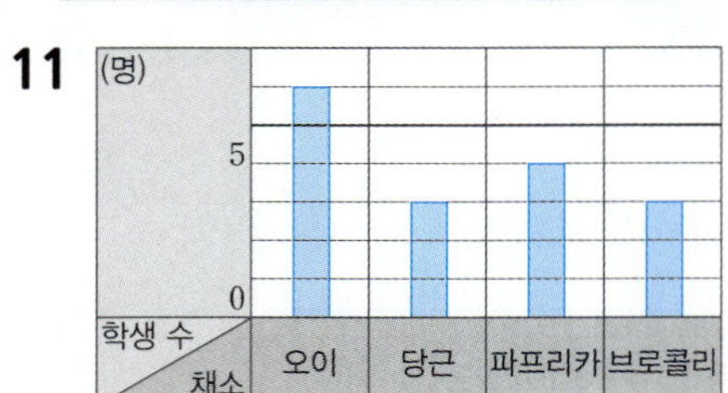

12 14병

13 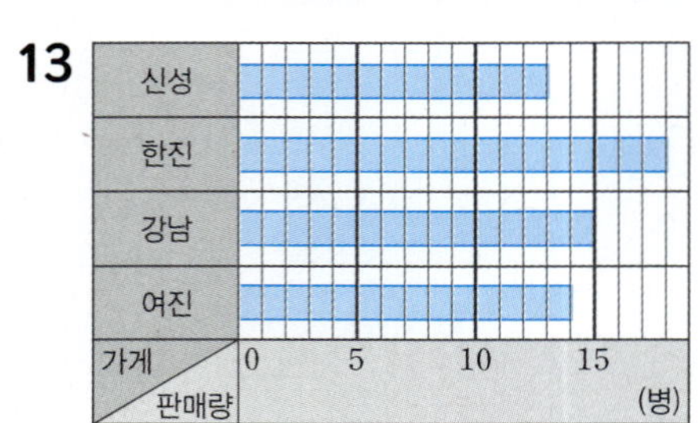

14 5병

15 월요일

16 월요일, 화요일, 목요일

17 5시간 40분 **18** 7칸 **19** 3반, 4반

20 예 1반 : $4+7=11$(명), 2반 : $2+4=6$(명),

3반 : $6+2=8$(명), 4반 : $5+4=9$(명)

$11>9>8>6$이므로 지난달 지각생 수가 가장 많은 반은 1반입니다. ; 1반

121~123쪽 단원평가 5회 풀이는 45~46쪽에

1 과목, 학생 수 **2** 6명 **3** 국어

4 과학 **5** 5, 9, 8, 6, 28 **6** 색깔

7 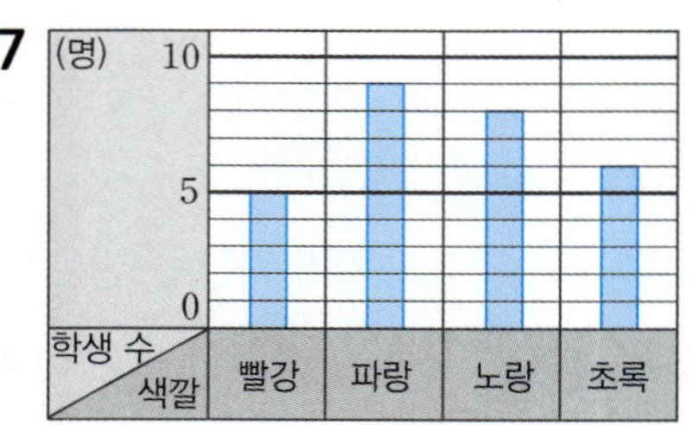

8 표

9 16 kg

10 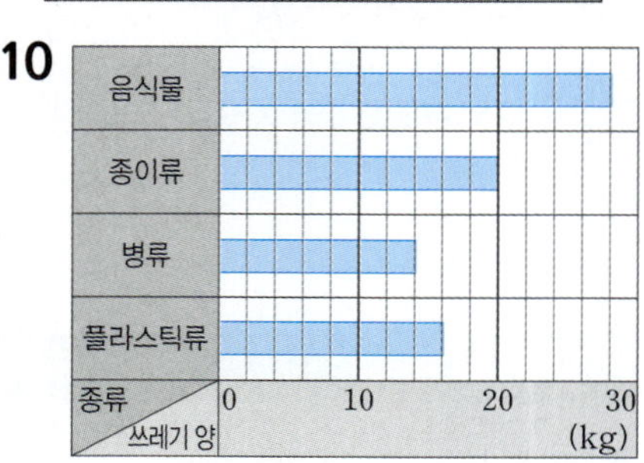

11 음식물, 종이류, 플라스틱류, 병류

12 2명 **13** 4명

14 예 공굴리기에 참가할 수 있는 학생 수가 4명이므로 32명은 $32\div4=8$(모둠)으로 나누어야 합니다. ; 8모둠

15 8명

16 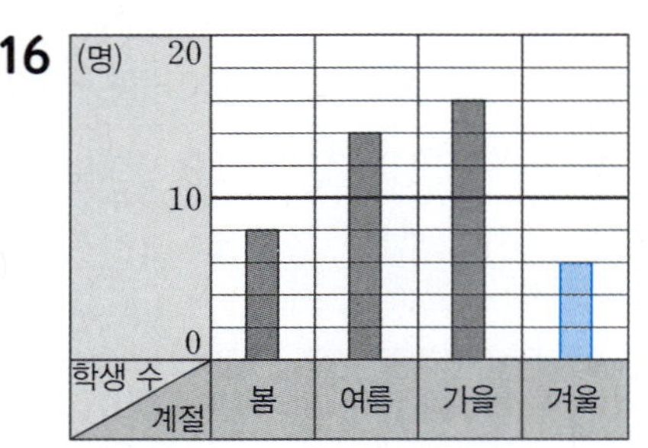

17 가을

18 ① 예 겨울을 좋아하는 학생 수가 가장 적습니다.

② 예 여름을 좋아하는 학생은 봄을 좋아하는 학생보다 6명 더 많습니다.

19 2시간

20 예 1반 : $7+5=12$(장), 2반 : $4+6=10$(장),

3반 : $3+6=9$(장), 4반 : $8+5=13$(장),

5반 : $5+4=9$(장)

따라서 3반이 받은 붙임딱지 수는 9장이므로 붙임딱지 수가 같은 반은 5반입니다. ; 5반

124~125쪽 서술형 평가 ❶ 풀이는 46쪽에

1 ❶ 1명 ❷ 24명

2 ❶ 10명, 14명 ❷ 8명

3 ❶ 10상자 ❷ 80상자 ❸ 다 마을

4 ❶ 48명, 56명, 44명 ❷ 6학년

126~127쪽 서술형 평가 ❷ 풀이는 46쪽에

1 예 막대그래프의 세로 눈금 한 칸은 1명을 나타냅니다. 따라서 가고 싶어 하는 체험 학습 장소별 학생 수는 미술관 5명, 놀이동산 8명, 과학관 4명, 민속촌 6명이므로 조사한 전체 학생 수는 $5+8+4+6=23$(명)입니다. ; 23명

2 예 운동별 좋아하는 학생 수를 알아보면 달리기는 10명, 야구는 6명, 줄넘기는 5명입니다.

⇨ 축구를 좋아하는 학생은
$28-10-6-5=7$(명)입니다. ; 7명

3 예 세로 눈금 한 칸이 10번을 나타내므로 수요일
은 80번, 목요일은 50번, 금요일은 70번입니다.
(토요일에 줄넘기 한 횟수)
$=240-80-50-70=40$(번)
⇨ 80번>70번>50번>40번이므로 줄넘기를
가장 많이 한 요일은 수요일입니다. ; 수요일

4 예 4학년: $10+16=26$(명),
5학년: $14+14=28$(명),
6학년: $20+12=32$(명)으로
고양이를 키우는 학생이 가장 많은 학년은 6학
년입니다. ; 6학년

128쪽 **오답 베스트 5** 풀이는 47쪽에

1 2명   **2** (1) 4그루   (2) 24그루
3 90상자   **4** ㉢

규칙 찾기

131쪽 **쪽지시험 1회** 풀이는 47쪽에

1 1   **2** 111   **3** 112   **4** 1030
5 162   **6** 5, 7   **7** 2   **8** 9개
9 3   **10** 3, 4

132쪽 **쪽지시험 2회** 풀이는 47쪽에

1 1   **2** $5+15=20$
3 10, 10   **4** $120-90=30$
5 $120-100=20$ **6** 10, 300
7 $50\times30=1500$ **8** $60\times30=1800$
9 (   )(○)   **10** 7 ; 9, 7

133~135쪽 **단원평가 1회** 풀이는 47~48쪽에

1 3301   **2** 100   **3** 1100   **4** 1215
5 $26+34=34+26$에 ○표   **6** 2, 1
7 5, 7 ; 2   **8** $1+2+3$, $1+2+3+4$ **9** 15개

---

10 351   **11** 302   **12** 3   **13** 10, 10
14 $110000\div11=10000$ **15** 5
16 34   **17** 25개   **18** 1, 2
19 $11\times111111=1222221$
20 $330+666=996$

136~138쪽 **단원평가 2회** 풀이는 48~49쪽에

1 3333   **2** 1000   **3** 1111   **4** 64
5 27, $35-8$ **6** 4, 7, 10
7 13개   **8** 200   **9** 638   **10** 100
11 $500+600=1100$
12 2×4, 3×4, 4×4 **13** 20개
14 $550\div55=10$ **15** 10, 210
16 $40\times21=840$ **17** 2, 504   **18** 7, 5
19 7, 13   **20** $600+400-500=500$

139~141쪽 **단원평가 3회** 풀이는 49~50쪽에

1 100   **2** 1100   **3** 7, 9 ; 2
4 2304, 2504   **5** 200   **6** 627
7 3   **8** 15개   **9** 306   **10** 3
11 $588-172=416$ **12** ㉡
13 100008, 700056
14 $12+19=25+6$ (또는 $25+6=12+19$)
15 2×4, 3×4 **16** 16개   **17** 14 ; 8, 14
18 예 사각형의 개수는 2개부터 시작하여 오른쪽으
로 1개씩 늘어납니다.
⇨ $2+1+1+1+1=6$(개) ; 6개

19

♥			
27631	27632	27633	27634
37631	37632	37633	37634
47631	47632	47633	47634
57631	57632	57633	57634

20 17630

142~144쪽 **단원평가 4회** 풀이는 50~51쪽에

1 6305   **2** 1000   **3** 1100   **4** 1507
5 (위부터) 25, 30   **6** 1

7 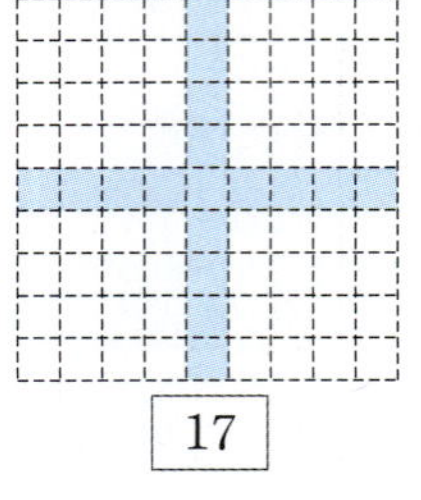　　**8** 3072　　**9** 10, 10　　**10** 30, 330

11 $44 \times 30 = 1320$

12 $73000 - 5000 = 68000$

13 606　　**14** 3　　**15**

16 10

; $17 + 10 = 15 + 12$

17 13, 6, 21, 14

17

18 $11111 \times 9 = 100000 - 1$

19 예 바둑알이 위쪽, 오른쪽, 아래쪽으로 각각 1
개씩 모두 3개씩 늘어납니다.

⇨ (다섯째 모양을 만드는 데 필요한 바둑알
의 수) $= 1 + 3 + 3 + 3 + 3 = 13$(개)

; 13개

20 예 $5 + 13 + 19 + 11 = 12 \times 4$

145~147쪽　**단원평가** 5회　　풀이는 51쪽에

1 100　**2** 1100　**3** 4218　**4** 4096　**5** 646

6 예 48부터 시작하여 ↓방향으로 100, 200, 300, …
씩 커집니다.

7 ; $25 + 17 = 51 - 9$,
　　$45 - 8 = 18 + 19$

8 3, 30　　　　**9** 예 ↑방향으로 4씩 커집니다.

10 3104, 5204

11 예 100씩 커지는 수에 100씩 커지는 수를 더하면
계산 결과는 200씩 커집니다. 따라서 빈칸에
알맞은 덧셈식은 $600 + 600 = 1200$입니다.

; $600 + 600 = 1200$

12 4, 9, 16 ; 2×2, 3×3, 4×4　**13** 25개

14　　　　**15** $1400 - 600 + 500 = 1300$

16 $1600 - 800 + 700 = 1500$

17 (위부터) 6, 10, 5

18 예 $19 - 6 = 15 - 2$

19 $555555555 \div 45 = 12345679$

20 25개

148~149쪽　**서술형 평가 ❶**　　풀이는 52쪽에

1 ❶ 예 58부터 시작하여 ↓방향으로 100, 200,
300, …씩 커집니다.

❷ 1058

2 ❶ $15 + 1 = 9 + 7$, $15 + 2 = 9 + 8$, $15 + 3 = 9 + 9$

❷ 3개

3 ❶ 예 사각형의 수가 2개부터 시작하여 2개씩 늘
어납니다.

❷ 12개

4 ❶ 예 10씩 커지는 수에 10씩 커지는 수를 더하
면 계산 결과는 20씩 커집니다.

❷ $344 + 145 = 489$

150~151쪽　**서술형 평가 ❷**　　풀이는 52쪽에

1 예 ▲가 있는 가로줄은 13001부터 시작하여 →
방향으로 100씩 커지므로 ▲에 알맞은 수는
13201보다 100만큼 더 큰 13301입니다.

; 13301

2 예 2400부터 시작하여 → 방향으로 2로 나눈 몫
이 있습니다. 따라서 ■에 알맞은 수는 1200
을 2로 나눈 몫인 600입니다. ; 600

3 예 5개부터 시작하여 성냥개비가 5개, 9개, 13개,
17개로 4개씩 늘어납니다. 따라서 다섯째 모
양을 만드는 데 필요한 성냥개비는
$5 + 4 + 4 + 4 + 4 = 21$(개)입니다. ; 21개

4 예 200씩 커지는 수를 2로 나누면 계산 결과는
100씩 커집니다. 800보다 200만큼 더 큰 수
인 1000을 2로 나누면 400보다 100만큼 더
큰 수인 500이 됩니다. ⇨ $1000 \div 2 = 500$

; $1000 \div 2 = 500$

152쪽　**오답 베스트 5**　　풀이는 52쪽에

1 29　　　　**2** 15개　　　　**3** 1024

4 12　　　　**5** 18개

1 단원 큰 수

3쪽 쪽지시험 1회

1 10   **2** 10, 1
3 23057   **4** 사만 오천칠십구
5 78546   **6** 3, 9, 6, 4
7 30000＋2000＋500＋90＋7
8 80000＋4000＋300＋70＋6
9 26381   **10** 62589

4 4 5079 ⇨ 사만 오천칠십구
   만 일

5 10000이 7개
    1000이 8개
      100이 5개 　인 수 ⇨ 78546
       10이 4개
        1이 6개

6 3 9 2 6 4
  만천백십일

9 30287 ⇨ 200, 72539 ⇨ 2000,
26381 ⇨ 20000

10 26745 ⇨ 6000, 62589 ⇨ 60000,
92617 ⇨ 600

4쪽 쪽지시험 2회

1   **2** 2545913
3 3298만 2456, 32982456
4 6017만 5903, 60175903
5 2, 200000   **6** 십만
7 천만   **8** 2000000
9 ㉢   **10** ㉠

2 1만이 254개, 1이 5913개인 수
⇨ 254 5913
    만   일

5 5928 7169
   만   일
   → 십만의 자리 숫자, 200000

6 2538 7194
   만   일
   → 십만의 자리 숫자

7 3691 2548
   만   일
   → 천만의 자리 숫자

8 5293 7186
   만   일
   → 백만의 자리 숫자, 2000000

9 백만의 자리 숫자가 ㉠, ㉡, ㉣은 2이고 ㉢은 8입니다.

10 ㉠ 5000000   ㉡ 50000   ㉢ 500   ㉣ 5

5쪽 쪽지시험 3회

1 100만, 1000만   **2** 1억, 10억
3 4072054000000000
4 153892534000   **5** 1, 4
6 백억   **7** 십조
8 700000000   **9** 5000000000000
10 ㉢

5 2541 9134 0013 5200 ⇨ 백억의 자리 숫자: 1
   조   억   만   일   십조의 자리 숫자: 4

6 5628 3194 0000
   억   만   일
   → 백억의 자리 숫자

7 3064 2589 0000 0000
   조   억   만   일
   → 십조의 자리 숫자

8 밑줄 친 숫자 7은 억의 자리 숫자이므로
700000000을 나타냅니다.

9 밑줄 친 숫자 5는 조의 자리 숫자이므로
5000000000000를 나타냅니다.

10 숫자 7이 나타내는 값을 각각 알아봅니다.
㉠ 700조   ㉡ 7조   ㉢ 700억   ㉣ 7000만

6쪽 쪽지시험 4회

1 360000, 370000, 390000

2 2650000, 2670000, 2680000

3 55억, 65억, 85억

4 100000씩 　　**5** 1억씩

6 < 　　**7** <

8 2545조, 2745조

9 ㉠ 　　**10** ㉡

3 십억의 자리 수가 1씩 커지도록 뛰어 셉니다.

4 십만의 자리 수가 1씩 커지므로 100000씩 뛰어 세었습니다.

5 억의 자리 수가 1씩 커지므로 1억씩 뛰어 세었습니다.

6 <u>654972</u> < <u>6243250</u>
　(6자리 수)　(7자리 수)

7 49273580 < 49529237
　　　└── 2<5 ──┘

8 백조의 자리 수가 1씩 커지므로 100조씩 뛰어 센 것입니다.
　⇨ 2245조 − 2345조 − 2445조
　　− 2545조 − 2645조 − 2745조

9 ㉡ 142억 7530만 > 142억 6148만
　　　　　└── 7>6 ──┘

10 ㉠ 2억 4270만 → 242700000 (9자리 수)
　㉡ 2459370000 (10자리 수)
　㉢ 2442530000 (10자리 수)
　㉠은 9자리 수이므로 가장 작고 ㉡과 ㉢을 비교합니다.
　⇨ 2459370000 > 2442530000
　　　　└── 5>4 ──┘

> **참고**
>
> • 수의 크기 비교하기
> ① 자리 수가 다른 경우
> 　자리 수가 많을수록 큰 수입니다.
> ② 자리 수가 같은 경우
> 　높은 자리부터 차례대로 비교하여 높은 자리 수가 클수록 큰 수입니다.

7~9쪽 단원평가 1회

1 1000, 100 　　**2** 29037

3 오만 이천칠십삼 　　**4** 7000, 600, 4

5 100000(또는 10만) ; 십만

6 4070억 3500만 402, 407035000402

7 조 　　**8** 6

9 72693740에 ○표

10 60000, 60000000

11 < 　　**12** <

13 154257, 174257, 184257

14 8번 　　**15** ㉢

16 2553만 　　**17** ④

18 102468 　　**19** 6, 7, 8, 9

20 66700원

1 10000은 ⎰ 9000보다 1000만큼 더 큰 수
　　　　　⎱ 9900보다 100만큼 더 큰 수

2 20000 + 9000 + 30 + 7 = 29037

3 5|2073 ⇨ 오만 이천칠십삼
　만　일

4 57614의 만, 천, 백, 십, 일의 자리 숫자가 각각 나타내는 값의 합으로 나타냅니다.

5 10000이 10개인 수는 100000 또는 10만입니다.

7 619|2374|0000|0000
　조　억　만　일
　└→ 조의 자리 숫자

8 5|7640|8243
　억　만　일
　└→ 백만의 자리 숫자

9 십만의 자리 숫자를 알아봅니다.
　65243000 ⇨ 2, 72693740 ⇨ 6, 6543100 ⇨ 5

10 ㉠에서 숫자 6은 만의 자리 숫자이므로 60000을 나타냅니다.
　㉡에서 숫자 6은 천만의 자리 숫자이므로 60000000을 나타냅니다.

11 93745693 < 93746539
　　　　└── 5<6 ──┘

12 603조 7651억 < 607조 7651억 250만

     3 < 7

13 만의 자리 수가 1씩 커지도록 뛰어 셉니다.

14 사천오억 이십사만

 ⇨ 4005억 24만

 ⇨ 400500240000

 따라서 계산기로 0을 모두 8번 눌러야 합니다.

15 ㉠ 4700006300

 ㉡ 47억 578만 → 4705780000

 ㉢ 4707652100

 ⇨ ㉠, ㉡, ㉢이 모두 10자리 수로 자리 수가 같고

  십억, 억, 천만의 자리 수가 각각 같으므로 백만

  의 자리 수를 비교합니다.

 ⇨ ㉢ > ㉡ > ㉠

16 2503만에서 10만씩 뛰어 세어 봅니다.

 ⇨ 2503만 ─ 2513만 ─ 2523만 ─ 2533만

  ─ 2543만 ─ 2553만

        ★

17 숫자 1이 나타내는 값을 각각 알아봅니다.

 ① 100000 ② 100000 ③ 1000000

 ④ 10000000 ⑤ 1000000

18 가장 높은 자리에 0이 올 수 없으므로 두 번째로

 작은 수인 1을 가장 높은 자리에 놓고, 나머지 수

 를 작은 수부터 차례대로 놓습니다.

 ⇨ 1 0 2 4 6 8

19 만, 백, 십의 자리 수가 각각 같고 일의 자리 수를

 비교하면 3 > 0이므로 □ 안에는 5보다 큰 수가

 들어가야 합니다.

 ⇨ □ 안에 들어갈 수 있는 수는 6, 7, 8, 9입니다.

20 10000원짜리 지폐 5장: 50000원

  1000원짜리 지폐 16장: 16000원

   100원짜리 동전 7개: 700원

           66700원

1 10   **2** 152364 **3** 8201, 5946

4 1000만에 ○표, 100만에 ○표 **5** 2, 4

6 80000 + 2000 + 100 + 90 + 7

7 ②   **8** 95623830 **9** ②

10 50000, 5000000   **11** <

12 <   **13** 32624원

14 190조, 1900조

15 5500000, 5600000, 5700000, 5800000

16 100억씩 **17** 1000배

18 302500605

19 36675 **20** 120만 원

7 만의 자리 숫자를 각각 알아봅니다.

 ① 7 ② 5 ③ 8 ④ 9 ⑤ 3

8 1만이 9562개, 1이 3830개인 수

 ⇨ 9562만 3830

 ⇨ 95623830

9 십억의 자리 숫자를 각각 알아봅니다.

 ① 4 ② 7 ③ 4 ④ 4 ⑤ 4

10 2459613

  └→ 만의 자리 숫자, 50000

 15974000

    └→ 백만의 자리 숫자, 5000000

11 67085 < 67102

   └ 0 < 1 ┘

12 831억 60만 → 83100600000 (11자리 수)

 8130억 54만 → 813000540000 (12자리 수)

 ⇨ (11자리 수) < (12자리 수)

13 10000이 3개, 1000이 2개, 100이 6개, 10이 2개,

 1이 4개이므로

 30000 + 2000 + 600 + 20 + 4 = 32624입니다.

14 어떤 수를 10배 하면 어떤 수 뒤에 0이 1개 붙습

 니다.

15 십만의 자리 수가 1씩 커지도록 뛰어 셉니다.

16 백억의 자리 수가 1씩 커지므로 100억씩 뛰어 센

 것입니다.

17 ㉠ 40000000　　㉡ 40000

　　⇨ 천만은 만의 1000배이므로

　　　40000000은 40000의 1000배입니다.

18 1억이 3개, 10만이 25개, 1이 605개인 수

　　⇨ 3억 250만 605

　　⇨ 302500605

19 • 일 모형이 5개 필요하므로 일의 자리 숫자는 5입

　　니다.

　　• 만의 자리 숫자가 3, 십의 자리 숫자가 7, 일의

　　자리 숫자가 5인 다섯 자리 수는 3□□75이고

　　숫자 6이 2개 있으므로 만족하는 다섯 자리 수

　　는 36675입니다.

20 (3월)　(4월)　(5월)　(6월)　(7월)　(8월)

　　20만－40만－60만－80만－100만－120만

13~15쪽	**단원평가** 3회

1 75836　　　　　　**2** 사만 오천이십

3 1947356　　　　　**4** ㉡

5 293조 4507억 3168만

6 ③　　　　　　　　**7** ㉡

8 5, 5000000 ; 4, 400000 ; 7, 70000

9 ㉣

10 12억 5만, 22억 5만, 42억 5만

11 10만, 100만　　　**12** >

13 1000억씩　　　　　**14** 화성

15 4번　　　　　　　**16** 1654000

17 예 십억의 자리 수가 같고 천만의 자리 수를 비

　　교하면 6>5이므로 □ 안에는 4보다 큰 수

　　가 들어갈 수 있습니다.

　　　⇨ □ 안에 들어갈 수 있는 수는 5, 6, 7, 8, 9

　　　로 모두 5개입니다. ; 5개

18 73000원　　　　　**19** 1060111

20 ㉢, ㉡, ㉠

---

1 70000＋5000＋800＋30＋6＝75836

2 45020 ⇨ 사만 오천이십
　만　일

3 1만이 194개, 1이 7356개인 수

　　⇨ 1947356
　　　만　　일

6 백만의 자리 숫자를 각각 알아봅니다.

　　① 2　② 4　③ 8　④ 0　⑤ 5

7 억의 자리 숫자를 각각 알아봅니다.

　　㉠ 5　㉡ 4　㉢ 5

9 ㉠ 60000　㉡ 600　㉢ 6000　㉣ 600000

10 십억의 자리 수가 1씩 커지도록 뛰어 셉니다.

11 어떤 수를 10배 하면 어떤 수 뒤에 0이 1개 붙습

　　니다.

12 632560000 > 609272000
　　　　　　3>0

13 천억의 자리 수가 1씩 커지므로 1000억씩 뛰어

　　세었습니다.

14 목성: 778000000 km

　　화성: 228000000 km

　　⇨ 778000000＞228000000
　　　　　　7>2

15 1억이 52개, 1만이 3800개, 1이 690개인 수

　　⇨ 52억 3800만 690

　　⇨ 5238000690

　　따라서 계산기로 0을 모두 4번 눌러야 합니다.

16 1254000－1354000－1454000－1554000

　　－1654000

18 10000원짜리 지폐　5장: 50000원

　　　1000원짜리 지폐 23장: 23000원
　　　　　　　　　　　　　　73000원

19 만의 자리에 숫자 6을 넣고 가장 작은 수를 구하

　　므로 가장 높은 자리에는 1을 넣고 둘째 번 자리

　　부터 0을 2개 써넣습니다.

　　⇨ 1 0 6 0 1 1 1

20 ㉠은 11자리 수이고, ㉡, ㉢은 12자리 수이므로
㉠이 가장 작습니다.
㉢의 □ 안에 모두 0을 넣고, ㉡의 □ 안에 모두
9를 넣어도 ㉢이 ㉡보다 큽니다.
⇨ ㉢>㉡>㉠

1 1000　　　　**2** 2065000089
3 5000, 400　　**4** 1000억, 100억
5 247500000000, 이천사백칠십오억
6 8　　　　　**7** 억, 800000000
8 ④　　**9** 6번　　**10** ㉠
11 247조, 248조, 250조　　**12** ㉠
13 496000, 516000, 526000　**14** ③
15 미국　　**16** 219조　　**17** 7, 8, 9
18 48765321　**19** 6개월
20 예 2510억의 10배는 2조 5100억이고
　　2조 5100억의 10배는 25조 1000억이므로
　　㉮에 알맞은 수는 25조 1000억입니다.
　　; 25조 1000억

2 20억 6500만 89
　　⇨ 2065000089
5 1억이 2475개인 수
　　⇨ 247500000000
　　⇨ 2475억
　　⇨ 이천사백칠십오억
6 2487 9135 6700
　　　억　　만　　일
　　　→ 십억의 자리 숫자
7 6108 7291 0000
　　　억　　만　　일
　　　→ 억의 자리 숫자, 800000000
8 백만의 자리 숫자를 각각 알아봅니다.
　　① 4　② 9　③ 6　④ 5　⑤ 6

9 1만이 1500개인 수
　　⇨ 1500만
　　⇨ 15000000
　　따라서 계산기로 0을 모두 6번 눌러야 합니다.
10 백조의 자리 숫자를 각각 알아봅니다.
　　㉠ 919372425000000 → 9
　　㉡ 6875294860000000 → 8
　　㉢ 5423037409000000 → 4
　　⇨ 9>8>4
11 1조씩 뛰어 세면 조의 자리 수가 1씩 커집니다.
12 ㉠ 이백십사억 오천사만 → 214억 5004만
　　　　　　　　　　　　→ 21450040000
　　⇨ 21450040000>21431070000
　　　　　　　└─── 5>3 ───┘
13 476000에서 486000으로 만의 자리 수가 1 커졌
　　으므로 10000씩 뛰어 셉니다.
14 숫자 7이 나타내는 값을 각각 알아봅니다.
　　① 700000　② 7000　③ 7000000
　　④ 70000　⑤ 700
15 2억 4520만 9815 → 245209815
　　⇨ 341814420>245209815>217637297
　　　　미국　　　파키스탄　　　브라질
16 179조　189조　199조　209조　219조
　　　　1번　　2번　　3번　　4번
17 백억, 십억, 억, 천만의 자리 수가 각각 같고 십만
　　의 자리 수를 비교하면 3<5이므로 □ 안에는
　　7과 같거나 7보다 큰 수가 들어갈 수 있습니다.
　　⇨ □=7, 8, 9
18 5천만보다 작은 8자리 수는 천만의 자리 숫자가
　　5보다 작아야 합니다.
　　4를 천만의 자리에 놓고 큰 수부터 높은 자리에
　　차례대로 놓습니다. ⇨ 48765321
19 140000원부터 매월 2만 원씩 기부하므로 2만씩
　　뛰어 세기를 하면 140000−160000−180000−
　　200000−220000−240000−260000입니다.
　　⇨ 기부한 총금액이 260000원이 되려면 앞으로
　　　6개월이 더 걸립니다.

19~21쪽　**단원평가** 5회

1 10　　　　　　　**2** 52819

3 297306　　　　**4** 1543, 7000

5 십억　　　　　　**6** ㉡

7 8000000　　　　**8** 4, 40000000000

9 <　　　　　　　**10** (　)(○)

11 100조씩　　　　**12** 25041006500000

13 백억　　　　　　**14** ㉠, ㉢, ㉡

15 ㉡ ; 예 1억이 420개인 수입니다.

16 2억 5000만　　　**17** 656544332211

18 예 백억의 자리 수가 1씩 커지므로 100억씩 뛰어 세었습니다.

2185억 － 2285억 － 2385억

1번　　　　2번

이므로 2185억에서 100억씩 2번 뛰어 센 수는 2385억입니다. ; 2385억

19 53764　　　　　**20** 8, 9

2　50000＋2000＋800＋10＋9＝52819

3　이십구만 칠천삼백육 ⇨ 29만 7306

⇨ 297306

4　1543 8246 7000 ⇨ 1억이 1543개,
　　　억　만　일
　　　　　　　　　1만이 8246개,

1이 7000개인 수

5　7038 4695 5246
　　　억　만　일
　　　└→ 십억의 자리 숫자

6　숫자 6이 어느 자리 숫자인지 각각 알아봅니다.

㉠ 6524137　　　　㉡ 1624359
　└→ 백만의 자리 숫자　　└→ 십만의 자리 숫자

㉢ 3564981
　└→ 만의 자리 숫자

7　4838 6120
　　　만　일
　　　└→ 백만의 자리 숫자, 8000000

8　5427 3201 9680
　　　억　만　일
　　　└→ 백억의 자리 숫자, 40000000000

9　8076085＜8078118
　　　　　└─6<8─┘

10 46조 2300만 ＜ 406조 54억

(14자리 수)　　　(15자리 수)

11 7952조 － 8052조 － 8152조 － 8252조

⇨ 백조의 자리 수가 1씩 커지므로 100조씩 뛰어 세었습니다.

12 25조 410억 650만

⇨ 25041006500000

13 1조가 361개, 1억이 2758개인 수는 361조 2758억입니다.

⇨ 361275800000000
　　　　└→ 백억의 자리 숫자

14 ㉠ 8200억 32만 9008

㉡ 820억 5892만 457

㉢ 824억 8359만 297

⇨ ㉠＞㉢＞㉡

16 2억 8000만부터 1000만씩 거꾸로 3번 뛰어 세면 2억 8000만－2억 7000만－2억 6000만 －2억 5000만이므로 어떤 수는 2억 5000만입니다.

17 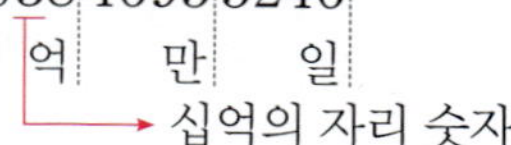
　　　└→ 백억의 자리 숫자

⇨ 656544332211

19 53600보다 크고 54000보다 작은 다섯 자리 수는 536□□, 537□□, 538□□, 539□□입니다.
이 중 각 자리의 숫자가 3, 4, 5, 6, 7이 될 수 있는 수는 536□□, 537□□입니다.
십의 자리 숫자는 6이고 남은 숫자는 4이므로 조건을 모두 만족하는 수는 53764입니다.

20 ・589436270686＜58943□581435에서 천억, 백억, 십억, 억, 천만의 자리 수가 각각 같고 십만의 자리 수를 비교하면 2＜5이므로 □ 안에 들어갈 수 있는 수는 6, 7, 8, 9입니다.

・14079793200000＜140□5831250000에서 십조, 조, 천억의 자리 수가 각각 같고 십억의 자리 수를 비교하면 9＞5이므로 □ 안에 들어갈 수 있는 수는 8, 9입니다.

⇨ □ 안에 공통으로 들어갈 수 있는 수는 8, 9입니다.

1 ❶ 600000, 40000　　❷ 17640000
2 ❶ 15065000000
　 ❷ 11, 10　　　　　❸ ㉠
3 ❶ 400000000000　　❷ 40000000
　 ❸ 10000배
4 ❶ 100억　　　　　　❷ 100억씩
　 ❸ 4조 2900억

1 ❷ 17000000＋600000＋40000＝17640000
2 ❸ 자리 수가 많을수록 큰 수이므로 ㉠이 더 큽니다.
　 ⇨ (11자리 수)＞(10자리 수)
3 ❶ ㉠은 천억의 자리 숫자이므로 400000000000
　　을 나타냅니다.
　 ❷ ㉡은 천만의 자리 숫자이므로 40000000을 나
　　타냅니다.
　 ❸ 천억은 천만의 10000배이므로 4000억은
　　4000만의 10000배입니다.
4 ❷ 4조 2500억에서 4조 2600억으로 백억의 자리
　　수가 1 커졌으므로 100억씩 뛰어 세었습니다.
　 ❸ 4조 2800억에서 100억씩 한 번 뛰어 세면
　　4조 2900억입니다.

1 ⟨예⟩ ┌ 100억이 10개이면 100000000000
　　　├ 10억이　7개이면　7000000000
　　　└ 1억이 12개이면　1200000000
　　⇨ 100000000000＋7000000000
　　　　＋1200000000＝108200000000
　 ; 108200000000
2 ⟨예⟩ 1억이 508개, 1만이 25개인 수는 508억 25만
　　　→ 50800250000
　　이므로 ㉠과 ㉡은 모두 11자리 수입니다.
　　⇨ ㉠ 50800250000＞㉡ 50800189274
　　　　　　　　└─2＞1─┘
　 ; ㉠

3 ⟨예⟩ ㉠은 십억의 자리 숫자이므로 2000000000
　　을 나타내고, ㉡은 십만의 자리 숫자이므로
　　200000을 나타냅니다.
　　⇨ 십억은 십만의 10000배이므로 20억은 20만
　　　의 10000배입니다. ; 10000배
4 ⟨예⟩ 275억 300만에서 10억씩 거꾸로 4번 뛰어 세면
　　275억 300만－265억 300만－255억 300만
　　－245억 300만－235억 300만입니다.
　　⇨ 어떤 수는 235억 300만입니다.
　 ; 235억 300만
5 ⟨예⟩ 백만의 자리 숫자가 7인 10자리 수는
　　□□□ 7 □□□□□□이고 0은
　　맨 앞에 올 수 없으므로 십억의 자리에 2를 쓰
　　고 높은 자리부터 작은 수를 차례대로 씁니다.
　　⇨ 2007244557 ; 2007244557

1 36070　　2 264, 294　　3 ㉡
4 ✕　　　　5 6개

2 204억에서 234억으로 십억의 자리 수가 3 커졌으
　므로 30억씩 뛰어 셉니다.
　㉠억은 264억, ㉡억은 294억입니다.
3 ㉠ 1조가 730개, 1억이 26개인 수 → 730조 26억
　㉡ 칠백삼조 이천육백억 → 703조 2600억
　⇨ 십조의 자리 수를 비교하면 3＞0이므로
　　㉠＞㉡입니다.
4 ・8000억의 100배는 80조입니다.
　・8조의 100배는 800조입니다.
　・80억의 1000배는 8조입니다.
5 만, 백의 자리 수가 각각 같고 십의 자리 수를 비
　교하면 2＜8이므로 □ 안에는 4와 같거나 4보다
　큰 수가 들어갈 수 있습니다.
　따라서 □ 안에 들어갈 수 있는 수는 4, 5, 6, 7, 8, 9
　이므로 모두 6개입니다.

 **2 단원** 각도

30쪽 쪽지시험 1회

1 (○)(　)　　**2** (○)(　)(△)
3 (○)(　)　　**4** (　)(○)
5 3, 1, 2　　**6** 50
7 110　　**8** 80
9 40　　**10** 120

1 부챗살의 벌어진 정도가 클수록 큰 각입니다.

2 가위의 벌어진 정도를 비교합니다.

3~4 두 변이 더 많이 벌어진 쪽이 더 큰 각입니다.

5 두 변이 벌어진 정도를 비교합니다.

6 각의 한 변이 안쪽 눈금 0에 맞춰져 있으므로 안쪽 눈금을 읽으면 50°입니다.

7 각의 한 변이 바깥쪽 눈금 0에 맞춰져 있으므로 바깥쪽 눈금을 읽으면 110°입니다.

8~10 각도기의 중심을 각의 꼭짓점에, 각도기의 밑 금을 각의 한 변에 맞추고 각의 나머지 한 변 과 만나는 각도기의 눈금을 읽습니다.

31쪽 쪽지시험 2회

1 예각　　**2** 둔각
3 ⑩ 50, 50　　**4** ⑩ 120, 120
5 70　　**6** 180
7 40　　**8** 가, 나, 라, 바 ; 다, 마
9 155　　**10** 85

1 각도가 0°보다 크고 직각보다 작은 각이므로 예각 입니다.

2 각도가 직각보다 크고 180°보다 작은 각이므로 둔각 입니다.

3~4 각도기를 이용하지 않고 주어진 각도를 먼저 어 림합니다.

5 $120-50=70 \Rightarrow 120°-50°=70°$

6 자연수의 덧셈과 같은 방법으로 계산한 다음 단위(°) 를 붙입니다.

7 자연수의 뺄셈과 같은 방법으로 계산한 다음 단위(°) 를 붙입니다.

8 예각: 각도가 0°보다 크고 직각보다 작은 각
둔각: 각도가 직각보다 크고 180°보다 작은 각

9 $85°+70°=155°$

10 $150°-65°=85°$

32쪽 쪽지시험 3회

1 180　　**2** 360　　**3** 30
4 75　　**5** 70　　**6** 30°
7 70°　　**8** 90°　　**9** 110°
10 170°

1 삼각형의 세 각의 크기의 합은 180°입니다.

2 사각형의 네 각의 크기의 합은 360°입니다.

3 $180°-110°-40°=30°$

4 $360°-110°-120°-55°=75°$

5 $360°-100°-110°-80°=70°$

6 $\bigcirc=180°-35°-115°=30°$

7 $\bigcirc=180°-50°-60°=70°$

8 $\bigcirc=360°-105°-85°-80°=90°$

9 $70°+\bigcirc+\bigcirc=180°$
$\Rightarrow \bigcirc+\bigcirc=180°-70°=110°$

10 $\bigcirc+85°+105°+\bigcirc=360°,$
$\bigcirc+\bigcirc+190°=360°$
$\Rightarrow \bigcirc+\bigcirc=360°-190°=170°$

1 (　)(○)(　)　　**2** 가　　**3** 65°

4 둔각　　**5** 180°　　**6** 110

7 110°, 150°　　**8** 165°　　**9** 39

10 예 100, 100　　**11** 170°, 80°

12 25°　　**13** 70°　　**14** 65

15 125°　　**16** 165　　**17** 예각

18 연우　　**19** 105　　**20** 3개

2 두 변이 벌어진 정도를 비교하여 각의 크기가 가장 작은 각을 찾으면 가입니다.

3 각의 한 변이 안쪽 눈금 0에 맞춰져 있으므로 안쪽 눈금을 읽으면 65°입니다.

4 예각: 각도가 0°보다 크고 직각보다 작은 각
둔각: 각도가 직각보다 크고 180°보다 작은 각

5 삼각형의 세 꼭짓점이 한 점에 모이도록 겹치지 않게 접으면 직선 위에 꼭 맞춰지므로 180°입니다.

6 각도기의 중심을 각의 꼭짓점에, 각도기의 밑금을 각의 한 변에 맞추고 각의 나머지 한 변과 만나는 각도기의 눈금을 읽습니다.

7 각도가 직각보다 크고 180°보다 작은 각을 모두 찾습니다. ⇨ 110°, 150°

8 자연수의 덧셈과 같은 방법으로 계산한 다음 단위(°)를 붙입니다.
120+45=165 ⇨ 120°+45°=165°

9 자연수의 뺄셈과 같은 방법으로 계산한 다음 단위(°)를 붙입니다.
136−97=39 ⇨ 136°−97°=39°

10 알고 있는 각도와 비교하여 어림한 후 각도기로 재어 봅니다.

11 합: 45°+125°=170°
차: 125°−45°=80°

12 가장 작은 각은 각 ㅁㄴㄷ입니다.
각 ㅁㄴㄷ의 크기를 재어 보면 25°입니다.

13 가장 큰 각: 120°, 가장 작은 각: 50°
⇨ 120°−50°=70°

14 360°−80°−130°−85°=65°

15 직선을 이루는 각의 크기는 180°이므로
㉠=180°−55°=125°입니다.

16 ㉠+125°+70°+㉡=360°,
㉠+㉡+195°=360°
⇨ ㉠+㉡=360°−195°=165°

17 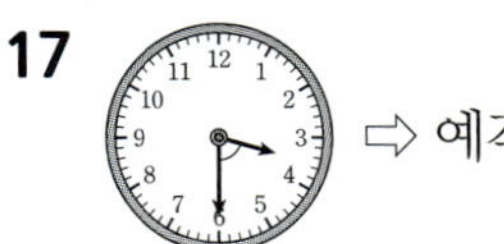 ⇨ 예각

18 연우: 95°+45°+50°=190°이므로 세 각의 크기를 잘못 쟀습니다.

19 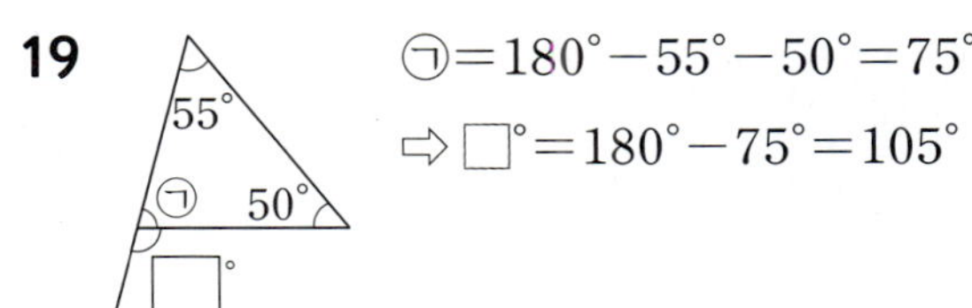
㉠=180°−55°−50°=75°
⇨ □°=180°−75°=105°

20 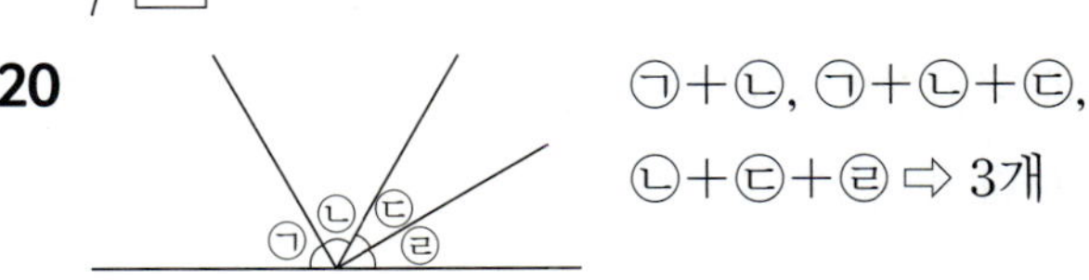
㉠+㉡, ㉠+㉡+㉢, ㉡+㉢+㉣ ⇨ 3개

1 (○)(　)　　**2** 2, 3, 1　　**3** 나

4 110°　　**5** 25°, 70°에 ○표

6 60　　**7** 65　　**8** 45

9 예 80, 80　　**10** 155　　**11** ㄴ

12 80°　　**13** 예

14 2개, 3개　　**15** 105　　**16** 90

17 ㉠　　**18** 45°　　**19** 125°

20 30°

3 가는 각의 꼭짓점과 각도기의 중심을 맞추지 않았습니다.

4 각의 한 변이 바깥쪽 눈금 0에 맞춰져 있으므로 바깥쪽 눈금을 읽으면 $110°$입니다.

5 예각: 각도가 $0°$보다 크고 직각보다 작은 각

6 각도기의 중심을 각의 꼭짓점에, 각도기의 밑금을 각의 한 변에 맞추고 각의 나머지 한 변과 만나는 각도기의 눈금을 읽습니다.

7 각도의 합을 구합니다. ➡ $20°+45°=65°$

8 각도의 차를 구합니다. ➡ $85°-40°=45°$

9 각도기를 이용하지 않고 각도가 얼마쯤 될지 먼저 어림하여 봅니다.

10 $40°+115°=155°$

11 점 ㄷ 또는 점 ㄹ과 이으면 둔각이 됩니다.

12 $105°-25°=80°$

13 주어진 선분을 이용하여 각도가 $0°$보다 크고 직각보다 작은 각을 그립니다.

14

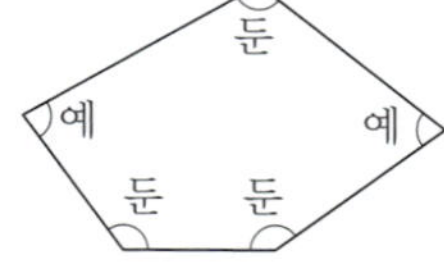

➡ 예각: 2개, 둔각: 3개

15 $180°-45°-30°=105°$

16 $360°-85°-70°-115°=90°$

17 ㉠ $55°+105°=160°$
㉡ $80°+70°=150°$
㉢ $90°+65°=155°$
➡ 각도의 합이 가장 큰 것은 ㉠입니다.

18

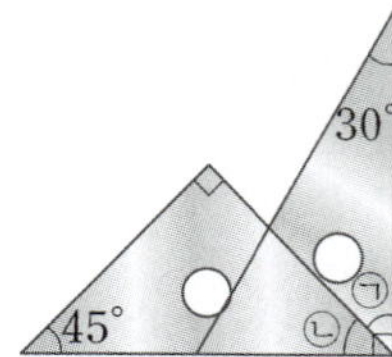

㉡$=180°-90°-45°=45°$
➡ ㉠$=90°-45°=45°$

19

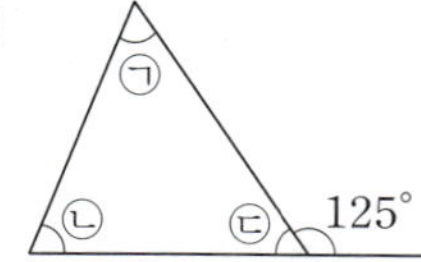

㉢$=180°-125°=55°$
➡ ㉠$+$㉡$=180°-55°$
$=125°$

20 각 한 개의 크기는 $90°÷6=15°$입니다.
➡ (각 ㅁㅇㅅ)$=15°+15°=30°$

1 ( )(○) **2** 나 **3** $95°$
4   **5** 360
6 55 **7** 80 **8** 15
9 예 100, 100 **10** $100°$ **11** ㉠, ㉣
12 60 **13** $150°$ **14** $168°$
15 ㉡ **16** 55
17 예 각의 꼭짓점과 각도기의 중심을 맞추지 않았습니다.
18 $120°$ **19** $75°$ **20** $85°$

2 가는 부챗살 5개, 나는 부챗살 6개만큼 벌어져 있습니다.

3 각의 한 변이 바깥쪽 눈금 0에 맞춰져 있으므로 바깥쪽 눈금을 읽으면 $95°$입니다.

10 $70°+30°=100°$

11 각도가 $0°$보다 크고 직각보다 작은 각을 찾습니다.
㉠ $48°+20°=68°$ (예각)
㉡ $120°$ (둔각)
㉢ $90°$ (직각)
㉣ $170°-100°=70°$ (예각)

12 직선을 이루는 각의 크기는 $180°$입니다.
$\square°+80°+40°=180°$
➡ $\square°=180°-80°-40°=60°$

13 $30°+$㉠$+$㉡$=180°$
➡ ㉠$+$㉡$=180°-30°=150°$

14 $113°+$㉠$+79°+$㉡$=360°$,
㉠$+$㉡$+192°=360°$.
➡ ㉠$+$㉡$=360°-192°=168°$

15 ㉠ 1개 ㉡ 5개 ㉢ 2개

16

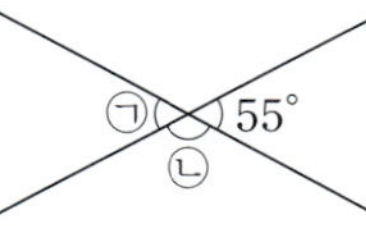

직선을 이루는 각의 크기는 $180°$이므로
㉡$=180°-55°=125°$
➡ ㉠$=180°-$㉡$=180°-125°=55°$

18 ㉠+㉡＝$180°-30°＝150°$

㉡＝$4×㉠＝㉠+㉠+㉠+㉠$이므로

㉠+㉠+㉠+㉠+㉠＝$150°$입니다.

$5×㉠＝150°$, ㉠＝$150°÷5＝30°$

⇨ ㉡＝$30°×4＝120°$

19

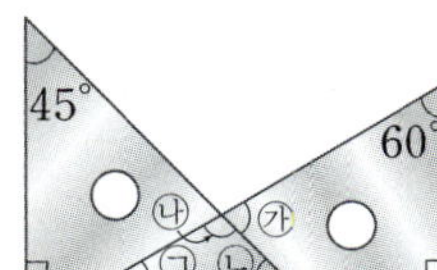

㉠＝$180°-60°-90°＝30°$,

㉡＝$180°-45°-90°＝45°$,

㉰＝$180°-㉠-㉡$

  ＝$180°-30°-45°＝105°$

⇨ ㉮＝$180°-105°＝75°$

20

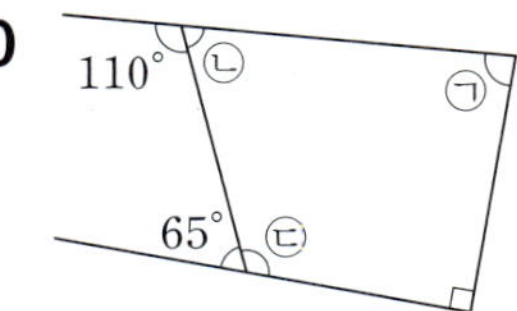

㉡＝$180°-110°＝70°$,

㉢＝$180°-65°＝115°$,

$70°+115°+90°+㉠＝360°$, ㉠+$275°＝360°$

⇨ ㉠＝$360°-275°＝85°$

42~44쪽 단원평가 4회

1 (　)(○)(　)　　**2** 90　　**3** $60°$

4 125　　　　　**5** 가, 라 ; 다 ; 나, 마, 바

6 200　　　　**7** 예 55, 55　　**8** ㄴ

9 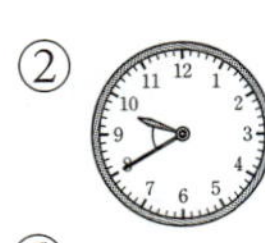　　**10** $75°$　　**11** 130 ; 소망

　　　　　　12 $80°$　　**13** 60

14 100　　**15** ②　　**16** 70

17 예 사각형의 네 각의 크기의 합은 $360°$이므로

　　$75°+60°+120°+□°＝360°$,

　　$255°+□°＝360°$

　　⇨ □°＝$360°-255°＝105°$; 105

18 4개　　**19** $50°$　　**20** 360

---

4 각도기의 중심을 각의 꼭짓점에, 각도기의 밑금을 각의 한 변에 맞추고 각의 나머지 한 변과 만나는 각도기의 눈금을 읽습니다.

5 예각: 각도가 $0°$보다 크고 직각보다 작은 각

　　　⇨ 가, 라

직각: 각도가 $90°$인 각 ⇨ 다

둔각: 각도가 직각보다 크고 $180°$보다 작은 각

　　　⇨ 나, 마, 바

7 알고 있는 각도와 비교하여 어림한 후 각도기로 재어 봅니다.

8 각도가 직각보다 크고 $180°$보다 작은 각을 그려야 합니다.

점 ㄷ과 이으면 직각이 되고, 점 ㄹ과 이으면 예각이 됩니다.

9 $190°-75°＝115°$ ⇨ 둔각

$210°-120°＝90°$ ⇨ 직각

$270°-200°＝70°$ ⇨ 예각

10 가장 큰 각: $130°$, 가장 작은 각: $55°$

⇨ $130°-55°＝75°$

11 어림한 각도가 각도기로 잰 각도와 가까울수록 실제와 더 가깝게 어림한 것입니다.

12 (각 ㄱㄴㄷ)＝$120°-40°＝80°$

[다른 풀이] (각 ㄱㄴㄷ)＝$180°-60°-40°＝80°$

13 $180°-70°-50°＝60°$

14 $360°-75°-80°-105°＝100°$

15

16

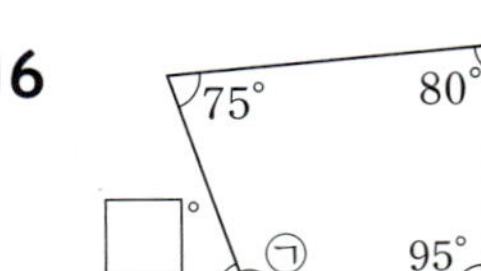

㉠＝$360°-75°-95°-80°＝110°$

⇨ 직선을 이루는 각의 크기는 $180°$이므로

　□°＝$180°-110°＝70°$입니다.

18 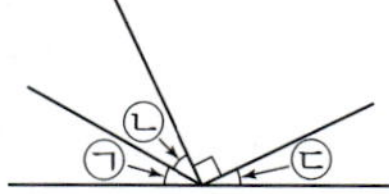

- 각 1개짜리: ㉠, ㉡, ㉢ → 3개
- 각 2개짜리: ㉠+㉡ → 1개
- ⇨ 3+1=4(개)

19 ㉡=㉠×2에서 ㉡=㉠+㉠이고,
삼각형의 세 각의 크기의 합은 180°이므로
㉠+㉡+30°=180°입니다.
- ⇨ ㉠+㉡+30°=180°,
  ㉠+㉠+㉠+30°=180°,
  ㉠+㉠+㉠=180°−30°,
  ㉠+㉠+㉠=150°, ㉠=50°

20 (㉠+㉡+㉢)+(삼각형의 세 각의 크기의 합)
=(한 직선을 이루는 각의 크기)×3
=180°+180°+180°=540°
- ⇨ ㉠+㉡+㉢+180°=540°,
  ㉠+㉡+㉢=540°−180°=360°

45~47쪽 단원평가 5회

1 ( )(○) **2** 다, 나, 가 **3** 30°
4 100°에 ○표 **5** 70
6 85°, 65°, 75°, 135° ; 360 **7** 125°
8 = **9** 50° **10** 80
11 70 **12** ㉠, ㉢, ㉣, ㉡
13 185 **14** 45 ; 민수 **15** 15
16 95°

17 예 삼각형의 세 각의 크기의 합은 180°이므로
나머지 한 각의 크기는 180°−105°=75°입
니다. ; 75°

18 40° **19** ㉣

20 예 180°를 똑같이 5개의 각으로 나누었으므로
(한 각의 크기)=180°÷5=36°
각 ㄹㅇㄴ은 각도가 36°인 각 3개로 이루어
진 각이므로 (각 ㄹㅇㄴ)=36°×3=108°입
니다. ; 108°

3 각의 한 변이 안쪽 눈금 0에 맞춰져 있으므로
안쪽 눈금을 읽으면 30°입니다.

4 각도가 직각보다 크고 180°보다 작은 각은 100°입
니다.

5 각도기의 중심을 각의 꼭짓점에, 각도기의 밑금을
각의 한 변에 맞추고 각의 나머지 한 변과 만나는
각도기의 눈금을 읽습니다.

6 (사각형의 네 각의 크기의 합)
=85°+65°+75°+135°=360°

7 75°+50°=125°

8 30°+65°=95° ⊜ 40°+55°=95°

9 ㉠=180°−55°−75°=50°

10 180°−35°−65°=80°

11 360°−110°−70°−110°=70°

12 ㉠ 200°−45°=155°
㉡ 85°+15°=100°
㉢ 120°+33°=153°
㉣ 315°−210°=105°
⇨ ㉠ 155°>㉢ 153°>㉣ 105°>㉡ 100°

13 ㉠+85°+㉡+90°=360°,
㉠+㉡+175°=360°
⇨ ㉠+㉡=360°−175°=185°

14 어림한 각도가 각도기로 잰 각도와 가까울수록
실제와 더 가깝게 어림한 것입니다.

15 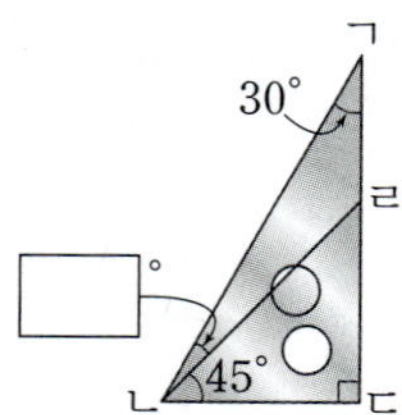

(각 ㄱㄴㄷ)=180°−30°−90°=60°
⇨ □°=60°−45°=15°

16 (각 ㄴㄷㄹ)=360°−30°−90°−90°−55°=95°

18 ㉠=180°−50°−40°=90°,
㉡=180°−50°=130°
⇨ ㉡−㉠=130°−90°=40°

19 ㉠ 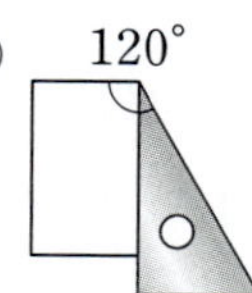 ㉡ 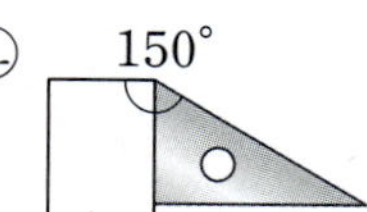 ㉢ 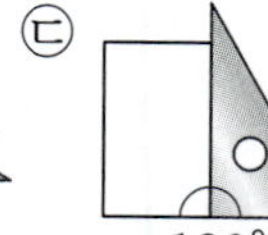

1 ❶ ㉠, 100°　　❷ ㉡, 35°　　❸ 65°
2 ❶ 180°　　❷ 60°
3 ❶ 360°　　❷ 140°
4 ❶ 95, 85, 90　　❷ 180　　❸ ㉠

1 ❶ 가장 큰 각은 ㉠이고 각도를 재어 보면 100°입니다.
　❷ 가장 작은 각은 ㉡이고 각도를 재어 보면 35°입니다.
　❸ $100° - 35° = 65°$
2 ❶ 삼각형의 세 각의 크기의 합은 180°입니다.
　❷ 삼각형의 세 각의 크기의 합이 180°이므로 180°에서 두 각의 크기를 빼어 ㉠의 각도를 구합니다.
　　$⇨ ㉠ = 180° - 75° - 45° = 60°$
3 ❶ 사각형의 네 각의 크기의 합은 360°입니다.
　❷ $360° - 55° - 95° - 70° = 140°$
4 ❶ ㉠ $70° + 25° = 95°$
　　㉡ $165° - 80° = 85°$
　　㉢ $45° + 45° = 90°$
　❸ 각도가 직각보다 크고 180°보다 작은 각은 ㉠ $70° + 25° = 95°$입니다.

1 예 가장 큰 각은 ㉡이므로 각도를 재어 보면 115°이고, 가장 작은 각은 ㉠이므로 각도를 재어 보면 30°입니다.
　　$⇨ 두 각도의 합은 115° + 30° = 145°입니다.$
　; 145°
2 예 삼각형의 세 각의 크기의 합은 180°이므로
　　$㉠ = 180° - 60° - 70° = 50°입니다.$
　; 50°

3 예 사각형의 네 각의 크기의 합은 360°이므로
　　(나머지 한 각의 크기)
　　$= 360° - 65° - 110° - 85° = 100°입니다.$
　; 100°
4 예 ㉠ $45° + 35° = 80°$　㉡ $150° - 60° = 90°$
　　예각은 각도가 0°보다 크고 직각보다 작은 각이므로 예각은 ㉠ $45° + 35° = 80°$입니다.
　; ㉠
5 예 $㉠ + 140° = 180°, ㉠ = 180° - 140° = 40°$
　　$130° + ㉡ = 180°, ㉡ = 180° - 130° = 50°$
　　$⇨ ㉠ < ㉡이므로 ㉡ - ㉠ = 50° - 40° = 10°입니다.$
　; 10°

1 125　　**2** 177°　　**3** 150°
4 240°　　**5** ㉡

1 삼각형의 세 각의 크기의 합은 180°입니다.
　$30° + □° + 25° = 180°, 55° + □° = 180°$
　$⇨ □° = 180° - 55° = 125°$
2 사각형의 네 각의 크기의 합은 360°이므로
　$㉠ + ㉡ + 78° + 105° = 360°,$
　$㉠ + ㉡ + 183° = 360°,$
　$㉠ + ㉡ = 360° - 183° = 177°입니다.$
3 $(각 ㄱㄴㄷ) = 180° - 30° - 90°$
　　　　　$= 60°$
　$⇨ ㉠ = 90° + 60° = 150°$
4 9시일 때의 각도는 90°이고, 5시일 때의 각도는 150°이므로 두 각도의 합은 $90° + 150° = 240°$입니다.
5 ㉠ $45° + 60° = 105°$
　㉢ $90° + 30° = 120°$
　㉣ $90° + 60° = 150°$

 **3단원** 곱셈과 나눗셈

56쪽 쪽지시험 1회

1 12000 **2** 15000 **3** 630, 6300
4 12840 **5** 9480 **6** 13800
7 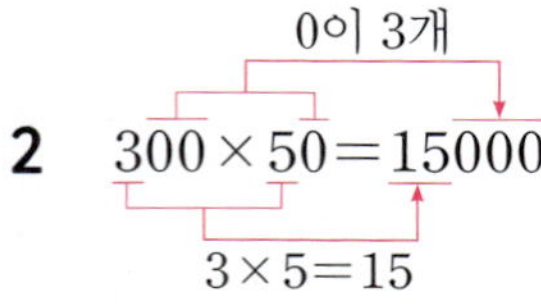 **8** ㉡ **9** 은정
10 31500

1 (몇백)×(몇십)은 (몇)×(몇)의 값에 0을 3개 붙입니다.

2
$$300 \times 50 = 15000$$
(0이 3개, $3 \times 5 = 15$)

3 210×30은 210×3의 값을 10배 합니다.

6 460×30=13800

7 400×60=24000, 420×50=21000,
380×70=26600

8 300×40=12000
㉠ 325×40=13000 ㉡ 240×50=12000

9 은정: 324×30=9720

10 가장 큰 수: 450, 가장 작은 수: 70
⇨ 450×70=31500

57쪽 쪽지시험 2회

1 3780, 630, 4410 **2** 13000, 650, 13650
3 19008 **4** 7975 **5** 23556
6 11772 **7** 16146 **8** <
9 ㉢, ㉡, ㉠ **10** 7280

1 126×35는 126×30과 126×5의 합과 같습니다.
2 325×42는 325×40과 325×2의 합과 같습니다.

3
$$\begin{array}{r} 5\,2\,8 \\ \times\ \ 3\,6 \\ \hline 3\,1\,6\,8 \\ 1\,5\,8\,4\ \ \\ \hline 1\,9\,0\,0\,8 \end{array}$$

4
$$\begin{array}{r} 3\,1\,9 \\ \times\ \ 2\,5 \\ \hline 1\,5\,9\,5 \\ 6\,3\,8\ \ \\ \hline 7\,9\,7\,5 \end{array}$$

5
$$\begin{array}{r} 4\,5\,3 \\ \times\ \ 5\,2 \\ \hline 9\,0\,6 \\ 2\,2\,6\,5\ \ \\ \hline 2\,3\,5\,5\,6 \end{array}$$

6 436×27=11772
7 621×26=16146
8 416×35=14560 ⇨ 14560<15400
9 ㉢ 11475<㉡ 12388<㉠ 15390
10 (볼펜 1자루의 값)×(산 볼펜 수)
=520×14=7280(원)

58쪽 쪽지시험 3회

1 2 **2** 5, 85, 0 **3** 6, 240, 7
4 7 **5** 9 **6** 4, 2
7 7, 2 **8** < **9**
10 ㉠

1 백 모형 1개를 십 모형 10개로 바꾸어 70씩 2묶음으로 나눌 수 있습니다.

4
$$\begin{array}{r} 7 \\ 90\overline{)630} \\ \underline{630} \\ 0 \end{array}$$

5
$$\begin{array}{r} 9 \\ 80\overline{)720} \\ \underline{720} \\ 0 \end{array}$$

8 480÷80=6, 450÷50=9 ⇨ 6<9
9 95÷19=5, 180÷60=3
10 ㉠
$$\begin{array}{r} 4 \\ 16\overline{)75} \\ \underline{64} \\ 11 \end{array}$$
㉡
$$\begin{array}{r} 3 \\ 21\overline{)72} \\ \underline{63} \\ 9 \end{array}$$
⇨ 11>9

59쪽 쪽지시험 4회

1 9, 252, 2 **2** 4, 112, 3 **3** 5…4
4 6…13 **5** 6…12 **6** 7, 6
7 5, 5 **8** 15 **9** ㉠
10
$$\begin{array}{r} 8 \\ 17\overline{)142} \\ \underline{136} \\ 6 \end{array}$$

3 $56\,)\,\overline{284}$ → 몫 5, $\dfrac{280}{4}$

4 $42\,)\,\overline{265}$ → 몫 6, $\dfrac{252}{13}$

5 $25\,)\,\overline{162}$ → 몫 6, $\dfrac{150}{12}$

6 $18\,)\,\overline{132}$ → 몫 7, $\dfrac{126}{6}$

7 $32\,)\,\overline{165}$ → 몫 5, $\dfrac{160}{5}$

8 222>23이므로 222÷23=9…15입니다.

9 ㉠ 215÷26=8…7, ㉡ 171÷21=8…3
⇨ 7>3

10 나머지는 나누는 수보다 항상 작아야 하므로 몫을 1 크게 하여 바르게 계산합니다.

1 15, 23, 115, 115, 0

2 17, 32, 240, 224, 16

3 18 **4** 25…5 **5** 17…10

6 16, 3 **7** < **8** ㉡

9 3, 2, 1 **10** 548

3 $27\,)\,\overline{486}$ → 몫 18
$\dfrac{27}{216}$, $\dfrac{216}{0}$

4 $34\,)\,\overline{855}$ → 몫 25
$\dfrac{68}{175}$, $\dfrac{170}{5}$

5 $44\,)\,\overline{758}$ → 몫 17
$\dfrac{44}{318}$, $\dfrac{308}{10}$

6 $15\,)\,\overline{243}$ → 몫 16
$\dfrac{15}{93}$, $\dfrac{90}{3}$

7 432÷16=27, 377÷13=29 ⇨ 27<29

8 ㉠ 204÷18=11…6
㉡ 443÷23=19…6
㉢ 530÷31=17…3

9 368÷23=16, 342÷19=18, 560÷28=20

10 36×15=540, 540+8=548

1 3 **2** 1304, 13040

3 ㉡ **4** 13×6=78에 ○표

5 21, 34, 7 **6** 5 **7** 34146

8 900×20에 ○표 **9** 7, 2

10 14532 **11** ③ **12** (선 잇기)

13 304×23
$\dfrac{912}{608}$, 6992

14 > **15** 108

16 ㉡ **17** 14000원

18 19600 m **19** 7자루

20 13송이

3 $600\times90=54000$ ← ㉡

4 곱셈식의 곱이 나누어지는 수이거나 나누어지는 수보다 작으면서 가장 가까운 수를 찾습니다.

8 600×30=<u>18000</u>
400×50=20000, 900×20=<u>18000</u>

9 86÷12=7…2

10 519×28
$\dfrac{4152}{1038}$, 14532

11 나머지는 나누는 수보다 작아야 하므로 45보다 작아야 합니다.

12 160÷40=4, 150÷30=5

13 304×20의 곱의 위치가 잘못되었습니다.

14 720×40=28800, 560×50=28000
⇨ 28800>28000

15 14×7=98, 98+10=108

16 ㉠ 127÷18=7…1
㉡ 800÷31=25…25

17 (초콜릿의 값)
=(초콜릿 한 개의 값)×(산 초콜릿 수)
=700×20=14000(원)

18 (걸은 전체 거리)

=(산책로 한 바퀴의 거리)×(걸은 날수)

=980×20=19600 (m)

19 (한 명에게 나누어 줄 수 있는 연필 수)

=(전체 연필 수)÷(나누어 줄 사람 수)

=175÷25=7(자루)

20 925÷68=13…41

⇨ 꽃은 13송이까지 만들 수 있습니다.

64~66쪽 · 단원평가 2회

1 12, 12　　**2** 1356, 1356　　**3** 480, 560 ; 6

4 1548, 5160, 6708　　**5** ㉡, ㉢, ㉠

6 13, 167, 135, 32　　**7** 6에 ○표

8 13750　　**9** 7　　**10** 6194

11 6, 1　　**12** >

13 35000, 커야에 ○표　　**14** 19824

15 ㉡　　**16** ㉠, ㉢, ㉡　　**17** 8330개

18 8760시간　　**19** 15대　　**20** 6쾌, 14마리

2 452×30은 452×3의 10배입니다.

3 80×6=480이므로 480÷80=6입니다.

4 172×39는 172×30과 172×9의 합과 같습니다.

5
$$\begin{array}{r} 31 \\ 15\overline{)478} \\ \underline{450} \leftarrow 15\times30 \\ 28 \leftarrow 478-450 \\ \underline{15} \leftarrow 15\times1 \\ 13 \end{array}$$

7 18을 20으로 어림하면 20×6=120이므로 몫을 6으로 어림할 수 있습니다.

10 326×19=6194

11
$$\begin{array}{r} 6 \\ 41\overline{)247} \\ \underline{246} \\ 1 \end{array}$$

12 56÷14=4, 96÷32=3 ⇨ 4>3

13 700×50=35000이므로 726×51은 35000보다 커야 합니다.

14
$$\begin{array}{r} 354 \\ \times\ 56 \\ \hline 2124 \\ 1770 \\ \hline 19824 \end{array}$$

15 ㉠ 239÷13=18…5　　㉡ 390÷24=16…6

㉢ 383÷21=18…5　　㉣ 557÷46=12…5

⇨ 나머지가 다른 것은 ㉡입니다.

16 ㉠ 800×50=40000　　㉡ 90×300=27000

㉢ 700×40=28000

⇨ 40000>28000>27000

17 (전체 사탕 수)

=(한 상자에 담긴 사탕 수)×(상자 수)

=245×34=8330(개)

18 (1년의 날수)×(하루의 시간)

=365×24=8760(시간)

19 (필요한 버스 수)

=(전체 학생 수)÷(버스 한 대에 탈 수 있는 학생 수)

=585÷39=15(대)

20 134÷20=6…14

⇨ 6쾌까지 묶어 셀 수 있고 14마리가 남습니다.

67~69쪽 · 단원평가 3회

1 72, 72　　**2** 133, 152 ; 8　　**3** 704, 7040

4 5, 120, 0　　**5** 480, 720, 960 ; 2

6 8에 ○표　　**7** 3　　**8** 46648

9 (선 잇기)　　**10** ⑤　　**11** >

12 25, 12000　　**13**
$$\begin{array}{r} 3 \\ 23\overline{)74} \\ \underline{69} \\ 5 \end{array}\ ,\ 3$$
14 ㉠, ㉢, ㉡

15 7595개　　**16** 7자루　　**17** 8000 mL

18 예 374÷43=8…30

⇨ 구슬은 8봉지까지 담을 수 있고 남는 구슬은 30개입니다.

; 8봉지, 30개

19 671　　**20** (위부터) 2 ; 8, 9 ; 8 ; 5

1 $800 \times 90 = 72000$
$8 \times 9 = 72$

2 $19 \times 8 = 152$이므로 $152 \div 19 = 8$입니다.

3 176×40은 176×4의 10배입니다.

5 505는 $24 \times 20 = 480$보다 크고 $24 \times 30 = 720$보다 작으므로 $505 \div 24$의 몫의 십의 자리 숫자는 2입니다.

6 321을 320으로, 39를 40으로 어림하면 $321 \div 39$의 몫은 $320 \div 40 = 8$이라고 어림할 수 있습니다.

9 $750 \times 60 = 45000$, $920 \times 50 = 46000$,
$600 \times 80 = 48000$

10 나머지는 나누는 수 26보다 항상 작아야 합니다.

11 $85 \div 17 = 5$, $76 \div 19 = 4 \Rightarrow 5 > 4$

12 $800 \div 32 = 25$, $25 \times 480 = 12000$

14 ㉠ $934 \times 38 = 35492$
㉡ $821 \times 36 = 29556$
㉢ $378 \times 91 = 34398$
$\Rightarrow 35492 > 34398 > 29556$

15 (35명이 하루에 만드는 물건 수)
=(한 사람당 하루에 만드는 물건 수)$\times 35$
=$217 \times 35 = 7595$(개)

16 (나누어 담는 자루 수)
=(전체 소금 양)$\div$(한 자루에 닫는 소금 양)
=$84 \div 12 = 7$(자루)

17 (전체 식용유 양)
=(한 병에 들어 있는 식용유 양)$\times$(병 수)
=$250 \times 32 = 8000$ (mL)

19 나누는 수가 48이므로 나올 수 있는 가장 큰 나머지는 47입니다.
거꾸로 생각하여 ㉠을 구하면
$48 \times 13 = 624$, $624 + 47 = ㉠$, $㉠ = 671$

20
```
        3 ㉠
2 ㉡ ) 8 9 ㉢
      ㉣ 4
        ㉤ 9
        5 6
          3
```
㉢=9
$8 - ㉣ = 0 \Rightarrow ㉣ = 8$
$9 - 4 = ㉤ \Rightarrow ㉤ = 5$
$2㉡ \times 3 = 84 \Rightarrow ㉡ = 8$
$28 \times ㉠ = 56 \Rightarrow ㉠ = 2$

1 9000   **2** 10배

3 4, 4   **4** 5, 85, 0

5 3270 ; 2616 ; 2616, 3270, 5886

6 ㉡, ㉠, ㉢   **7** 29520   **8** 7 … 15

9 (위부터) 26100, 10875   **10** 25, 11

11 <   **12** ㉠   **13** 7315

14 ㉠, ㉢, ㉡   **15** (위부터) 2 ; 6 ; 8, 4

16 28125권

17 예 (볼펜 24자루의 값)
$= 750 \times 24 = 18000$(원)
$\Rightarrow$ (거스름돈)$= 20000 - 18000 = 2000$(원)
; 2000원

18 9상자   **19** 7   **20** 3, 85

1 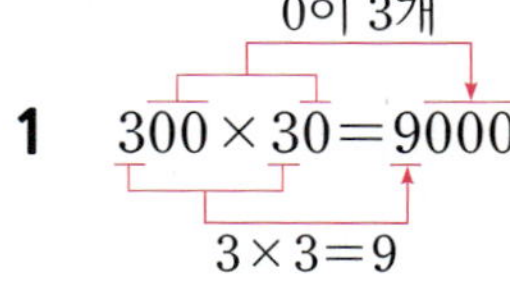
$300 \times 30 = 9000$
0이 3개
$3 \times 3 = 9$

2 $176 \times 3 = 528$
$176 \times 30 = 5280$
10배

4 자리에 맞추어 몫을 쓰고 나눗셈을 합니다.

5 327×18은 327×10과 327×8의 합과 같습니다.

6
```
         11
   14 ) 157
        140 ← 14×10
         17 ← 157-140
         14 ← 14×1
          3
```

9 $725 \times 36 = 26100$, $725 \times 15 = 10875$

10
```
         25 ← 몫
   17 ) 436
        34
        96
        85
        11 ← 나머지
```

11 $688 \div 43 = 16$, $391 \div 23 = 17$
$\Rightarrow 16 < 17$

12
㉠
```
        3
  21 ) 63
       63
        0
```
㉡
```
        2
  46 ) 92
       92
        0
```
㉢
```
        2
  34 ) 68
       68
        0
```

13 사각형 안에 있는 수는 209와 35입니다.

    ⇨ $209 \times 35 = 7315$

14 ㉠ $40000 <$ ㉢ $42090 <$ ㉡ 44688

15
$$\begin{array}{r} 3\ 1\ 4 \\ \times\ ㉠7 \\ \hline 2\ 1\ 9\ 8 \\ ㉡\ 2\ 8 \\ \hline ㉢㉣\ 7\ 8 \end{array}$$

- $314 \times$ ㉠의 일의 자리 숫자가 8이고 세 자리 수
  이므로 ㉠=2입니다.
- $314 \times 2 = 628$이므로 ㉡=6입니다.
- $1+1+2=$㉣이므로 ㉣=4입니다.
- $2+6=$㉢이므로 ㉢=8입니다.

16 (포장한 전체 공책 수)

    =(한 상자에 담긴 공책 수)×(상자 수)

    =$45 \times 625 = 28125$(권)

18 $119 \div 12 = 9 \cdots 11$이므로

    9상자까지 포장할 수 있고 11자루가 남습니다.

19 $504 \div 64 = 7 \cdots 56$이므로

    $64 \times \square < 504$에서 $\square$ 안에 들어갈 수 있는 자연수

    는 7이거나 7보다 작아야 합니다.

    ⇨ 가장 큰 수는 7입니다.

20 몫이 가장 작으려면 가장 작은 세 자리 수를 가장
큰 두 자리 수로 나눕니다.

    ┌ 가장 작은 세 자리 수: 346

    └ 가장 큰 두 자리 수: 87

    ⇨ $346 \div 87 = 3 \cdots 85$

73~75쪽 　단원평가 5회

1 45000　　**2** 7920, 1320, 9240

3 3, 180, 0　　**4** 4에 ○표　　**5** 5820

6 6　　**7**　　**8** 18690

9 18, 16　　**10** >　　**11** ⑤

12

---

13 예 장미 91송이를 13송이씩 포장하므로

    $91 \div 13 = 7$(다발)을 포장할 수 있습니다.

    ; 7다발

14 16058개　　**15** 4, 0　　**16** 9일, 18쪽

17 예 운동장에 있는 학생들을 한 줄에 21명씩 세
우면 $420 \div 21 = 20$(줄)이 됩니다.

    ; 20줄

18 39　　**19** 37　　**20** 13720

2 264×35는 264×30과 264×5의 합과 같습니다.

4 197을 200으로, 49를 50으로 어림하면
$197 \div 49$의 몫은 $200 \div 50 = 4$라고 어림할 수 있
습니다.

7 $40 \times 500 = 20000$, $60 \times 600 = 36000$,
$300 \times 70 = 21000$

8 $534 \times 35 = 18690$

9
$$\begin{array}{r} 18 \\ 37\,\overline{)\,682} \\ 37 \\ \hline 312 \\ 296 \\ \hline 16 \end{array}$$

10 $312 \times 48 = 14976$, $159 \times 74 = 11766$

    ⇨ $14976 > 11766$

11 ① 9　② 9　③ 9　④ 9　⑤ 8

12 $117 \div 16 = 7 \cdots 5$, $231 \div 25 = 9 \cdots 6$

14 3월은 31일까지 있습니다.

    (3월 한 달 동안 만들 수 있는 장난감 로봇 수)

    =(하루에 만드는 장난감 로봇 수)×(3월의 날수)

    =$518 \times 31 = 16058$(개)

15 $374 \times$ ㉠의 일의 자리 숫자가 6이므로
㉠=4 또는 9입니다.

    ㉠=4인 경우 $374 \times 54 = 20196$이고,

    ㉠=9인 경우 $374 \times 59 = 22066$이므로

    ㉠=4입니다.

    ⇨ $374 \times 54 = 20196$에서 ㉡=0입니다.

16 $288 \div 30 = 9 \cdots 18$

    ⇨ 30쪽씩 9일 동안 읽고 마지막 날에는 18쪽을
읽어야 합니다.

18 나머지는 나누는 수보다 작아야 합니다.

나머지가 될 수 있는 중에서 가장 큰 수는

(나누는 수)−1이므로 39입니다.

19 몫이 가장 크려면 가장 큰 세 자리 수를 가장 작은

두 자리 수로 나눕니다.

　가장 큰 세 자리 수: 865

　가장 작은 두 자리 수: 23

⇨ $865 \div 23 = 37 \cdots 14$

20 어떤 수를 □라 하면

□$\div 53 = 7 \cdots 21$

⇨ $53 \times 7 = 371$, $371 + 21 =$□, □$= 392$

따라서 바르게 계산하면 $392 \times 35 = 13720$입니다.

76~77쪽　　**서술형 평가 ❶**

1 ❶ 952, 26, 24752　❷ 24752 m

2 ❶ 30일　　　　　❷ 30, 3780

　❸ 3780번

3 ❶ 131, 12, 10, 11　❷ 10, 11

　❸ 10상자

4 ❶ 12, 180 ; 180명　❷ 180, 20, 9

　❸ 9줄

---

1 ❶ (걸은 전체 거리)

　　＝(공원 산책로 한 바퀴의 거리)×(걸은 날수)

　❷ $952 \times 26 = 24752$ (m)

2 ❶ 6월은 30일까지 있습니다.

　❷ (6월 한 달 동안 하는 줄넘기 횟수)

　　＝(하루에 하는 줄넘기 횟수)×(6월의 날수)

　❸ $126 \times 30 = 3780$(번)

3 ❶ (포장할 수 있는 상자 수)

　　＝(전체 연필 수)÷(한 상자에 담는 연필 수)

　❷ $131 \div 12 = 10 \cdots 11$

　❸ $131 \div 12 = 10 \cdots 11$이므로

　　10상자까지 포장할 수 있고 11자루가 남습니다.

4 ❷ (20명씩 세울 때 줄 수)

　　＝(전체 학생 수)÷(한 줄에 세우는 학생 수)

　❸ $180 \div 20 = 9$(줄)

78~79쪽　　**서술형 평가 ❷**

1 예 50개씩 700상자를 포장하였으므로

　　포장한 인형은 모두 $50 \times 700 = 35000$(개)입

　　니다. ; 35000개

2 예 8월은 31일까지 있습니다.

　　매일 114번씩 31일 동안 윗몸일으키기를 했

　　으므로 8월 한 달 동안 $114 \times 31 = 3534$(번)

　　하게 됩니다. ; 3534번

3 예 $234 \div 15 = 15 \cdots 9$이므로 15상자까지 포장

　　할 수 있고 9개가 남습니다. ; 15개

4 예 (전체 초콜릿 수)＝$25 \times 14 = 350$(개)

　　⇨ $350 \div 35 = 10$이므로 10명에게 나누어 줄

　　　수 있습니다. ; 10명

5 예 가장 큰 세 자리 수: 765

　　가장 작은 두 자리 수: 20

　　⇨ $765 \times 20 = 15300$; 15300

80쪽　　**오답 베스트 5**

1 ②, ③　　**2** 4650 mL　　**3** ㉡, ㉢, ㉠

4 3840 g　　**5** 2614 cm

---

3 ㉠ $536 \div 16 = 33 \cdots 8$　㉡ $662 \div 25 = 26 \cdots 12$

　㉢ $232 \div 13 = 17 \cdots 11$

4 (콩의 양)＝$110 \times 16 = 1760$ (g)

　(현미의 양)＝$160 \times 13 = 2080$ (g)

　따라서 콩과 현미의 양은 모두

　$1760 + 2080 = 3840$ (g)입니다.

5 (색 테이프 13장의 길이의 합)

　＝$226 \times 13 = 2938$ (cm)

　겹쳐진 부분의 수는 색 테이프의 수보다 1만큼 더

　작으므로 12군데입니다.

　(겹쳐진 부분의 길이의 합)＝$27 \times 12 = 324$ (cm)

　(이어 붙인 색 테이프의 전체 길이)

　＝(색 테이프 13장의 길이의 합)

　　−(겹쳐진 부분의 길이의 합)

　＝$2938 - 324 = 2614$ (cm)

4단원 평면도형의 이동

83쪽 쪽지시험 1회

1 ㄹ　　　　**2** ㄴ

3 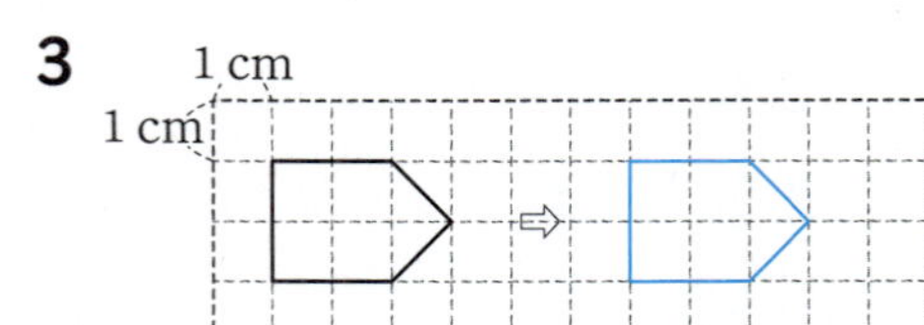

4 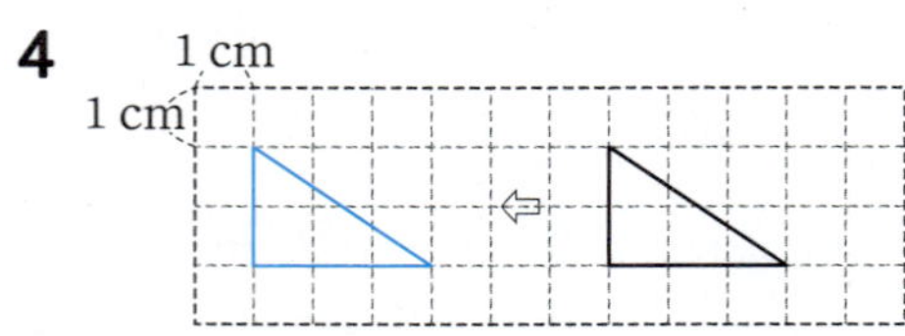

5 변하지 않습니다에 ○표

6 (　)(○)　　**7** (○)(　)

8 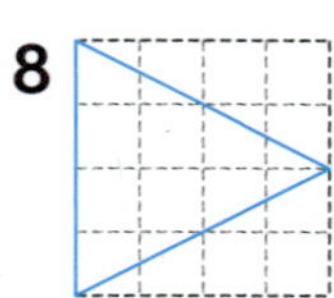　　**9** 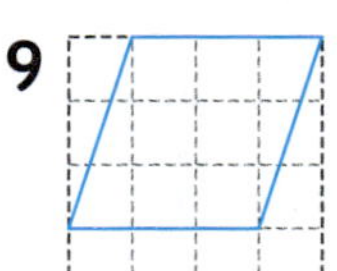

10 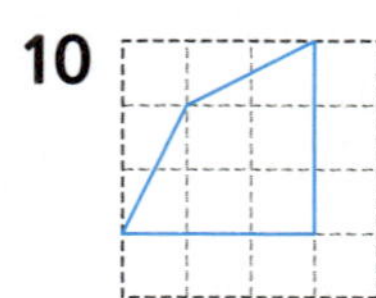

---

1 선을 따라 점 ㄱ을 오른쪽으로 3칸, 위쪽으로 1칸 이동하면 점 ㄹ에 도착합니다.

2 선을 따라 점 ㄱ을 아래쪽으로 2칸, 왼쪽으로 2칸 이동하면 점 ㄴ에 도착합니다.

3 도형을 오른쪽으로 밀면 모양은 변하지 않고 위치만 변합니다.

4 도형을 왼쪽으로 밀면 모양은 변하지 않고 위치만 변합니다.

5 도형을 아래쪽으로 밀면 모양과 크기가 변하지 않고 위치만 변합니다.

6 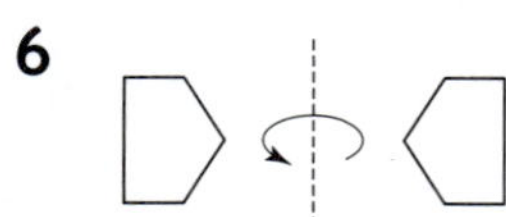

7 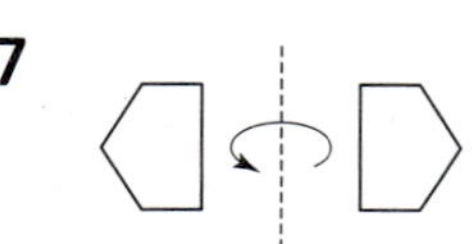

8~9 도형을 위쪽이나 아래쪽으로 뒤집으면 도형의 위쪽과 아래쪽이 서로 바뀝니다.

10 도형을 오른쪽으로 뒤집으면 도형의 왼쪽과 오른쪽이 서로 바뀝니다.

84쪽 쪽지시험 2회

1 (○)(　)　**2** (　)(○)　**3** (○)(　)

4 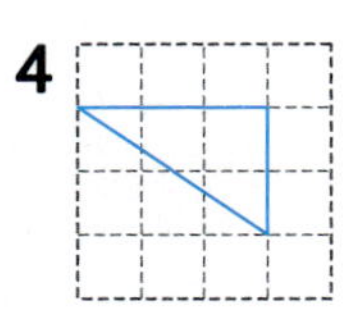　　**5** 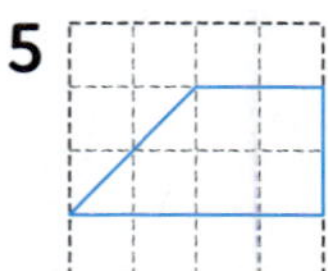

6 

7 예 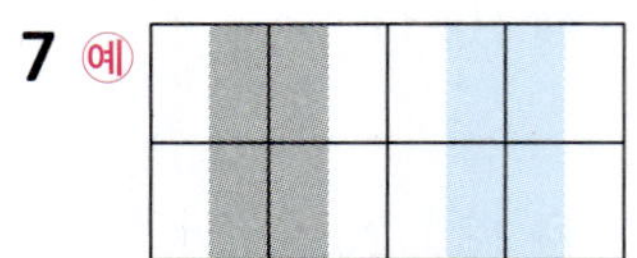

8 예 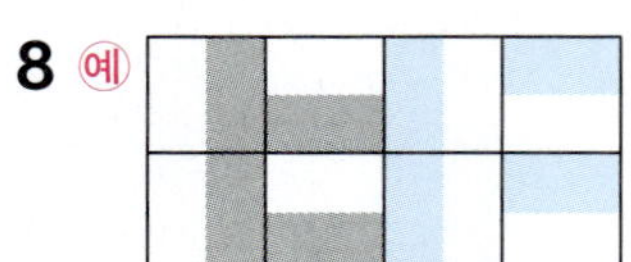

9 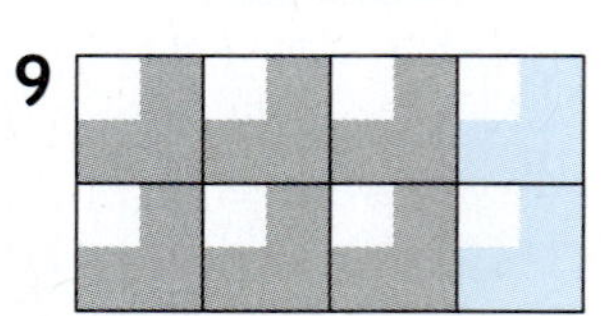

10 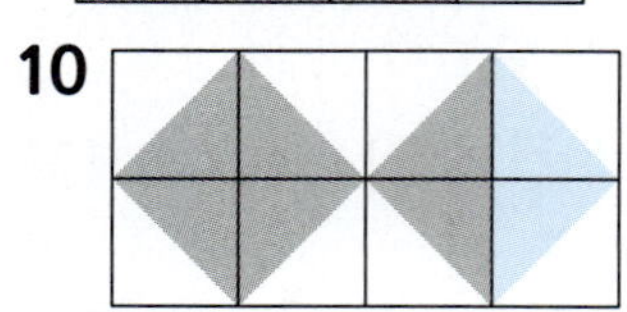

---

4 도형을 시계 반대 방향으로 180°만큼 돌리면 위쪽 부분이 아래쪽으로, 왼쪽 부분이 오른쪽으로 이동합니다.

5 도형을 시계 방향으로 270°만큼 돌리면 위쪽 부분이 왼쪽으로 이동합니다.

6 주어진 모양을 오른쪽과 아래쪽으로 밀어서 규칙적인 무늬를 만듭니다.

7 주어진 모양을 오른쪽과 아래쪽으로 뒤집어서
규칙적인 무늬를 만듭니다.

8 주어진 모양을 시계 방향으로 90°만큼 돌리면서
규칙적인 무늬를 만듭니다.

9  모양을 밀기를 이용하여 무늬를 완성합니다.

10  모양을 오른쪽과 아래쪽으로 뒤집어서 무늬
를 완성합니다.

1 사과   **2** (○)(   )(   )

3 (   )(○)   **4** 오른, 6

5
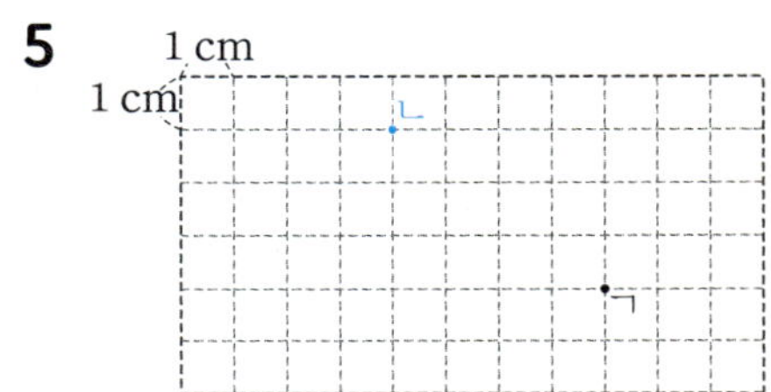

6
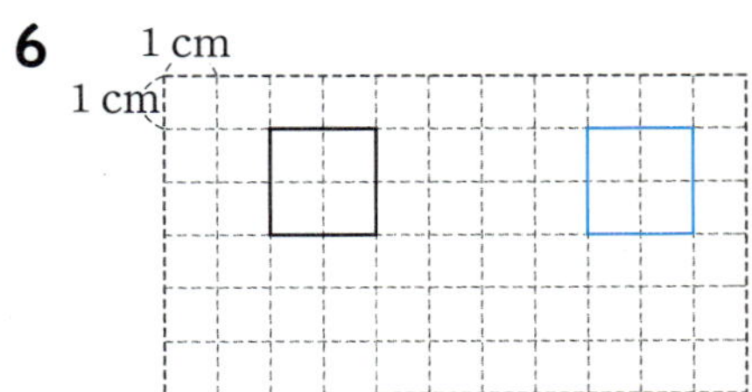

7 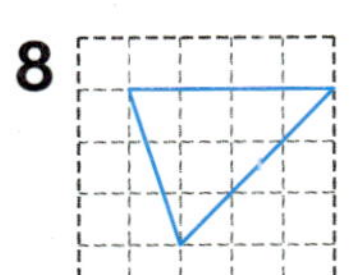   **8**

9

10 (위부터) 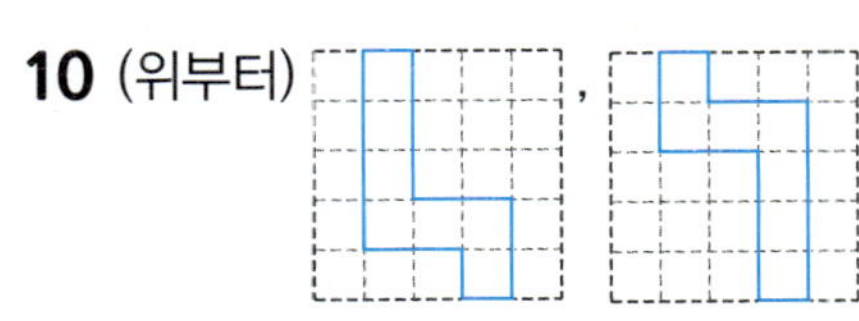

11 ㉢   **12** ㉠

13 6   **14** ②

15 ㉡   **16** 돌리기

17 예 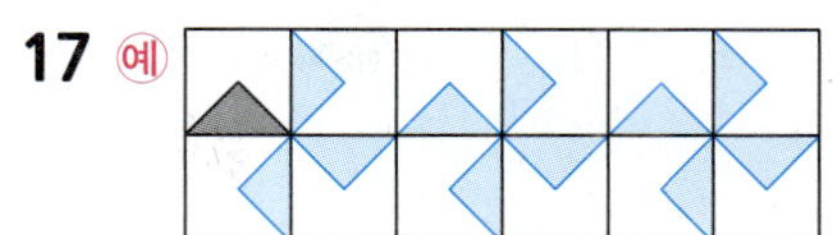

18 ㉡

19 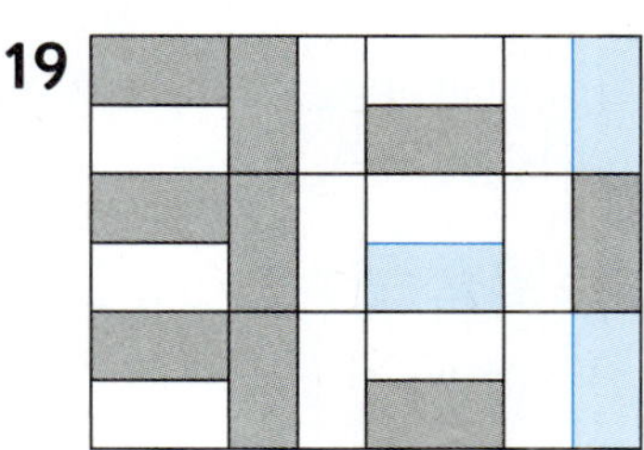

20 유나

1 오른쪽으로 3칸, 아래쪽으로 2칸 이동하면 사과
에 도착합니다.

2 도형을 오른쪽으로 밀면 모양과 크기는 변하지 않고
위치만 변합니다.

3 도형을 시계 방향으로 180°만큼 돌리면 위쪽 부분이
아래쪽으로, 왼쪽 부분이 오른쪽으로 이동합니다.

5
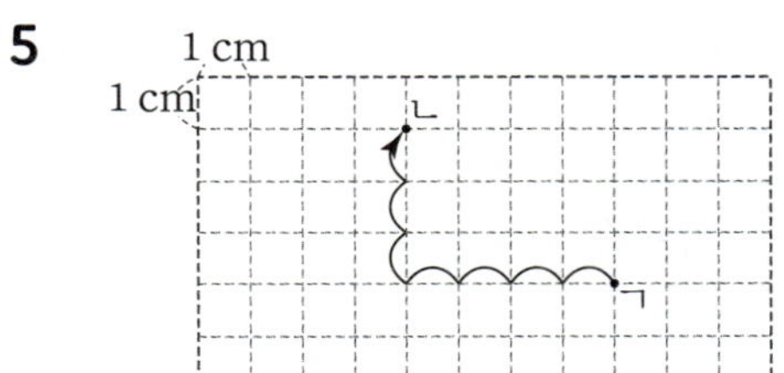

선을 따라 점 ㄱ을 왼쪽으로 4 cm, 위쪽으로
3 cm 이동합니다.

6 도형을 오른쪽으로 6 cm 밀면 모양은 그대로이고
위치만 오른쪽으로 6 cm 이동합니다.

7 도형을 왼쪽으로 밀어도 모양과 크기는 변하지 않
습니다.

8 도형을 왼쪽으로 뒤집으면 도형의 왼쪽과 오른쪽
이 서로 바뀝니다.

9 시계 반대 방향으로 90°만큼 돌리면 위쪽 부분이
왼쪽으로 이동합니다.

10 도형을 위쪽으로 뒤집으면 위쪽과 아래쪽이 서로
바뀌고, 왼쪽으로 뒤집으면 왼쪽과 오른쪽이 서로
바뀝니다.

11 도형을 왼쪽으로 뒤집으면 왼쪽과 오른쪽이 서로
바뀝니다.

12 도형을 아래쪽으로 뒤집으면 위쪽과 아래쪽이 서로 바뀝니다.

13 시계 방향으로 180°만큼 돌리면 숫자의 위쪽 부분이 아래쪽으로, 왼쪽 부분이 오른쪽으로 이동합니다.

14 도형을 위쪽으로 밀면 모양과 크기는 변하지 않습니다.

15 각 도형을 오른쪽으로 뒤집으면 다음과 같습니다.

  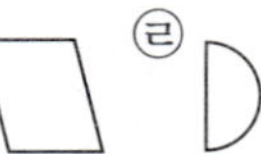

16 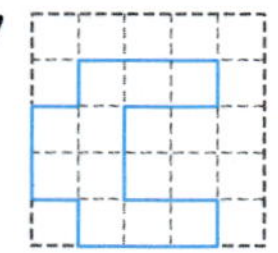 모양을 시계 방향으로 90°만큼 돌리기를 반복하여 만든 무늬입니다.

17 주어진 모양을 시계 방향으로 90°만큼 돌리면서 규칙적인 무늬를 만들 수 있습니다.

18 ㉡ 모양을 뒤집으면 주어진 무늬를 만들 수 있습니다.

19 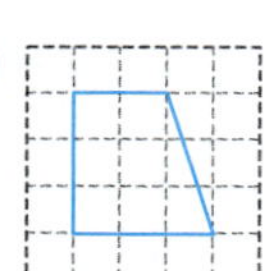 모양을 시계 반대 방향으로 90°만큼 돌리면서 무늬를 만든 것입니다.

20 위쪽 부분이 아래쪽으로, 왼쪽 부분이 오른쪽으로 이동하였으므로 또는 와 같이 돌려야 합니다.

88~90쪽 단원평가 2회

1

2 4, 위, 2

3

4 (○)(　) 　　　　**5** ㉡

---

6 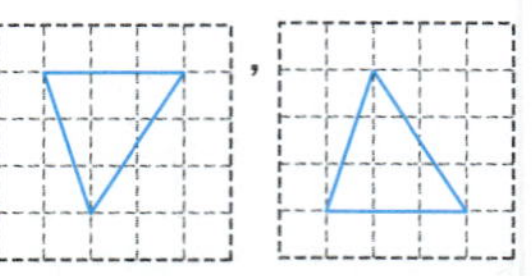

7 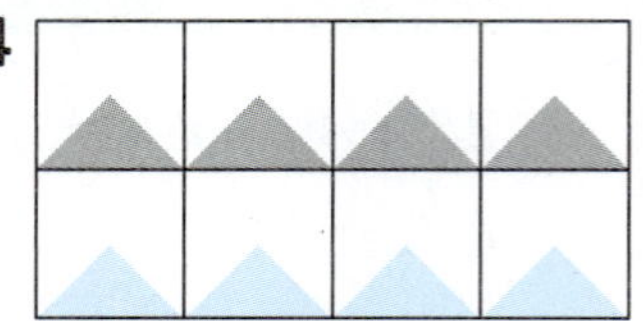

8 나 　　　　**9** 다

10 가 　　　　**11** 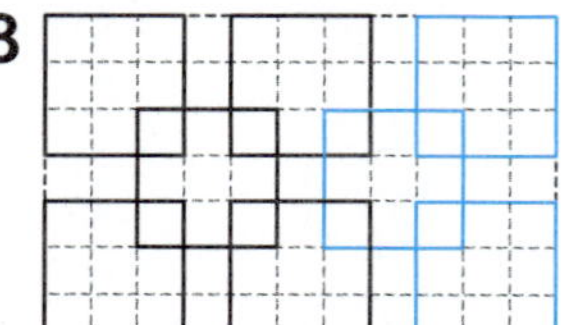

12 ⑤

13 (위부터)

14

15 돌리기에 ○표 　　**16** (　)(○)

17

18

19 ②

20 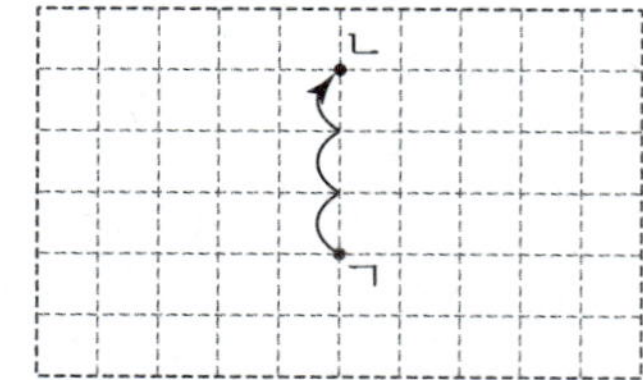

1

선을 따라 점 ㄱ을 위쪽으로 3칸 이동합니다.

2 선을 따라 점 ㄱ이 왼쪽으로 4 cm, 위쪽으로 2 cm 이동하면 점 ㄴ에 도착합니다.

3 도형을 오른쪽으로 4 cm 밀면 모양과 크기는 변하지 않고 위치만 오른쪽으로 4 cm 이동합니다.

4 도형을 왼쪽으로 뒤집으면 왼쪽과 오른쪽이 서로 바뀝니다.

5 도형을 오른쪽으로 뒤집으면 왼쪽과 오른쪽이 서로 바뀝니다.

6 도형을 왼쪽 또는 오른쪽으로 뒤집으면 도형의 왼쪽과 오른쪽이 서로 바뀝니다.

7 도형을 시계 방향으로 180°만큼 돌리면 위쪽 부분이 아래쪽으로, 왼쪽 부분이 오른쪽으르 이동합니다.

8 도형을 아래쪽으로 뒤집으면 위쪽과 아래쪽이 서로 바뀝니다.

9 도형을 왼쪽으로 뒤집으면 왼쪽과 오른쪽이 서로 바뀝니다.

10 도형을 시계 반대 방향으로 180°만큼 돌리면 위쪽 부분이 아래쪽으로, 왼쪽 부분이 오른쪽으로 이동합니다.

11 도형을 시계 반대 방향으로 90°만큼 돌리면 위쪽 부분이 왼쪽으로 이동합니다.

12 도형을 시계 방향으로 360°만큼 돌리거나 시계 반대 방향으로 360°만큼 돌리면 처음 도형과 같습니다.

13 도형을 오른쪽으로 뒤집으면 도형의 왼쪽과 오른쪽이 서로 바뀌고, 위쪽으로 뒤집으면 도형의 위쪽과 아래쪽이 서로 바뀝니다.

14 |보기|의 모양을 오른쪽과 아래쪽으로 밀어서 규칙적인 무늬를 만듭니다.

15 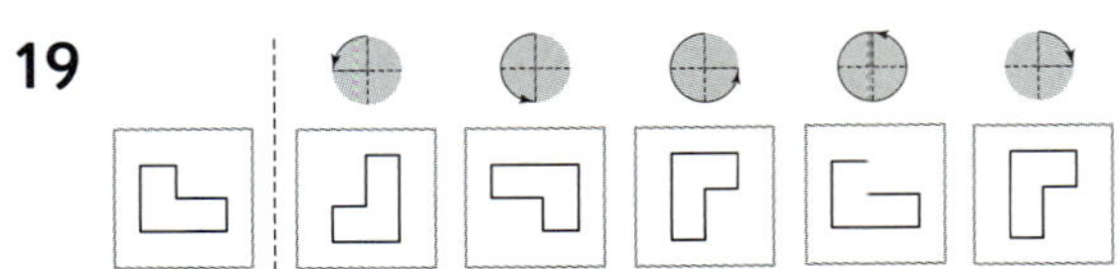 모양을 시계 방향으로 90°만큼 돌리기를 반복하여 만든 무늬입니다.

16 왼쪽 모양을 오른쪽과 아래쪽으로 뒤집어서 만든 규칙적인 무늬입니다.

17 도형을 어느 방향으로 밀어도 모양과 크기는 변하지 않으므로 밀기 전 도형은 오른쪽 도형과 같게 그립니다.

19

20 도형을 같은 방향으로 2번 뒤집으면 뒤집기 전 도형과 같습니다.

1 ㉣　　　**2** (○)(　)

3 (○)(　)　　　**4** ㉡

5 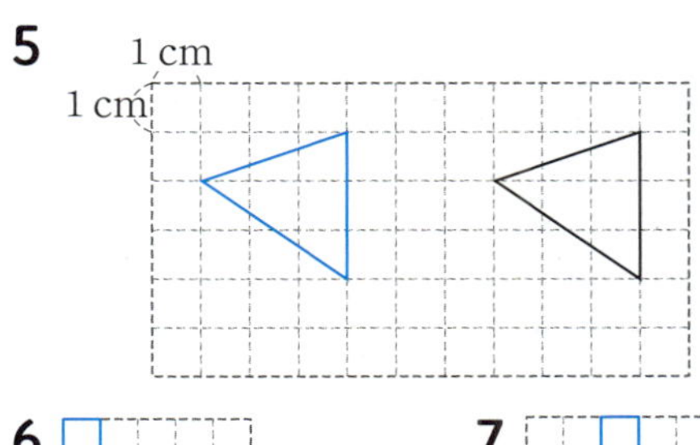

6 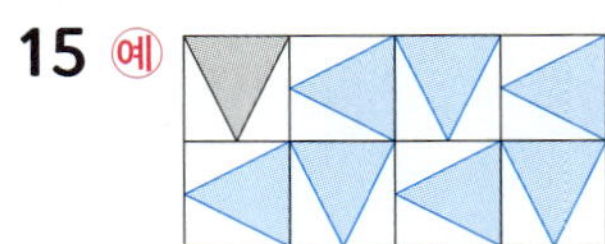　　　**7** 

8 나　　　**9** 90°에 ○표

10 라　　　**11** 가

12 ㉡　　　**13** 

14

15

16 예 밀기, 아래쪽, 뒤집기

17 예 왼쪽 도형을 오른쪽으로 밀면 오른쪽 도형이 됩니다.

18 나　　　**19** 윤영

20 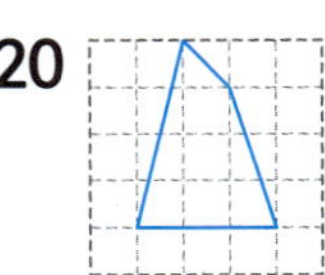

5 모눈 한 칸이 1 cm이므로 도형의 한 변을 기준으로 왼쪽으로 6칸 밀었을 때의 도형을 그립니다.

6 도형을 시계 반대 방향으로 180°만큼 돌리면 위쪽 부분이 아래쪽으로, 왼쪽 부분이 오른쪽으로 이동합니다.

7 도형을 시계 반대 방향으로 270°만큼 돌리면 위쪽 부분이 오른쪽으로 이동합니다.

8 도형의 왼쪽과 오른쪽이 같은 것을 찾습니다.

9 왼쪽 도형의 위쪽 부분이 왼쪽으로 이동했으므로 시계 반대 방향으로 90°만큼 돌리면 오른쪽 도형이 됩니다.

10 가 도형의 왼쪽과 오른쪽이 서로 바뀐 도형은 라입니다.

11 나 도형의 위쪽과 아래쪽이 서로 바뀐 도형은 가입니다.

12 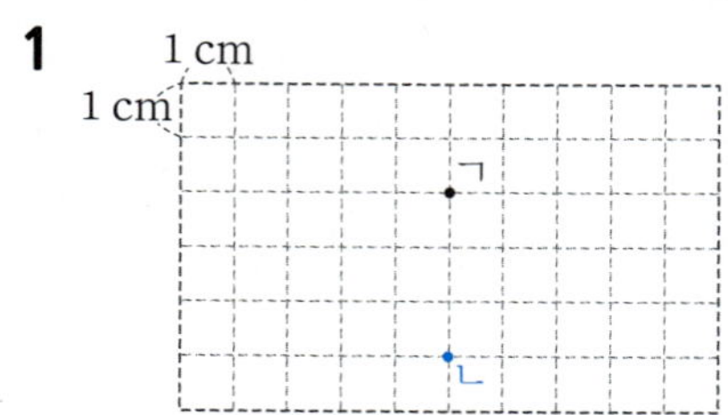

13 위쪽 부분이 아래쪽으로, 왼쪽 부분이 오른쪽으로 이동했으므로 시계 반대 방향으로 180°만큼 돌린 것입니다.

14 위쪽 부분이 오른쪽으로 이동했으므로 시계 반대 방향으로 270°만큼 돌린 것입니다.

18 나 조각을 밀어서 이동하면 정사각형을 완성할 수 있고, 다 조각을 돌려서 이동하면 정사각형을 완성할 수 있습니다.

19 도형의 위쪽 부분이 아래쪽으로, 왼쪽 부분이 오른쪽으로 이동했으므로 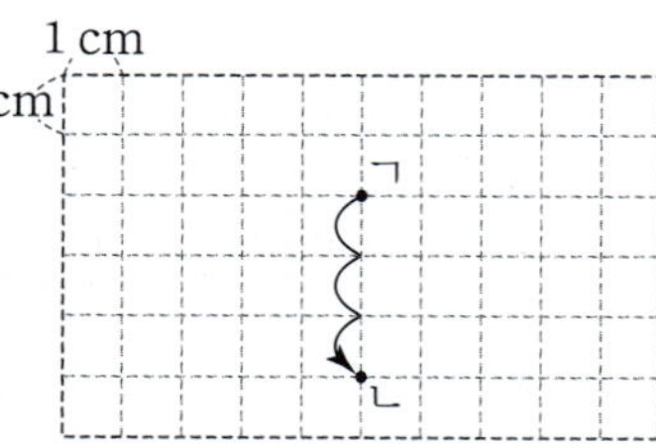 또는 와 같이 돌려야 합니다.

20 시계 방향으로 180°만큼 2번 돌린 도형은 처음 도형과 같습니다.
⇨ 주어진 도형을 오른쪽으로 한 번 뒤집었을 때의 도형을 그립니다.

94~96쪽 **단원평가** 4회

1 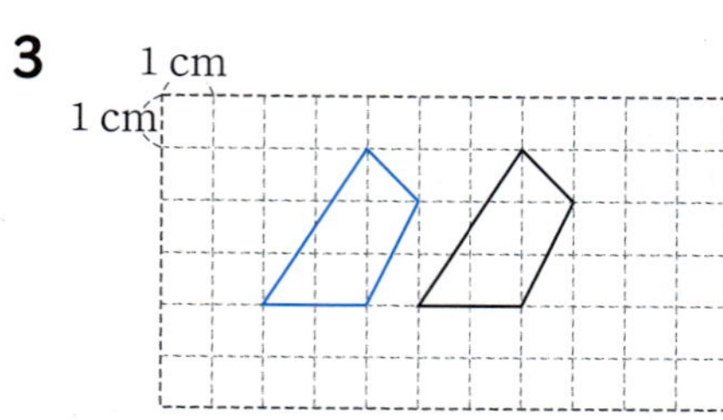

2 왼, 6

3
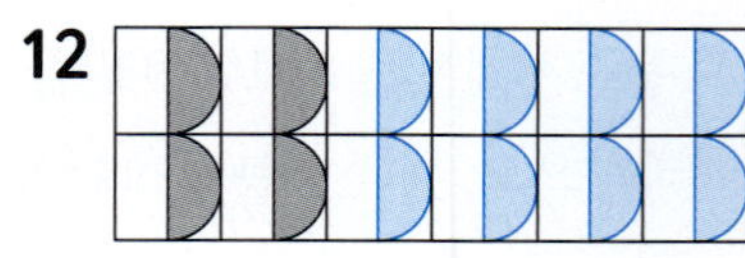

4

5

6 아래쪽에 ○표

7 180°에 ○표

8 ○

9 ㉡

10 ㉠

11 읽

12

13 ㉠

14 예

15

16 가

17 예 왼쪽 도형을 오른쪽으로 뒤집으면 오른쪽 도형이 됩니다.

18 가

19

20 27

1
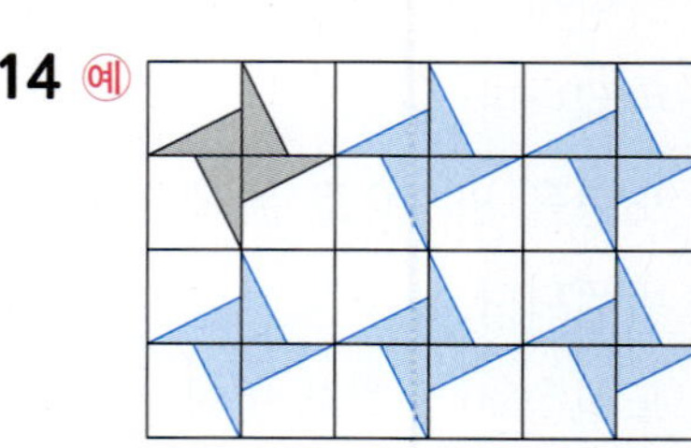

선을 따라 점 ㄱ을 아래쪽으로 3 cm 이동합니다.

2 나 도형을 왼쪽으로 모눈 6칸만큼 이동하면 가 도형이 되므로 왼쪽으로 6 cm 밀어서 이동한 것입니다.

6 도형의 위쪽과 아래쪽이 서로 바뀌었으므로 위쪽 또는 아래쪽으로 뒤집기 한 것입니다.

7 도형의 위쪽 부분이 아래쪽으로, 왼쪽 부분이 오른쪽으로 이동했으므로 시계 방향으로 180°만큼 돌린 것입니다.

8 ㄹ◆5

9 도형의 위쪽 부분이 오른쪽으로 이동했으므로 시계 방향으로 90°만큼 돌린 것입니다.

10 오른쪽으로 뒤집었을 때 처음 숫자와 같은 모양이 되는 것은 ㉠입니다.

11 종이에 찍힌 모양을 왼쪽 또는 오른쪽으로 뒤집기 한 모양을 그립니다.

12 주어진 모양을 오른쪽과 아래쪽으로 밀어서 규칙적인 무늬를 만듭니다.

13 ㉠은 밀기, ㉡, ㉢은 돌리기를 이용하여 규칙적인 무늬를 만들었습니다.

14 주어진 모양을 시계 방향으로 90°만큼 돌리면서 규칙적인 무늬를 만듭니다.

15 돌린 후 도형을 시계 방향으로 180°만큼 돌린 도형을 그립니다.

16 가: 왼쪽 또는 오른쪽으로 뒤집었을 때의 도형
나: 시계 방향으로 90°만큼 돌렸을 때의 도형
다: 시계 방향으로 180°만큼 돌렸을 때의 도형

18 가 조각을 왼쪽 또는 오른쪽으로 뒤집으면 정사각형을 완성할 수 있습니다.

19 움직인 도형이 처음 도형과 같으므로 밀기 또는 시계 방향으로 360°만큼 돌린 것입니다.

20 수를 시계 방향으로 180°만큼 돌렸을 때 만들어지는 수는 52입니다.
⇨ 차: 52−25＝27

1 오른, 7　　　　**2** 민정

3
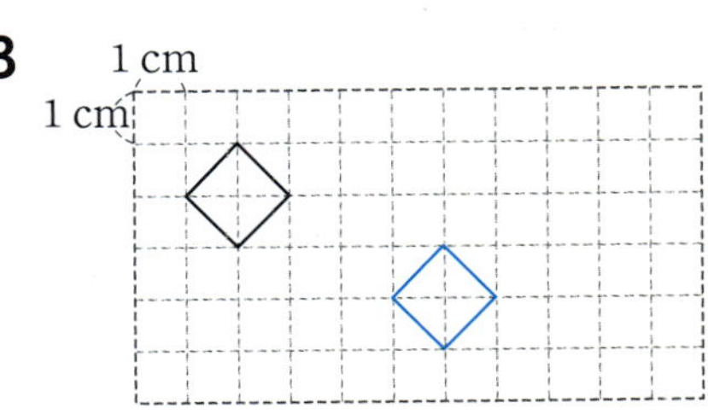

4 가　　　　**5** 다

---

6 ㉡　　　**7** ㉣　　　**8**
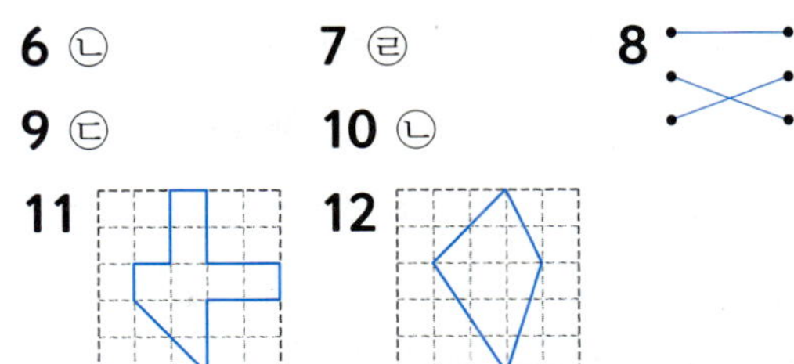

9 ㉢　　　**10** ㉡

11 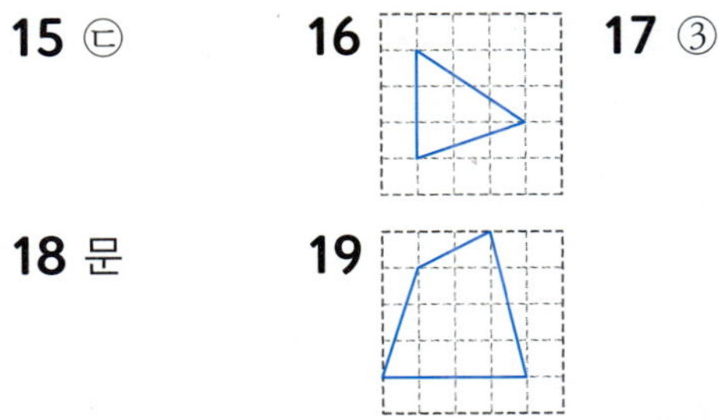 **12**

13 나

14 예 주어진 모양을 오른쪽과 아래쪽으로 뒤집기를 반복하여 만든 무늬입니다.

15 ㉢　　　**16**　　　**17** ③

18 문　　　**19**

20 예 아래쪽으로 뒤집었을 때 만들어지는 수는 19, 왼쪽으로 뒤집었을 때 만들어지는 수는 61입니다.
⇨ 두 수의 합은 19＋61＝80입니다.
; 80

2 민정: 선을 따라 점 ㄴ을 오른쪽으로 2 cm, 위쪽으로 2 cm 이동하면 점 ㄹ에 도착합니다.

3 도형의 한 변을 기준으로 해서 밀어 봅니다.

5 가 도형을 시계 반대 방향으로 180°만큼 돌리면 위쪽 부분이 아래쪽으로, 왼쪽 부분이 오른쪽으로 이동합니다.

6 왼쪽과 오른쪽이 같은 도형을 찾습니다.

7 각각의 도형을 돌려 보고 처음 도형과 같은 것을 찾습니다.

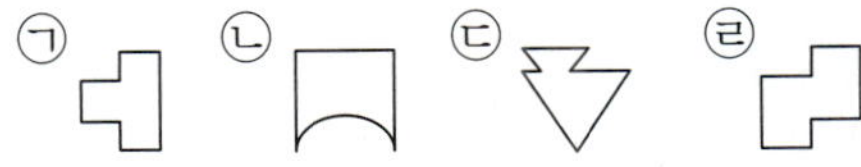

8 도형의 위쪽의 위치가 어느 쪽으로 바뀌었는지 살펴봅니다.

9 ◑ 모양을 시계 방향으로 90°만큼 돌리기를 반복하여 만든 무늬입니다.

10 도형의 위쪽 부분이 왼쪽으로 이동했으므로 ㉡ 시계 방향으로 270°만큼 돌린 것입니다.

11~12 돌린 후 도형을 시계 반대 방향으로 90°만큼 돌린 도형을 그립니다.

13 나 모양으로 돌리기를 이용하여 주어진 규칙적인 무늬를 만들 수 있습니다.

15 아래쪽으로 뒤집었을 때의 모양이 처음과 같은 것
: E, X
시계 방향으로 180°만큼 돌렸을 때의 모양이 처음과 같은 것: N, X

16 주어진 도형을 아래쪽으로 2번 뒤집고 시계 반대 방향으로 90°만큼 4번 돌리면 처음 도형과 같습니다.

17 ・①, ②, ④, ⑤ :　　　・③ :

18 곰◉문

19 〈어떤 도형〉

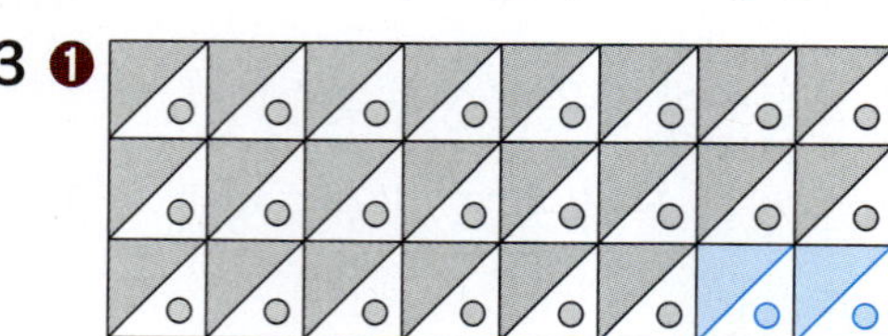

---

1 ❶ 오른쪽　　❷ 오른, 5

2 ❶ 아래쪽　　❷ 오른쪽　　❸ ㉡

3 ❶
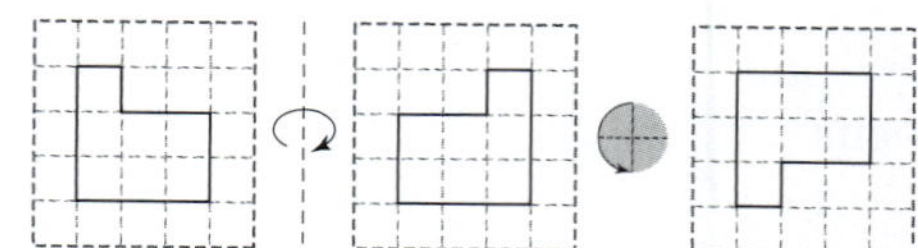

❷ 밀기에 ○표

4 ❶ 925　　❷ 526　　❸ 399

2 ❸ 왼쪽 도형의 위쪽 부분이 아래쪽으로, 왼쪽 부분이 오른쪽으로 이동했으므로 시계 방향으로 180°만큼 돌린 것입니다.

4 ❷ **925◉526**

❸ 925>526 ⇨ 925−526=399

---

1 예 선을 따라 점 ㄱ이 오른쪽으로 4 cm, 위쪽으로 2 cm 이동해야 합니다.

2 예 도형의 위쪽 부분이 오른쪽으로, 오른쪽 부분이 아래쪽으로 이동했으므로 ㉢ 시계 방향으로 90°만큼 돌린 것입니다. ; ㉢

3 예 주어진 모양을 오른쪽으로 뒤집기를 반복해서 모양을 만들고, 그 모양을 아래쪽으로 뒤집기하여 무늬를 만들었습니다.

4 예 주어진 카드에 적힌 수는 1020이고, 카드를 오른쪽으로 뒤집었을 때 만들어지는 수는 501입니다. ⇨ 501+102=603 ; 603

---

1 ㉠　　**2** ㉣　　**3** 9 cm

4 ㉠　　**5** 96

1
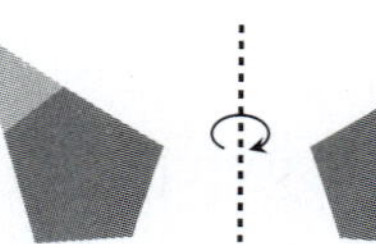

2 ㉮ 도형을 시계 반대 방향으로 90°만큼 돌리면 위쪽 부분이 왼쪽으로 이동하므로 ㉣ 도형과 같습니다.

3 ㉮ 도형의 꼭짓점이 오른쪽으로 9칸 이동한 곳에 ㉯ 도형이 있으므로 오른쪽으로 9 cm 밀어서 이동한 것입니다.

4 주어진 도형을 오른쪽으로 뒤집은 다음 시계 반대 방향으로 180°만큼 돌렸을 때의 도형은 다음과 같습니다.

5 주어진 수를 왼쪽으로 뒤집었을 때의 수는 281입니다.
따라서 두 수의 차는 281−185=96입니다.

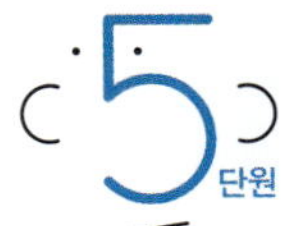

5단원 막대그래프

1 막대그래프 **2** 계절 **3** 학생 수

4 1명 **5** 계절별 학생 수

6 학생 수 **7** 7칸

8
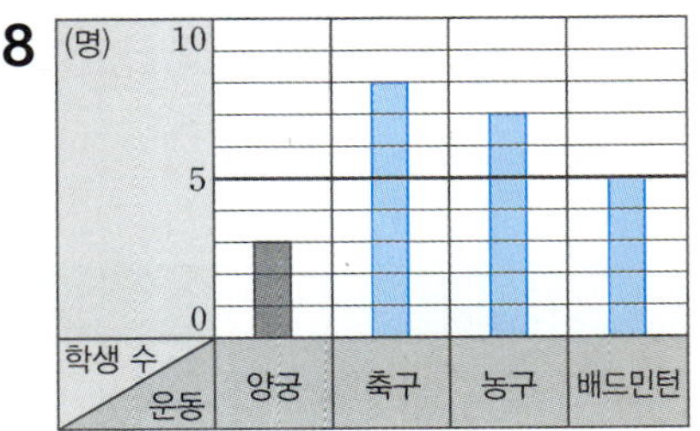

9 막대그래프 **10** 표

2 가로는 계절을 나타냅니다.

3 세로는 학생 수를 나타냅니다.

4 세로 눈금 5칸이 5명을 나타내므로 세로 눈금 한 칸은 1명을 나타냅니다.

5 막대의 길이는 계절별 학생 수를 나타냅니다.

6 가로에 운동을 나타내면 세로에는 학생 수를 나타냅니다.

7 농구를 좋아하는 학생은 7명이므로 7칸으로 나타냅니다.

9 막대그래프는 표보다 각 항목별 많고 적음을 한눈에 알아보기에 편리합니다.

10 표는 합계를 나타내므로 전체 학생 수를 알아보기에 편리합니다.

1 4명 **2** 만화 **3** 뉴스

4 2명 **5** 12명 **6** 5명

7 떡볶이 **8** 김밥 **9** 13명

10 예 떡볶이

1 세로 눈금 한 칸이 1명을 나타내므로 드라마를 즐겨보는 학생은 4명입니다.

2 막대의 길이가 가장 긴 만화입니다.

3 막대의 길이가 가장 짧은 뉴스입니다.

4 예능: 6명, 드라마: 4명 ⇨ 6－4＝2(명)

5 뉴스: 2명, 만화: 10명 ⇨ 2＋10＝12(명)

6 세로 눈금 한 칸이 1명을 나타내므로 햄버거를 좋아하는 학생은 5명입니다.

7 막대의 길이가 가장 긴 떡볶이입니다.

8 막대의 길이가 가장 짧은 김밥입니다.

9 김밥: 4명, 떡볶이: 9명 ⇨ 4＋9＝13(명)

10 가장 많은 학생이 좋아하는 간식이 떡볶이이므로 간식으로 떡볶이를 준비하면 좋을 것 같습니다.

1 막대그래프 **2** 9명 **3** 사과

4 30명 **5** 3, 4, 12 **6** 5명

7
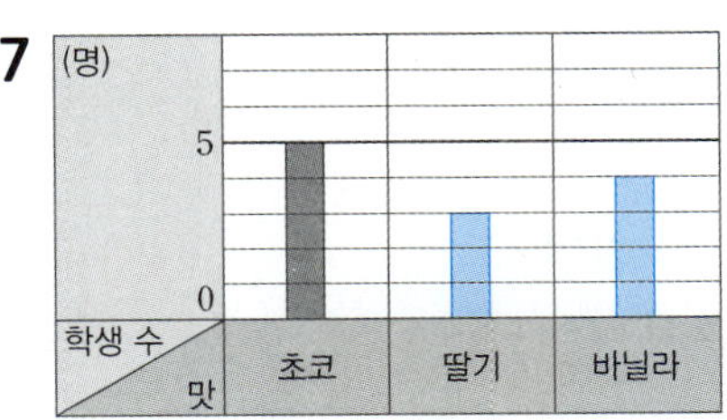

8 동물원 **9** 미술관, 3명 **10** 민속촌

11 4명

12
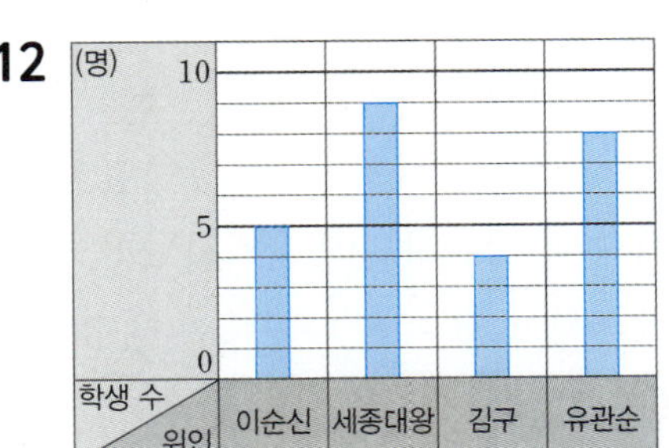

13 세종대왕 **14** 막대그래프 **15** 악기

16
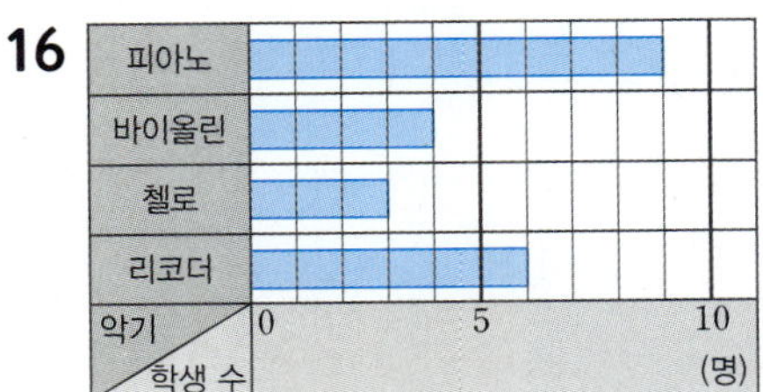

17 3배 **18** 20가구 **19** 180가구

20 알 수 없습니다.

1 조사한 자료의 수량을 막대 모양으로 나타낸 그래프를 막대그래프라고 합니다.

2 세로 눈금 한 칸은 1명을 나타내고 복숭아는 막대가 9칸이므로 9명입니다.

3 막대의 길이가 가장 긴 사과입니다.

4 포도: 6명, 사과: 11명, 복숭아: 9명, 수박: 4명
➡ $6+11+9+4=30$(명)

5 아이스크림 맛별로 학생 수를 세어 표로 나타냅니다.

6 가장 많은 학생이 좋아하는 아이스크림 맛의 학생 수가 5명이므로 적어도 5명까지 나타낼 수 있어야 합니다.

7 세로 눈금 한 칸은 1명을 나타내므로 초코는 5칸, 딸기는 3칸, 바닐라는 4칸으로 나타냅니다.

8 막대의 길이가 가장 긴 동물원입니다.

9 막대의 길이가 가장 짧은 장소는 미술관이고, 막대가 3칸이므로 3명입니다.

10 미술관에 가 보고 싶은 학생이 3명이므로 3명의 2배인 6명의 학생이 가 보고 싶은 장소는 민속촌입니다.

11 $26-5-9-8=4$(명)

12 세로 눈금 한 칸은 1명을 나타내므로 이순신은 5칸, 세종대왕은 9칸, 김구는 4칸, 유관순은 8칸으로 나타냅니다.

13 막대의 길이가 가장 긴 세종대왕입니다.

14 표는 각 항목별 학생 수나 전체 학생 수를 알아보기에 편리하고, 막대그래프는 각 항목별 수의 많고 적음을 한눈에 비교하기에 편리합니다.

15 그래프의 가로에 학생 수를 나타내면 세로에는 악기를 나타냅니다.

16 가로 눈금 한 칸은 1명을 나타내므로 피아노는 9칸, 바이올린은 4칸, 첼로는 3칸, 리코더는 6칸으로 나타냅니다.

17 피아노: 9명, 첼로: 3명 ➡ $9÷3=3$(배)

18 세로 눈금 한 칸은 $100÷5=20$(가구)를 나타냅니다.
➡ (바름 마을에서 신문을 보는 가구 수)
　－(리라 마을에서 신문을 보는 가구 수)
　＝$160-140=20$(가구)

19 리라 마을: 140가구, 마음 마을: 120가구, 바름 마을: 160가구
➡ (모해 마을에서 신문을 보는 가구 수)
　＝$600-140-120-160=180$(가구)

20 마음 마을에서 신문을 보는 가구 수는 알 수 있지만 정확한 사람 수는 알 수 없습니다.

---

1 지각생 수　　**2** 반

3 1명　　**4** 학생 수

5 우쿨렐레　　**6** 바이올린

7 21명

8
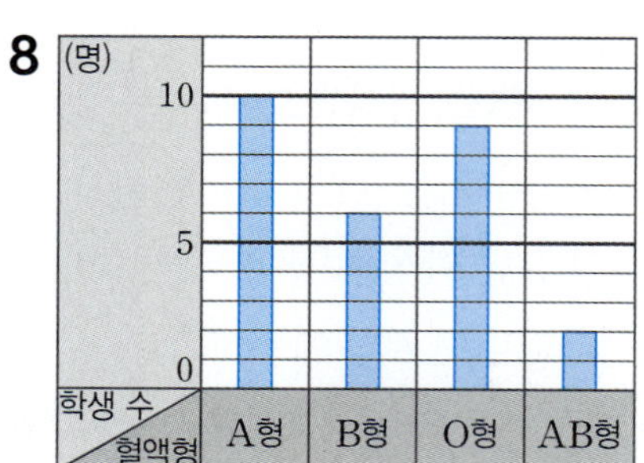

9 A형, O형　　**10** 표

11 5, 6, 2, 2, 15

12
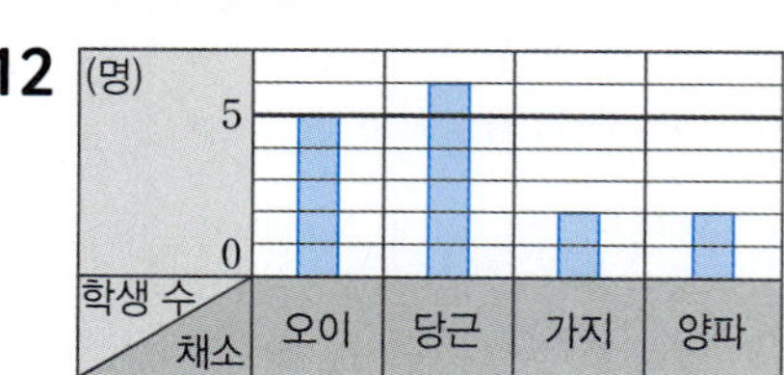

13 가지, 양파　　**14** 3배

15 2초　　**16** 지후, 18초

17 4초　　**18** 10명

19 4명　　**20** 2반, 1반, 4반, 3반

---

1 막대그래프에서 막대의 길이는 지각생 수를 나타냅니다.

2 가로는 반을 나타냅니다.

3 세로 눈금 5칸이 5명을 나타내므로 세로 눈금 한 칸은 1명을 나타냅니다.

4 세로는 학생 수를 나타냅니다.

5 막대가 가장 긴 우쿨렐레입니다.

6 막대가 가장 짧은 바이올린입니다.

7 피아노: 6명, 드럼: 4명, 바이올린: 2명,
우쿨렐레: 9명
⇨ 6+4+2+9=21(명)

8 세로 눈금 한 칸은 1명을 나타내므로 A형은 10칸,
B형은 6칸, O형은 9칸, AB형은 2칸으로 나타냅
니다.

9 막대의 길이가 B형보다 긴 것을 찾으면 A형,
O형입니다.

10 표는 합계를 나타내므로 전체 학생 수를 알아보기
에 편리합니다.

11 채소별로 학생 수를 세어 표로 나타냅니다.

12 세로 눈금 한 칸은 1명을 나타내므로 오이는 5칸,
당근은 6칸, 가지는 2칸, 양파는 2칸으로 나타냅
니다.

13 가지와 양파를 좋아하는 학생은 2명으로 같습니다.

14 당근은 6명, 가지는 2명이므로 6÷2=3(배)입니다.

15 가로 눈금 5칸이 10초를 나타내므로 가로 눈금 한
칸은 10÷5=2(초)를 나타냅니다.

16 막대의 길이가 가장 짧은 지후의 기록이 가장 빠
르고 기록은 18초입니다.

17 윤석: 20초, 하윤: 24초 ⇨ 24−20=4(초)

18 1반: 9명, 2반: 7명, 3반: 11명
⇨ 4반: 37−9−7−11=10(명)

19 안경을 쓴 학생이 가장 많은 반: 3반(11명),
안경을 쓴 학생이 가장 적은 반: 2반(7명)
⇨ 11−7=4(명)

20 막대의 길이가 짧은 반부터 차례대로 씁니다.
⇨ 2반<1반<4반<3반

1 놀이기구, 학생 수　　**2** 1명
3 8명　　**4** 범퍼카　　**5** 28명

6
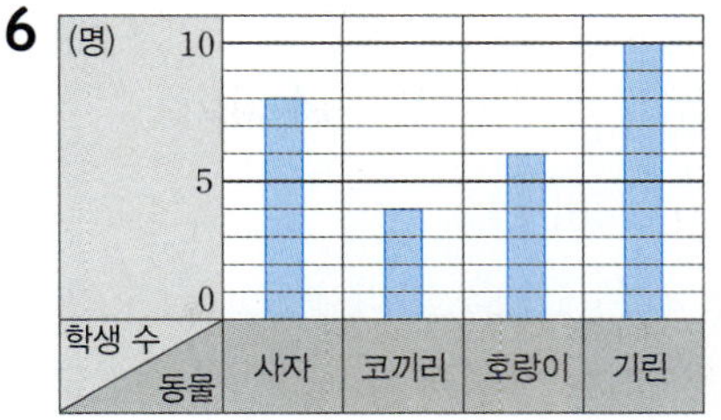

7 사자　　　　**8** 28명

9
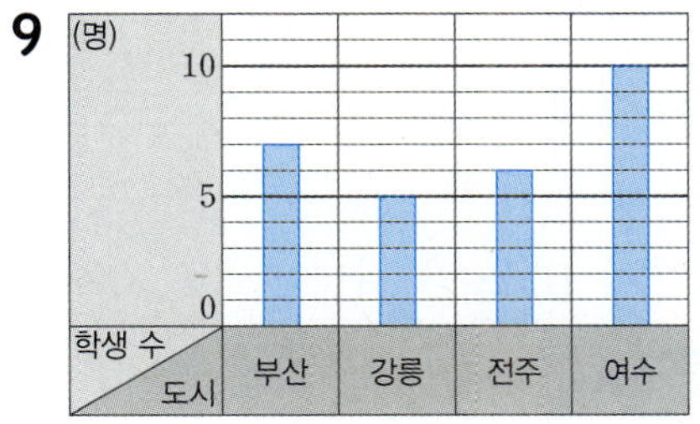

10 막대그래프　　**11** 2 kg　　**12** 준우, 34 kg
13 58 kg　　**14** 12 kg

15
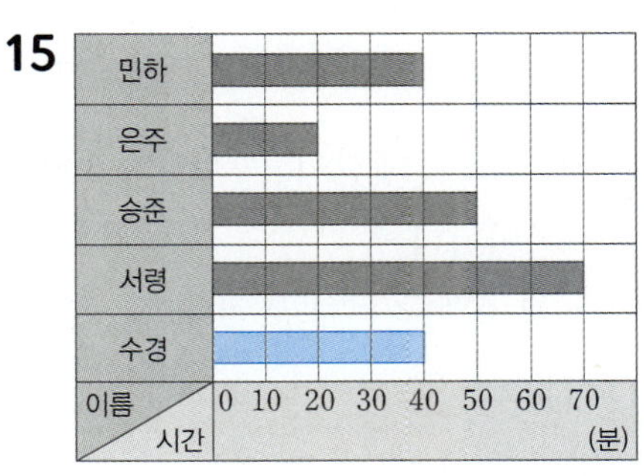

16 서령　　　　**17** 50분
18 3반　　　　**19** 3반

20 예 남학생 수와 여학생 수의 차가 가장 큰 반은 두
막대의 길이의 차가 가장 큰 4반입니다. 이때
세로 눈금 한 칸이 1명을 나타내고, 막대의 길
이가 4칸 차이가 나므로 4명 차이가 납니다.
; 4반, 4명

1 가로는 놀이기구를, 세로는 학생 수를 나타냅니다.

2 세로 눈금 한 칸은 1명을 나타냅니다.

3 세로 눈금 1칸은 1명을 나타내고, 회전목마는 8칸
이므로 8명입니다.

4 막대의 길이가 가장 긴 범퍼카입니다.

5 사자: 8명, 코끼리: 4명, 호랑이: 6명, 기린: 10명
⇨ 8+4+6+10=28(명)

6 세로 눈금 한 칸은 1명을 나타내므로 사자는 8칸,
코끼리는 4칸, 호랑이는 6칸, 기린은 10칸으로 나
타냅니다.

7 코끼리를 좋아하는 학생은 4명이므로 2배인 8명이 좋아하는 동물은 사자입니다.

8 7＋5＋6＋10＝28(명)

9 세로 눈금 한 칸은 1명을 나타내므로 부산은 7칸, 강릉은 5칸, 전주는 6칸, 여수는 10칸으로 나타냅니다.

10 막대그래프는 항목별 수의 크기를 한눈에 비교하기 편리하므로 막대그래프가 한눈에 더 잘 드러납니다.

11 세로 눈금 5칸이 10 kg을 나타내므로 세로 눈금 한 칸은 10÷5＝2 (kg)을 나타냅니다.

12 막대의 길이가 가장 긴 사람은 준우이고, 34 kg입니다.

13 수아: 28 kg, 경민: 30 kg
　⇨ 28＋30＝58 (kg)

14 혜진이는 24 kg이므로 혜진이 동생의 몸무게는 24÷2＝12 (kg)입니다.

15 은주는 책을 20분 읽었으므로 수경이는 20＋20＝40(분) 읽었습니다.
　⇨ 40분이므로 막대그래프에 막대 4칸을 그립니다.

16 1시간＝60분이므로 60분보다 막대의 길이가 더 긴 사람을 찾으면 서령입니다.

17 막대의 길이가 가장 긴 사람은 서령(70분)이고, 가장 짧은 사람은 은주(20분)입니다.
　⇨ 70－20＝50(분)

18 1반: 12＋11＝23(명), 2반: 10＋13＝23(명), 3반: 13＋13＝26(명), 4반: 14＋10＝24(명)

19 1반: 11팀, 2반: 10팀, 3반: 13팀, 4반: 10팀이므로 팀을 가장 많이 만들 수 있는 반은 3반입니다.

118~120쪽 단원평가 4회

1 계절, 학생 수　**2** 여름　**3** 여름
4 28명　**5** 3500원　**6** 100원

7
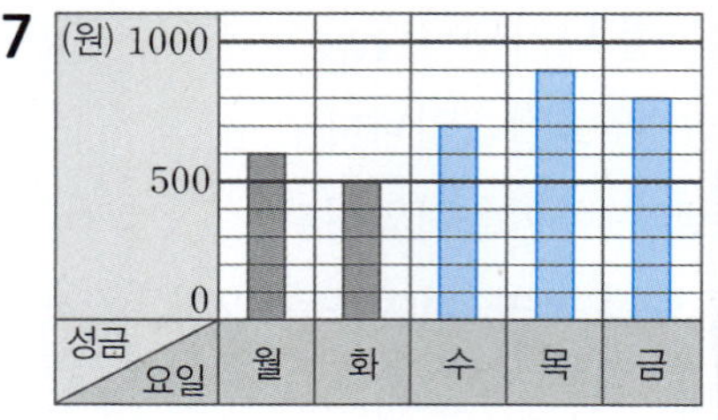

8 목요일　　**9** 6, 3, 4, 3, 16

10 학생 수　**11**
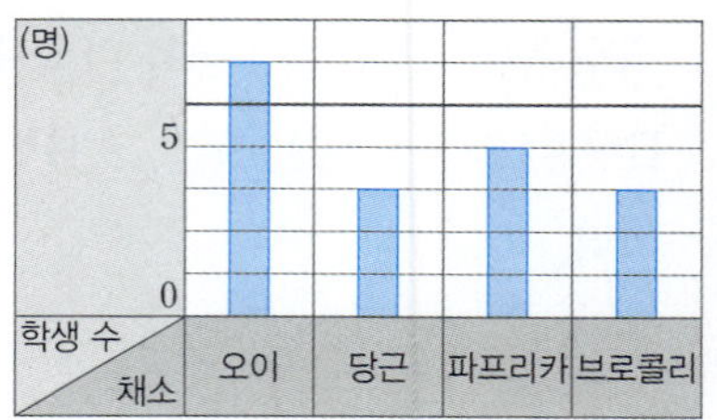

12 14병

13
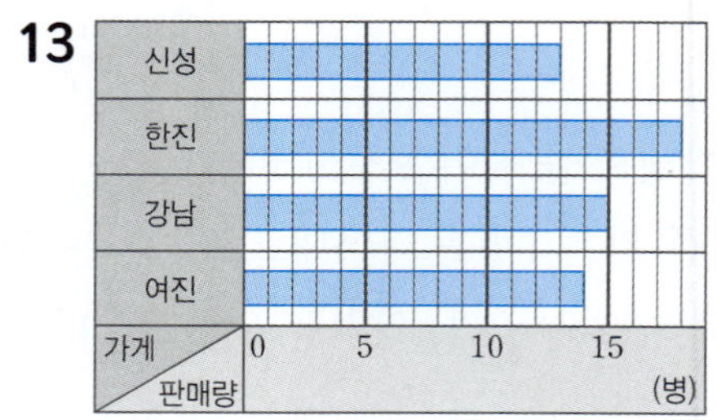

14 5병　　　**15** 월요일

16 월요일, 화요일, 목요일

17 5시간 40분　**18** 7칸　　**19** 3반, 4반

20 예 1반 : 4＋7＝11(명), 2반 : 2＋4＝6(명),
　　3반 : 6＋2＝8(명), 4반 : 5＋4＝9(명)
　　11＞9＞8＞6이므로 지난달 지각생 수가 가장 많은 반은 1반입니다. ; 1반

---

1 가로는 계절을, 세로는 학생 수를 나타냅니다.

2 막대의 길이가 가장 긴 여름입니다.

3 막대의 길이가 겨울보다 더 긴 계절을 찾으면 여름입니다.

4 봄: 6명, 여름: 9명, 가을: 6명, 겨울: 7명
　⇨ 6＋9＋6＋7＝28(명)

5 600＋500＋700＋900＋800＝3500(원)

6 세로 눈금 5칸이 500원을 나타내므로 세로 눈금 한 칸은 500÷5＝100(원)을 나타냅니다.

7 세로 눈금 한 칸은 100원을 나타냅니다.

8 막대그래프에서 막대의 길이가 가장 긴 요일을 찾으면 목요일입니다.

9 합계: 6＋3＋4＋3＝16(명)

10 가로에 채소를 나타내면 세로에는 학생 수를 나타내야 합니다.

12 $60-13-18-15=14$(병)

13 가로 눈금 한 칸은 1병을 나타내므로 신성은 13칸, 한진은 18칸, 강남은 15칸, 여진은 14칸으로 나타냅니다.

14 가장 많은 가게: 한진(18병)
가장 적은 가게: 신성(13병)
⇨ $18-13=5$(병)

15 수요일은 50분이고 $50\times2=100$(분)인 요일을 찾으면 월요일입니다.

16 1시간$=60$분이므로 막대의 길이가 60분보다 긴 것을 찾습니다. 수학 공부를 1시간보다 길게 한 요일은 월요일(100분), 화요일(70분), 목요일(90분)입니다.

17 $100+70+50+90+30=340$(분)
⇨ 340분$=5$시간 40분

18 세로 눈금 5칸이 25분을 나타내므로 세로 눈금 한 칸은 $25\div5=5$(분)을 나타냅니다. 따라서 35분은 $35\div5=7$(칸)으로 나타내야 합니다.

19 남학생의 막대의 길이가 여학생의 막대의 길이보다 더 긴 반을 찾으면 3반, 4반입니다.

1 과목, 학생 수　　　**2** 6명

3 국어　　　**4** 과학

5 5, 9, 8, 6, 28　　　**6** 색깔

7 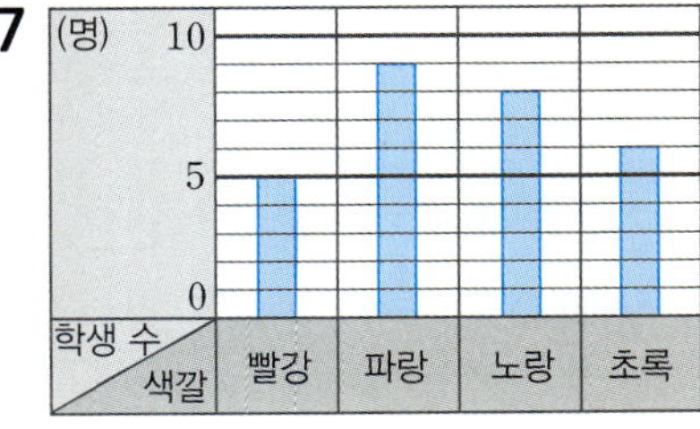

8 표　　　**9** 16 kg

10 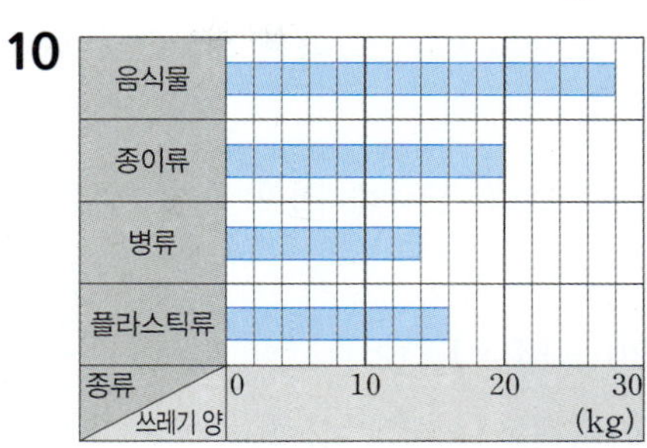

11 음식물, 종이류, 플라스틱류, 병류

12 2명　　　**13** 4명

14 예 공굴리기에 참가할 수 있는 학생 수가 4명이므로 32명은 $32\div4=8$(모둠)으로 나누어야 합니다. ; 8모둠

15 8명　　　**16** 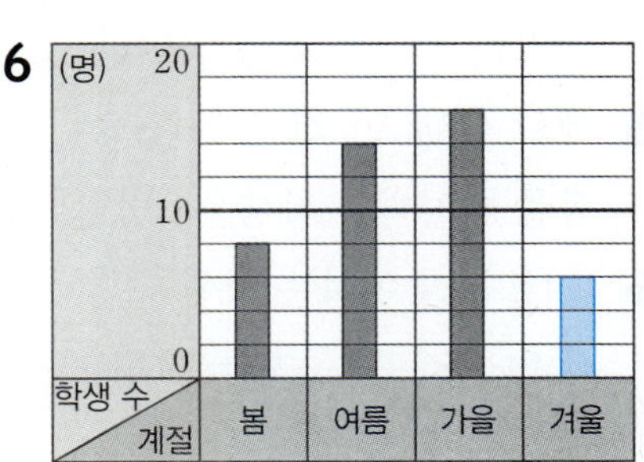

17 가을

18 ① 예 겨울을 좋아하는 학생 수가 가장 적습니다.
② 예 여름을 좋아하는 학생은 봄을 좋아하는 학생보다 6명 더 많습니다.

19 2시간

20 예 1반 : $7+5=12$(장), 2반 : $4+6=10$(장), 3반 : $3+6=9$(장), 4반 : $8+5=13$(장), 5반 : $5+4=9$(장)
따라서 3반이 받은 붙임딱지 수는 9장이므로 붙임딱지 수가 같은 반은 5반입니다. ; 5반

1 가로는 과목을, 세로는 학생 수를 나타냅니다.

2 $30-9-7-4-4=6$(명)

3 막대가 가장 긴 국어입니다.

4 사회와 막대의 길이가 같은 과목은 과학입니다.

5 합계: $5+9+8+6=28$(명)

6 세로에 학생 수를 나타내면 가로에 색깔을 나타내야 합니다.

7 세로 눈금 1칸이 1명을 나타내므로 빨강은 5칸, 파랑은 9칸, 노랑은 8칸, 초록은 6칸으로 나타냅니다.

8 표에서 합계를 보면 조사한 전체 학생 수를 바로 알 수 있습니다.

9 $78-28-20-14=16\,(kg)$

10 가로 눈금 한 칸은 $10\div5=2\,(kg)$을 나타내므로 음식물은 14칸, 종이류는 10칸, 병류는 7칸, 플라스틱류는 8칸으로 나타냅니다.

11 막대의 길이가 긴 것부터 차례대로 씁니다.

12 농구: 5명, 투호: 3명 $\Rightarrow 5-3=2(명)$

13 참가할 수 있는 학생 수가 씨름은 2명이므로 공굴리기는 $2\times2=4(명)$입니다.

15 세로 눈금 한 칸은 $10\div5=2(명)$을 나타내므로 봄을 좋아하는 학생은 8명입니다.

16 (겨울을 좋아하는 학생 수)
$=44-8-14-16=6(명)$
세로 눈금 한 칸이 2명을 나타내므로 6명은 $6\div2=3(칸)$으로 나타내야 합니다.

17 막대의 길이가 가장 긴 계절을 찾으면 가을입니다.

19 (혜지가 운동한 시간)$=10+8+24=42(시간)$
(주영이가 운동한 시간)$=14+18+12$
$\qquad\qquad\qquad\qquad =44(시간)$
$\Rightarrow 44-42=2(시간)$

1 ❷ $9+7+5+3=24(명)$

2 ❷ $32-10-14=8(명)$

3 ❷ $300-70-60-90=80(상자)$
❸ 90상자 >80상자 >70상자 >60상자이므로 다 마을의 생산량이 가장 많습니다.

4 ❶ 4학년: $16+32=48(명)$,
5학년: $28+28=56(명)$,
6학년: $20+24=44(명)$
❷ $44<48<56$이므로 6학년이 안경을 쓴 학생이 가장 적습니다.

126~127쪽 **서술형 평가 ❷**

1 예 막대그래프의 세로 눈금 한 칸은 1명을 나타냅니다. 따라서 가고 싶어 하는 체험 학습 장소별 학생 수는 미술관 5명, 놀이동산 8명, 과학관 4명, 민속촌 6명입니다.
$\Rightarrow$ 조사한 전체 학생 수는
$5+8+4+6=23(명)$입니다. ; 23명

2 예 운동별 좋아하는 학생 수를 알아보면 달리기는 10명, 야구는 6명, 줄넘기는 5명입니다.
$\Rightarrow$ 축구를 좋아하는 학생은
$28-10-6-5=7(명)$입니다. ; 7명

3 예 세로 눈금 한 칸이 10번을 나타내므로 수요일은 80번, 목요일은 50번, 금요일은 70번입니다.
(토요일에 줄넘기 한 횟수)
$=240-80-50-70=40(번)$
$\Rightarrow 80$번 >70번 >50번 >40번이므로 줄넘기를 가장 많이 한 요일은 수요일입니다.
; 수요일

4 예 4학년: $10+16=26(명)$,
5학년: $14+14=28(명)$,
6학년: $20+12=32(명)$으로
고양이를 키우는 학생이 가장 많은 학년은 6학년입니다. ; 6학년

124~125쪽 **서술형 평가 ❶**

1 ❶ 1명　　　❷ 24명

2 ❶ 10명, 14명　　　❷ 8명

3 ❶ 10상자　　　❷ 80상자　　　❸ 다 마을

4 ❶ 48명, 56명, 44명　　　❷ 6학년

1 2명　　**2** ⑴ 4그루　⑵ 24그루

3 90상자　**4** ㉢

1 세로 눈금 5칸이 10명을 나타내므로 세로 눈금 한 칸은 $10÷5=2$(명)을 나타냅니다.

2 ⑴ 가로 눈금 5칸이 20그루를 나타내므로 한 칸은 $20÷5=4$(그루)를 나타냅니다.
 ⑵ 조팝나무는 6칸이므로 $4×6=24$(그루)입니다.

3 감자 생산량은 강산 마을이 90상자, 양지 마을이 180상자이므로 두 마을의 감자 생산량의 차는 $180-90=90$(상자)입니다.

4 막대그래프를 나타낼 때 가장 먼저 가로와 세로에 각각 무엇을 나타낼지 정해야 합니다.

규칙 찾기

1 1　　**2** 111　　**3** 112

4 1030　　**5** 162　　**6** 5, 7

7 2　　**8** 9개　　**9** 3

10 3, 4

1 $222 \xrightarrow{+1} 223 \xrightarrow{+1} 224 \xrightarrow{+1} 225 \xrightarrow{+1} 226$

2 $114 \xrightarrow{+111} 225 \xrightarrow{+111} 336 \xrightarrow{+111} 447$

3 $111 \xrightarrow{+112} 223 \xrightarrow{+112} 335 \xrightarrow{+112} 447$

4 1000부터 시작하여 10, 20, 30, …씩 커집니다.

5 2부터 시작하여 3배씩 커집니다.

8 사각형은 2개씩 늘어나므로 넷째 7개에서 2개 늘어난 $7+2=9$(개)입니다.

9 쌓기나무의 수가 3개, 6개, 9개, 12개로 3개씩 늘어납니다.

1 1　　**2** $5+15=20$

3 10, 10　　**4** $120-90=30$

5 $120-100=20$　　**6** 10, 300

7 $50×30=1500$　　**8** $60×30=1800$

9 (　　)(○)　　**10** 7 ; 9, 7

2 1씩 커지는 수에 1씩 작아지는 수를 더하는 규칙이므로 $5+15=20$입니다.

4 같은 수 120에서 10씩 작아지는 수를 빼므로 $120-90=30$입니다.

9 $12+17=29$, $17+13=30$이므로 양쪽이 같지 않습니다.

10 흰 돌이 오른쪽 접시에 2개 더 많습니다. 저울의 양쪽 무게가 같으려면 검은 돌은 왼쪽 접시보다 오른쪽 접시에 2개 더 적어야 합니다.

1 3301　　**2** 100　　**3** 1100

4 1215　　**5** $26+34=34+26$에 ○표

6 2, 1　　**7** 5, 7 ; 2

8 $1+2+3$, $1+2+3+4$　　**9** 15개

10 351　　**11** 302　　**12** 3

13 10, 10　　**14** $110000÷11=10000$

15 5　　**16** 34　　**17** 25개

18 1, 2　　**19** $11×111111=1222221$

20 $330+666=996$

1 1301부터 ↓ 방향으로 1000씩 커지므로 빈칸에 알맞은 수는 3301입니다.

2 $2001 \xrightarrow{+100} 2101 \xrightarrow{+100} 2201 \xrightarrow{+100} 2301$

3 $1001 \xrightarrow{+1100} 2101 \xrightarrow{+1100} 3201 \xrightarrow{+1100} 4301$

4 5부터 시작하여 3배씩 커집니다.

5 26+34=34+26은 똑같은 수를 바꾸어 더했으므로 양쪽이 같습니다.

6 저울이 어느 한쪽으로 기울어지지 않도록 올리거나 내린 모형의 수를 보고 저울의 양쪽 무게를 등호를 사용하여 식으로 나타냅니다.

7 삼각형의 수가 1개, 3개, 5개, 7개로 2개씩 늘어납니다.

8 첫째: 1개
둘째: 1+2=3(개)
셋째: 1+2+3=6(개)
넷째: 1+2+3+4=10(개)

9 다섯째: 1+2+3+4+5=15(개)

10 51부터 시작하여 ↓ 방향으로 100씩 커지므로 ★에 알맞은 수는 351입니다.

11 ↘ 방향과 ↗ 방향에 있는 두 수의 합은 같습니다.

12 연결된 세 수의 합은 가운데 있는 수의 3배입니다.

14 11000의 10배인 110000을 11로 나누므로 110000÷11=10000입니다.

16 4　9　14　19　24　29
　　+5　+5　+5　+5　+5
⇨ ㉮에 알맞은 수는 29+5=34입니다.

17 첫째: 가로 1개, 세로 1개 ⇨ 1×1=1(개)
둘째: 가로 2개, 세로 2개 ⇨ 2×2=4(개)
셋째: 가로 3개, 세로 3개 ⇨ 3×3=9(개)
넷째: 가로 4개, 세로 4개 ⇨ 4×4=16(개)
다섯째: 가로 5개, 세로 5개 ⇨ 5×5=25(개)

19 11에 11111에서 1이 1개 더 늘어난 111111을 곱하므로 11×111111=1222221입니다.

20 330에 111부터 111씩 커지는 수를 더하면 계산 결과는 441부터 111씩 커집니다.

136~138쪽　단원평가 2회

1 3333　　**2** 1000　　**3** 1111　　**4** 64
5 27, 35−8　　　　　**6** 4, 7, 10
7 13개　　**8** 200　　**9** 638　　**10** 100
11 500+600=1100
12 2×4, 3×4, 4×4　　**13** 20개
14 550÷55=10　　**15** 10, 210
16 40×21=840　　**17** 2, 504
18 7, 5　　　　　　　**19** 7, 13
20 600+400−500=500

1 3111부터 시작하여 → 방향으로 111씩 커지므로 빈칸에 알맞은 수는 3333입니다.

2 $2333 \xrightarrow{+1000} 3333 \xrightarrow{+1000} 4333 \xrightarrow{+1000} 5333$

3 $2111 \xrightarrow{+1111} 3222 \xrightarrow{+1111} 4333 \xrightarrow{+1111} 5444$

4 256부터 시작하여 2로 나눈 몫을 오른쪽에 씁니다.

5 25+2=27이므로 □ 안에 들어갈 수 있는 것은 27, 35−8입니다.

6 수수깡의 수가 4개, 7개, 10개로 3개씩 늘어납니다.

7 넷째 모양을 만드는 데 필요한 수수깡의 수는 셋째보다 3개 늘어난 10+3=13(개)입니다.

8 $38 \xrightarrow{+100} 138 \xrightarrow{+200} 338 \xrightarrow{+300} 638$

9 38부터 시작하여 ↓ 방향으로 100, 200, 300, ...씩 커지므로 ★에 알맞은 수는 638입니다.

11 400보다 100만큼 더 큰 수는 500, 500보다 100만큼 더 큰 수는 600이므로 500+600=1100입니다.

12 바둑알의 수가 4개씩 늘어납니다.

13 5×4=20(개)

14 110씩 커지는 수를 11씩 커지는 수로 나누면 계산 결과가 10으로 같습니다.
⇨ 다섯째: 550÷55=10

15 10부터 10씩 커지는 수에 21을 곱하면 계산 결과는 210부터 210씩 커집니다.

16 30보다 10만큼 더 큰 수인 40에 21을 곱하므로 40×21=840입니다.

17 • 규칙적으로 한 줄에 나란히 놓여 있는 두 수의
합은 가운데 수의 2배입니다.

⇨ $501+503=502\times2$

• ↘ 방향과 ↗ 방향에 있는 두 수의 합은 같습니다.

19 ↘ 방향의 세 수 중 양쪽 끝에 있는 두 수의 합은
가운데 수의 2배입니다.

20 100씩 커지는 수에 400을 더한 후 100씩 커지는
수를 빼면 계산 결과는 500으로 같습니다.

⇨ 다섯째에 알맞은 계산식은
$600+400-500=500$입니다.

1 100   **2** 1100   **3** 7, 9 ; 2

4 2304, 2504   **5** 200   **6** 627

7 3   **8** 15개   **9** 306

10 3   **11** $588-172=416$

12 ㉡   **13** 100008, 700056

14 $12+19=25+6$ (또는 $25+6=12+19$)

15 2×4, 3×4 **16** 16개

17 14 ; 8, 14

18 예 사각형의 개수는 2개부터 시작하여 오른쪽으
로 1개씩 늘어납니다.

⇨ $2+1+1+1+1=6$(개) ; 6개

19 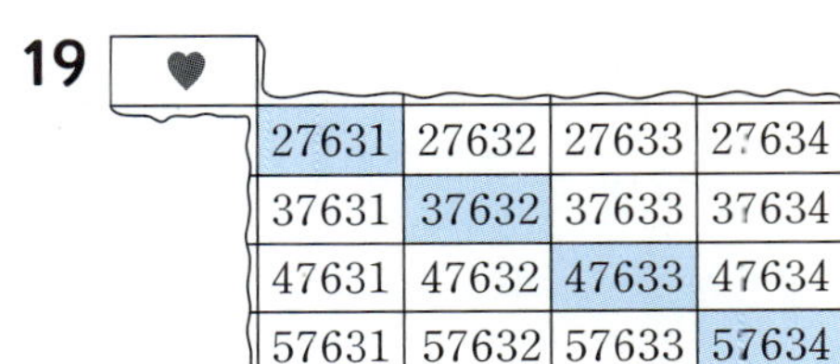

20 17630

1 $3002 \xrightarrow{+100} 3102 \xrightarrow{+100} 3202 \xrightarrow{+100}$
$3302 \xrightarrow{+100} 3402$

2 $3002 \xrightarrow{+1100} 4102 \xrightarrow{+1100} 5202 \xrightarrow{+1100}$
$6302 \xrightarrow{+1100} 7402$

3 원의 수가 3개, 5개, 7개, 9개로 2개씩 늘어납니다.

4 2004부터 시작하여 100씩 커집니다.

5 $27 \xrightarrow{+200} 227 \xrightarrow{+200} 427 \xrightarrow{+200} 627$

6 27부터 시작하여 ↓ 방향으로 200씩 커지므로
●에 알맞은 수는 627입니다.

7 첫째: 1개, 둘째: $1+2=3$(개),
셋째: $1+2+3=6$(개),
넷째: $1+2+3+4=10$(개)

8 $1+2+3+4+5=15$(개)

9 오른쪽과 같이 네 칸의 수에서
①+④=②+③의 규칙이 있습니다.

10 연속한 세 칸의 수의 합은 가운데 칸의 수의 3배
와 같습니다.

11 548부터 10씩 커지는 수에서 132부터 10씩 커지
는 수를 빼면 계산 결과는 416으로 같습니다.
⇨ 다섯째: $588-172=416$

12 등호의 왼쪽과 오른쪽이 같은 것을 찾으면 ㉡입
니다.

13 7에 108, 1008, 10008, ...과 같이 0이 1개씩 늘
어나는 수를 곱하면 계산 결과는 756, 7056,
70056, ...과 같이 0이 1개씩 늘어납니다.

14 같은 값을 나타내는 두 카드는 $12+19$와 $25+6$
입니다.

15 성냥개비의 수에서 규칙을 찾아 식으로 나타내면
1×4, 2×4, 3×4입니다.

16 넷째 모양을 만드는 데 필요한 성냥개비의 수:
$4\times4=16$(개)

17 검은 돌이 오른쪽 접시에 3개 더 많습니다. 저울의 양쪽 무게가 같으려면 흰 돌은 왼쪽 접시보다 오른쪽 접시에 3개 더 적어야 합니다.

20 57634부터 시작하여 ↖ 방향으로 10001씩 작아지므로 ♥에 알맞은 수는 27631보다 10001만큼 더 작은 17630입니다.

142~144쪽 · **단원평가** 4회

1 6305 **2** 1000 **3** 1100

4 1507 **5** (위부터) 25, 30

6 1 **7** 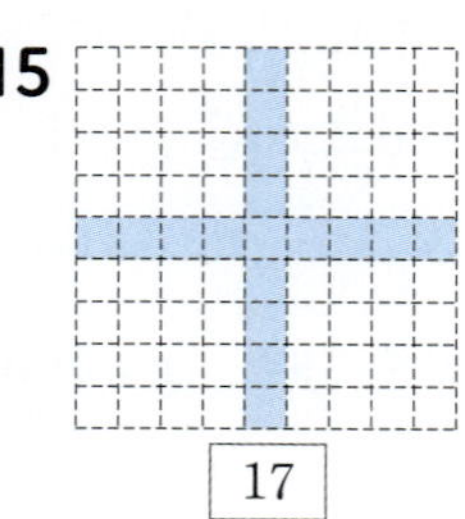 **8** 3072

9 10, 10 **10** 30, 330

11 $44 \times 30 = 1320$

12 $73000 - 5000 = 68000$

13 606 **14** 3

15

16 10 ; $17 + 10 = 15 + 12$

17 13, 6, 21, 14

18 $11111 \times 9 = 100000 - 1$

19 예 바둑알이 위쪽, 오른쪽, 아래쪽으로 각각 1개씩 모두 3개씩 늘어납니다.

⇨ (다섯째 모양을 만드는 데 필요한 바둑알의 수)
$= 1 + 3 + 3 + 3 + 3 = 13$(개) ; 13개

20 예 $5 + 13 + 19 + 11 = 12 \times 4$

---

1 → 방향으로 100씩 커지므로 빈칸에 알맞은 수는 6205보다 100만큼 더 큰 수인 6305입니다.

2 $3105 \xrightarrow{+1000} 4105 \xrightarrow{+1000} 5105 \xrightarrow{+1000} 6105$

3 $3005 \xrightarrow{+1100} 4105 \xrightarrow{+1100} 5205 \xrightarrow{+1100}$
$6305 \xrightarrow{+1100} 7405$

4 1207부터 시작하여 100씩 커집니다.

5 ╱ 방향으로 2씩 커지고, → 방향으로 3씩 커집니다.

6 색칠한 사각형이 첫째는 4개, 둘째는 5개, 셋째는 6개, 넷째는 7개로 왼쪽 아래로 1개씩 늘어납니다.

7 넷째 모양에서 왼쪽 아래에 1개 더 색칠합니다.

8 3부터 시작하여 4배씩 커집니다.

9 · 13은 15보다 2만큼 더 작으므로 ☐ 안의 수는 8보다 2만큼 더 큰 수인 10입니다.

· 47은 57보다 10만큼 더 작으므로 ☐ 안의 수는 20보다 10만큼 더 작은 수인 10입니다.

11 33보다 11만큼 더 큰 수에 30을 곱하면 계산 결과는 990보다 330만큼 더 큰 1320입니다.
⇨ $44 \times 30 = 1320$

12 10000씩 커지는 수에서 1000씩 작아지는 수를 빼면 계산 결과는 11000씩 커집니다.
계산 결과가 68000인 식은 다섯째 식입니다.

13 오른쪽과 같이 네 칸의 수에서
①+④=②+③의 규칙이 있습니다.

①	②
③	④

14 연속한 세 칸의 수의 합은 가운데 칸의 수의 3배와 같습니다.

15 수는 1부터 4씩 커지고 색칠한 칸은 위, 아래, 왼쪽, 오른쪽에 각각 1개씩 늘어나므로 ☐ 안에 알맞은 수는 $13 + 4 = 17$입니다.

16 흰 돌이 왼쪽 접시에 2개 더 많습니다. 저울의 양쪽 무게가 같으려면 검은 돌은 오른쪽 접시보다 왼쪽 접시에 2개 더 적어야 합니다.

17 46은 39보다 7만큼 더 크므로 가는 나보다 7만큼 더 커야 합니다.

18 =의 왼쪽에는 1이 1개씩 늘어나는 수에 9를 곱하고 =의 오른쪽에서 0의 개수는 순서의 수와 같습니다.

⇨ 다섯째: $11111 \times 9 = 100000 - 1$

20 가운데에 있는 수의 4배는 나머지 수들의 합과 같습니다.

1 100　　**2** 1100　　**3** 4218

4 4096　　**5** 646

6 예 48부터 시작하여 ↓방향으로 100, 200, 300, … 씩 커집니다.

7 ; $25 + 17 = 51 - 9$, 　$45 - 8 = 18 + 19$

8 3, 30　　**9** 예 ↑방향으로 4씩 커집니다.

10 3104, 5204

11 예 100씩 커지는 수에 100씩 커지는 수를 더하면 계산 결과는 200씩 커집니다. 따라서 빈칸에 알맞은 덧셈식은 $600 + 600 = 1200$입니다.

; $600 + 600 = 1200$

12 (위부터) 4, 9, 16 ; 2×2, 3×3, 4×4

13 25개

14

15 $1400 - 600 + 500 = 1300$

16 $1600 - 800 + 700 = 1500$

17 (위부터) 6, 10, 5

18 예 $19 - 6 = 15 - 2$

19 $555555555 \div 45 = 12345679$

20 25개

1 $3018 \xrightarrow{+100} 3118 \xrightarrow{+100} 3218 \xrightarrow{+100} 3318$

2 $2018 \xrightarrow{+1100} 3118 \xrightarrow{+1100} 4218 \xrightarrow{+1100} 5318$

3 4018부터 → 방향으로 100씩 커지므로 ●에 알맞은 수는 4218입니다.

4 4부터 시작하여 4배씩 커집니다.

5 642부터 → 방향으로 2씩 커지므로 ■에 알맞은 수는 646입니다.

7 같은 값을 나타내는 두 카드를 찾아 등호로 연결합니다.

8 ・15는 10보다 5만큼 더 큰 수이므로 □ 안의 수는 8보다 5만큼 더 작은 수인 3입니다.

・145는 125보다 20만큼 더 큰 수이므로 □ 안의 수는 10보다 20만큼 더 큰 수인 30입니다.

9 → 방향으로 1씩 커집니다.

10 → 방향으로 수가 1000씩 커지므로 ■에 알맞은 수는 3104, ●에 알맞은 수는 5204입니다.

12 바둑알이 가로, 세로로 각각 1줄씩 늘어납니다.

13 (다섯째 모양을 만드는 데 필요한 바둑알의 수) $= 5 \times 5 = 25$(개)

14 1개부터 시작하여 왼쪽 위, 오른쪽 위, 오른쪽 아래, 왼쪽 아래 방향으로 1개씩 늘어나는 규칙입니다.

15 100씩 커지는 수에서 100씩 커지는 수를 빼고 100씩 커지는 수를 더하면 계산 결과는 100씩 커집니다.

16 일곱째 계산식의 결과가 1500이므로 $1600 - 800 + 700 = 1500$입니다.

17 양쪽 끝에는 1을 쓰고 위의 두 수의 합을 아래에 쓰는 규칙입니다.

18 등호의 왼쪽과 오른쪽의 두 값이 같게 식을 만듭니다.

19 각 자리의 수가 1씩 커지는 수를 9의 2배, 3배, …인 수로 나누면 계산 결과는 모두 12345679로 같습니다.

20 성냥개비의 수가 3개부터 시작하여 4개, 5개, …씩 늘어납니다.

⇨ 다섯째 모양을 만드는 데 필요한 성냥개비는 $3 + 4 + 5 + 6 + 7 = 25$(개)입니다.

148~149쪽 서술형 평가 ❶

1 ❶ 〈예〉 58부터 시작하여 ↓방향으로 100, 200, 300, …씩 커집니다.

　❷ 1058

2 ❶ 15+1=9+7, 15+2=9+8, 15+3=9+9

　❷ 3개

3 ❶ 〈예〉 사각형의 수가 2개부터 시작하여 2개씩 늘어납니다.

　❷ 12개

4 ❶ 〈예〉 10씩 커지는 수에 10씩 커지는 수를 더하면 계산 결과는 20씩 커집니다.

　❷ 344+145=489

---

1 ❶ $58 \xrightarrow{+100} 158 \xrightarrow{+200} 358 \xrightarrow{+300} 658$

2 ❶ 9는 15보다 6만큼 더 작으므로 오른쪽 □ 안의 수는 왼쪽 □ 안의 수보다 6만큼 더 커야 합니다.

3 ❶

첫째	둘째	셋째	넷째
2	4	6	8

　+2　　+2　　+2

　❷ 사각형의 수가 2개씩 늘어나므로 여섯째 모양을 만드는 데 필요한 사각형은 8+2+2=12(개)입니다.

4 ❷ 334와 135보다 10만큼 더 큰 344와 145의 합은 469보다 20만큼 더 큽니다.

　⇨ 344+145=489

150~151쪽 서술형 평가 ❷

1 〈예〉 ▲가 있는 가로줄은 13001부터 시작하여 → 방향으로 100씩 커지므로 ▲에 알맞은 수는 13201보다 100만큼 더 큰 13301입니다.

; 13301

---

2 〈예〉 2400부터 시작하여 → 방향으로 2로 나눈 몫이 있습니다. 따라서 ■에 알맞은 수는 1200을 2로 나눈 몫인 600입니다. ; 600

3 〈예〉 5개부터 시작하여 성냥개비가 5개, 9개, 13개, 17개로 4개씩 늘어납니다. 따라서 다섯째 모양을 만드는 데 필요한 성냥개비는 5+4+4+4+4=21(개)입니다. ; 21개

4 〈예〉 200씩 커지는 수를 2로 나누면 계산 결과는 100씩 커집니다. 800보다 200만큼 더 큰 수인 1000을 2로 나누면 400보다 100만큼 더 큰 수인 500이 됩니다. ⇨ 1000÷2=500

; 1000÷2=500

152쪽 오답 베스트 5

1 29	**2** 15개	**3** 1024
4 12	**5** 18개	

---

1 76은 73보다 3만큼 더 크므로 □ 안의 수는 26보다 3만큼 더 큰 수인 29입니다.

2 계단 모양의 배열에서 사각형의 수가 1개에서 2개, 3개, 4개, …씩 늘어나는 규칙입니다.
따라서 다섯째 모양을 만드는 데 필요한 사각형의 수는 1+2+3+4+5=15(개)입니다.

3 1부터 시작하여 4배씩 커집니다.
⇨ 256×4=1024

4 ⬭ 안에 있는 9개의 수의 합은 다음과 같습니다.
4+5+6+11+12+13+18+19+20=108
따라서 9개의 수의 합인 108을 9로 나누면
108÷9=12입니다.

5 모형의 개수가 3개부터 오른쪽으로 3개씩 더 늘어나는 규칙이므로 여섯째 모양을 만드는 데 필요한 모형의 수는 3+3+3+3+3+3=18(개)입니다.

정답은
이안에
있어!

초등학교

학년   반   번

이름

My name~

초등학교

학년   반   번

이름

에듀테크로 미래를 디자인하는 천재교육

AI가 추천하는 나를 위한 맞춤 학습!
빅데이터에 기반한 학습 트렌드 분석!
에듀테크가 펼치는 학습 현장은
놀라움의 연속입니다.

천재교육은 기술로 미래를 만들어 갑니다.

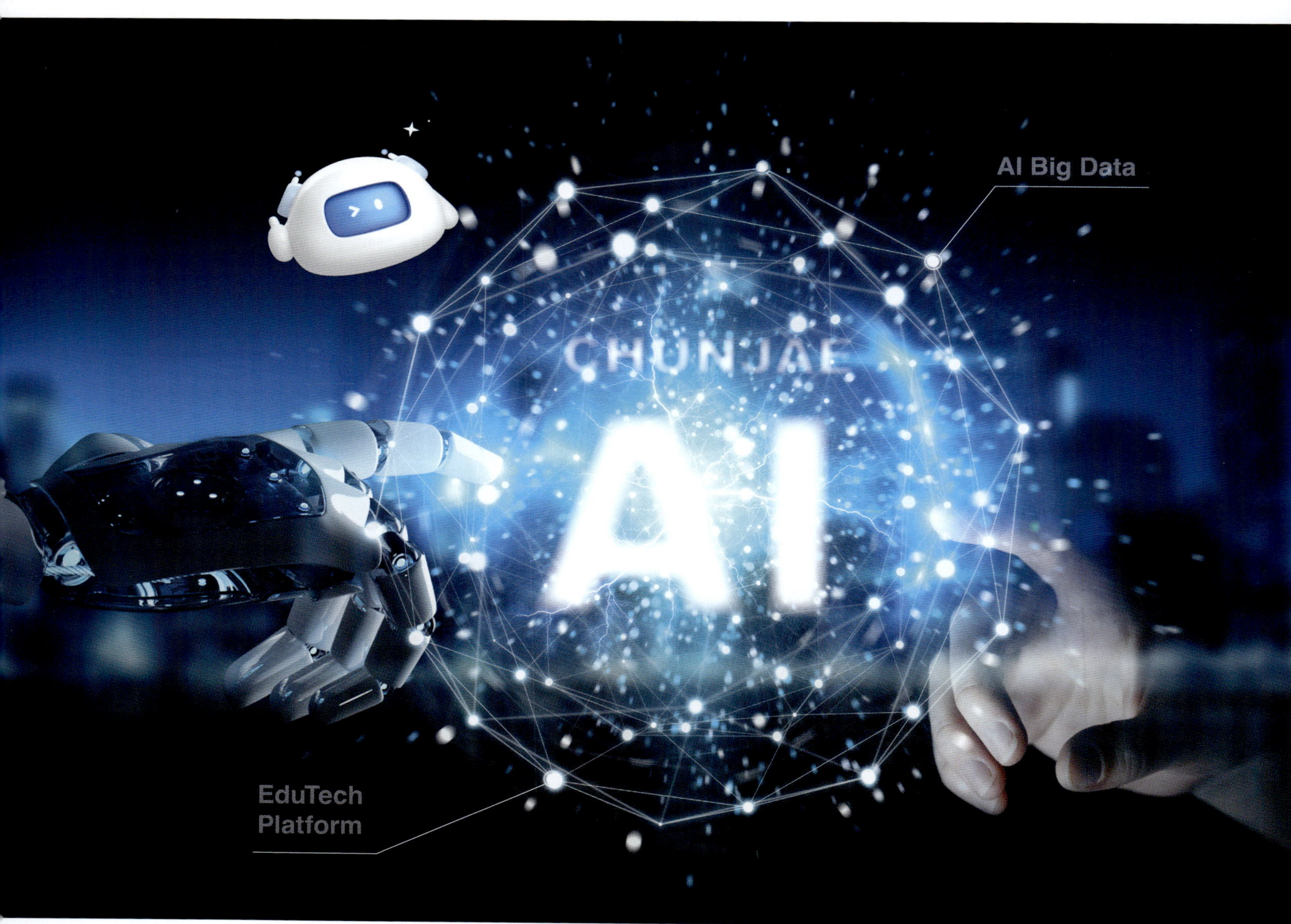